Photoshop 实战项目教程

周导元　主编

罗志华　吴丽艳　副主编

北京·旅游教育出版社

内容简介

本书全面系统地介绍了 Photoshop CS5 的基本操作和平面广告设计技巧，全书由 6 个单元组成，主要内容包括：基础篇（介绍主要工具）、色彩色调篇、合成与编辑篇、特效应用篇、初级设计篇、综合设计篇。通过对本书的学习，可以了解现代平面设计、色彩与视觉的基本知识，掌握图形图像的设计与制作方法，灵活运用 Photoshop CS5 进行丝巾效果设计、烟花效果设计和徽章等常用的初级设计，同时也能完成比较综合的海报设计、DM 单广告设计和 APP 界面设计。本书也涉及目前应用比较广泛的网站首页设计，满足读者从事类似工作岗位的需要。

本书以编写岗位职业能力分析和职业技能考证为指导，以岗位任务引领，以工作任务为载体，强调理论与实践相结合，体系安排遵循学生的认知规律。全书以“项目设计—成品输出”为主线，将软件的使用功能贯穿在项目的实现过程中，使读者不仅可以学习软件的使用，还能提高美术修养和设计能力，同时还可以了解项目成品制作的全过程。

本书可作为中等职业学校计算机及电子商务相关专业的教材，也可作为社会培训班的培训教材，还可作为图形图像爱好者的自学用书。

前　言

Photoshop 是 Adobe 公司旗下最为出名的图像处理软件之一，集图像扫描、编辑修改、图像制作、广告创意、图像输入与输出于一身的图形图像处理软件，深受广大平面设计人员和电脑美术爱好者的喜爱。

本书是中等职业学校计算机及电子商务相关专业的核心课程的教材，由 6 个单元构成，采用了职业教育“项目引领，任务驱动”的最新教学模式进行编写。通过对本书的学习，学生可以对 Photoshop 有比较系统的了解，掌握图形图像设计与制作的方法与技术，学会按不同的要求设计花盆、丝巾效果、纪念徽章设计等基础设计内容和海报设计、宣传单广告设计综合设计内容。本书也涉及目前应用比较广泛的网站首页设计，以满足部分学生毕业后走上类似工作岗位的需要。

本教材内容的选取充分体现了以就业为导向、以学生为本位的原则，注重培养学生的独立设计能力和评价能力，在完成项目任务的过程中学会沟通与合作，能胜任平面设计等方面的工作，并为学生发展打下扎实基础。

书中每个项目最后有个“项目实训评价表”，此表的评价说明请参考下表：

等级说明表

等级	说明
3	能高质、高效地完成此学习目标的全部内容，并能解决遇到的特殊问题
2	能高质、高效地完成此学习目标的全部内容
1	能圆满完成此学习目标的全部内容，不需任何帮助和指导

评价说明表

评价	说明
优秀	达到 3 级水平
良好	达到 2 级水平
合格	全部项目都达到 1 级水平
不合格	不能达到 1 级水平

本书由周导元主编，罗志华、吴丽艳为副主编。第一单元由陈惠惠编写，第二单元由陈伟、卫玲编写，第三单元由彭蒙恩、吴丽艳编写，第四单元由叶丽芬、乔志巍、吴丽艳编写，第五单元由徐华、周导元、骆明编写，第六单元由周导元、罗志华、蓝永健、卢冰编写。参与编写的作者都是具备扎实的专业知识和丰富的教学实践能力的一线教师。

本书可作为中等职业学校计算机及电子商务相关专业的教材，也可作为社会培训班的培训教材，还可作为图形图像爱好者的自学用书。

由于编者水平有限，书中难免有疏漏和不妥之处，诚恳希望读者不吝指教。

编者
2014 年 6 月

目录
CONTENTS

第一单元　基础篇

第二单元　色彩色调篇

第三单元　合成与编辑篇

第四单元　特效应用篇

第五单元　初级设计篇

第六单元　综合设计篇

第一单元

基础篇

Photoshop

项目一 熟悉工作环境——认识 Photoshop CS5

项目描述

Photoshop CS5 是 Adobe 公司出品的一款功能强大的图像处理软件,其强大的功能让用户通过简单操作实现专业效果。在使用 Photoshop CS5 前,我们先来熟悉一下 Photoshop CS5 的工作环境,了解其新增功能以及认识它的工作界面。

能力目标

通过对 Photoshop CS5 的基本知识的了解和介绍,让我们对 Photoshop CS5 有一个全新的认识,让用户掌握软件的新增功能、工作界面的组成、常用面板的功能、菜单栏的认识及工具箱的组成。

任务一 了解 Photoshop CS5 的新增功能

任务描述

Photoshop CS5 新增了许多强大和完善的功能,丰富了用户在图像处理和设计中的应用和技巧。本任务对 Photoshop CS5 新增的常用功能进行简单介绍。

任务分析

认识 Photoshop CS5 新增的功能,了解软件的界面管理、智能选区技术、内容识别填充和修复等新功能,让我们对软件的功能更加全面地了解和使用。

新增功能介绍

1. 使用实时工作区轻松进行界面管理

自动存储反映您的工作流程、针对特定任务的工作区,并在工作区之间实现快速切换。如图 1 - 1 所示,选择“窗口” →“工作区” →“新建工作区”菜单命令,即可新建工作区。

2. 智能选区技术

该选择工具全新优化细致到毛发级别,能够实现更快更准地从背景中抽出主体,从而创建逼真的复合图像,抠图效果相当强大。执行“选择” →“调整边缘”命令,即可对弹出窗口进行相关设置。

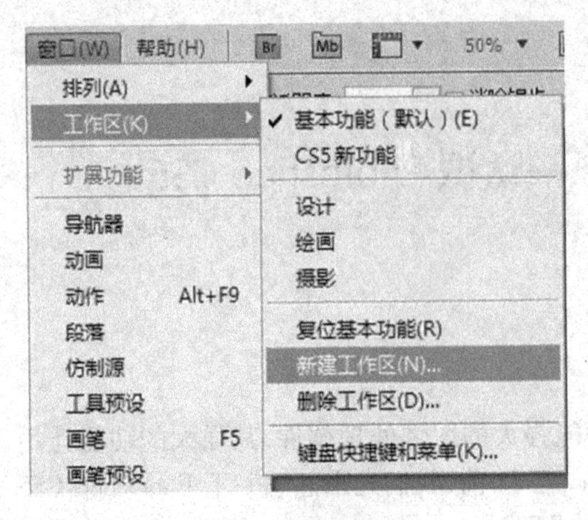

图 1－1 新建工作区

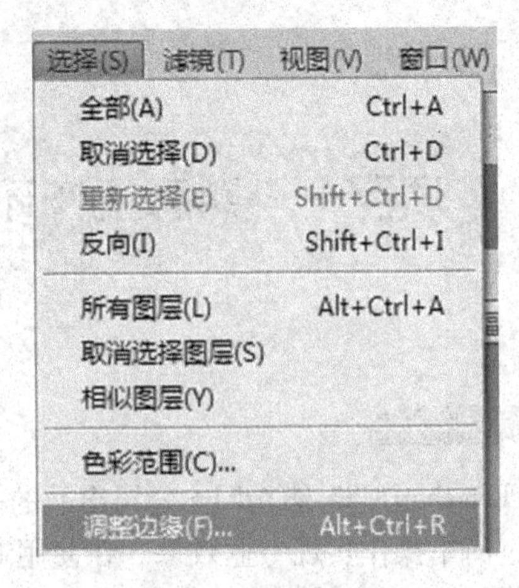

图 1－2 调整边缘

3. 内容识别填充和修复

能够轻松删除图像元素并用其他内容替换，实现与其周围环境天衣无缝地融合在一起。选取要填充的图像部分，执行“编辑”→“填充”命令即可。如图 1－3、1－4、1－5 所示。

图 1－3 选择填充部分

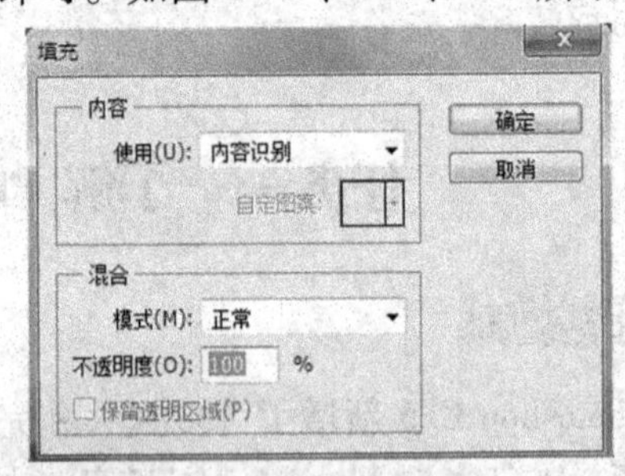

图 1－4 进行内容填充

图 1－5 进行内容填充效果

注意：内容识别填充会随机合成相似的图像内容。如果您不喜欢原来的结果，则执行“编辑”→“还原填充”命令，然后应用其他的内容识别填充。为获得最佳结果，请让创建的选区略微扩展到要复制的区域之中（快速套索或选框选区通常已足够）。

4. HDR 色调功能(High Dynamic Range,即高动态范围)

该新功能应用更强大的色调映射功能,实现创建从逼真照片到超现实照片的高动态范围图像,或者通过 HDR 色调调整,将一种 HDR 外观应用于多个标准图像,执行“图像”→“调整”→“HDR 色调”命令可让您将全范围的 HDR 对比度和曝光度设置应用于各个图像。

5. 非凡的绘画效果

新增的混合器画笔工具,以画笔和染料的物理特性为依托,新增多个参数,实现较为强烈的真实感,包括墨水流量、笔刷形状以及混合效果,产生媲美传统绘画介质的结果。

6. 操控变形

该功能可以彻底变换特定的图像区域,利用大头针建立关节,然后可以在不改变图像的光影和文理的情况下自由操控画面,同时固定其他图像区域。

7. 自动进行镜头校正

使用已安装的常见镜头的配置文件快速修复扭曲失真、曝光不足以及色彩失焦等问题,也支持手动操作,用户可根据自身情况进行修复设置,并且从中找到最佳配置方案。

8. 增强 3D 性能、工作流程和材质

使用专用的 3D 首选项快速优化性能,并使用改进的 Adobe Ray Tracer 引擎进行渲染。使用“材质载入”和“拖放”以交互方式应用材质。

9. 集成的介质管理

用 Adobe Bridge CS5 中经过改进的水印、Web 画廊和批处理。可用 Mini Bridge 面板直接在 Photoshop 中访问资源。

10. Camera Raw 先进的技术处理水平

在保留颜色和细节的同时,可删除高 ISO 图像中的杂色,为其添加创意效果,如胶片颗粒和剪裁后的晕影,或使用最低程度的不自然感,精确地锐化图像。RAW 文件是 Adobe 推行的一种摄影源文件,无压缩,数据量大。Photoshop 一直在推行这个格式的文件,所以在优化上下足了功夫。

11. 使用实时工作区轻松进行界面管理

自动存储反映您的工作流程、针对特定任务的工作区,并在工作区之间实现快速切换。选择“窗口”→“工作区”→“新建工作区”菜单命令,即可新建工作区。

任务二　认识 Photoshop CS5 工作界面

任务描述

Photoshop CS5 与以往的 Photoshop 版本相比界面做了新的调整,整个界面呈银灰色,标题栏处新添了一排工具和文档排列按钮,浮动面板以最小化显示排列在操作界面的右方,扩大了整个工作区,方便用户编辑。

任务分析

通过对软件工作界面的介绍，掌握应用程序栏、菜单栏、工具选项栏、工具箱、面板、图像窗口及状态栏的具体位置，方便用户更加熟练地操作软件。

图 1-6 Photoshop CS5 工作界面

1. 应用程序栏

应用程序栏是 Photoshop CS5 新增的选项按钮和工作区，其中包含“启动 Bridge”按钮、“启动 Mini Bridge”按钮、“查看额外内容”按钮、“缩放级别”按钮、“排列文档”按钮、“选择工作区”按钮。

2. 菜单栏

菜单栏包括执行任务的菜单。Photoshop CS5 共有 11 组菜单，每个菜单有数十个命令，新版的菜单栏还新增了 3D 菜单。

3. 工具选项栏

在工具箱中选取的工具会在工具选项栏出现不同的选项。

4. 工具箱

工具箱汇集了该软件的所有工具，用户可根据需要选择工具使用。

5. 面板

面板汇集了图形操作中常用的选项或功能，一共有 23 个面板，进行图像编辑时，选择工具箱的工具或执行菜单栏命令，即可调出相应面板进行编辑。

6. 图像窗口

图像窗口提供了当前打开图像的相关信息。

7. 状态栏

状态栏显示当前打开图像的大小及图像显示比例等信息。

任务三　认识面板和菜单

任务描述

图像编辑中经常使用到面板和菜单，面板涵盖了图像操作中常用的选项或功能，在 Photoshop CS5 中一共有 23 个面板，菜单栏汇集了软件中所有命令，同时还新增了 3D 菜单，本任务分别对常用面板和菜单进行详细的介绍。

任务分析

1. 本任务通过对一些常用面板的介绍，掌握“颜色”面板、“通道”面板、“画笔”面板、“滤镜”面板等面板的使用，让用户了解和掌握更多 Photoshop CS5 中面板的使用。

2. 本任务还对操作过程当中比较常用的菜单作了简单介绍，通过学习可以认识和掌握“文件”菜单、“编辑”菜单、“图像”菜单、“图层”菜单、“滤镜”菜单和“3D”菜单等。

认识面板

1.“颜色”面板

该面板用于设置前景色和背景色，可拖动滑块调整颜色，也可输入 RGB 颜色参数指定颜色。如图 1－7 所示。

2.“色板”面板

该面板用于保存常用的颜色，点击相应的颜色，该颜色便会被指定为前景色。如图 1－8 所示。

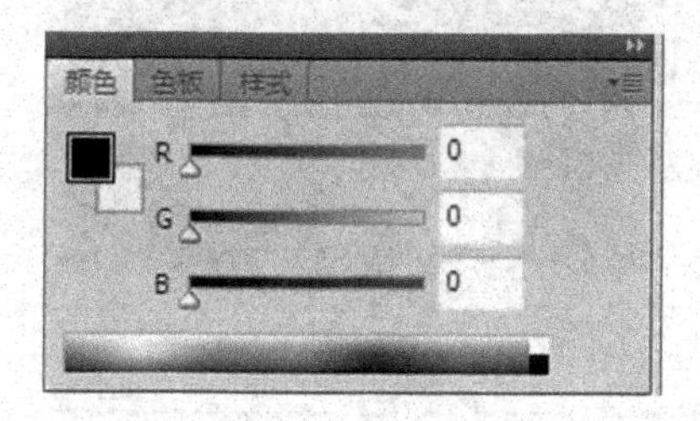

图 1－7　“颜色”面板

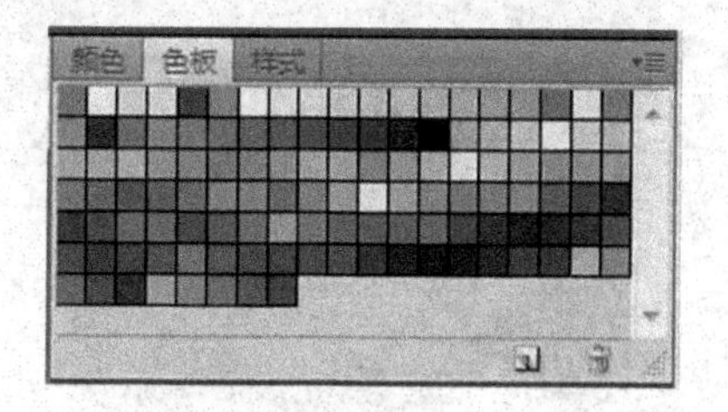

图 1－8　“色板”面板

3.“样式”面板

该面板用于定义、应用样式效果，选择面板中样式图标即可将该样式应用于图像。如图 1－9所示。

4.“信息”面板

该面板以数值形式显示图像信息，当鼠标移动到图像上面板则会显示相对应的颜色信息。如图 1－10 所示。

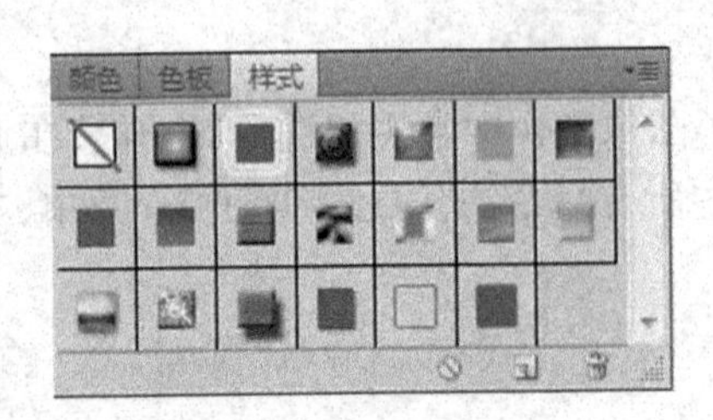

图 1－9 “样式”面板

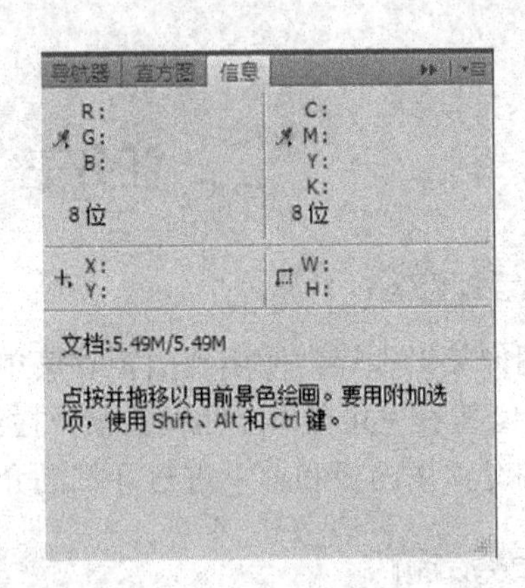

图 1－10 “信息”面板

5.“直方图”面板

该面板提供了图像的所有色调分布情况，图像颜色主要分为最亮区域、中间区域和暗淡区域三部分。如图 1－11 所示。

6.“导航器”面板

通过放大或缩小图像来查看指定区域，方便用户利用视图框查看大图像。如图 1－12 所示。

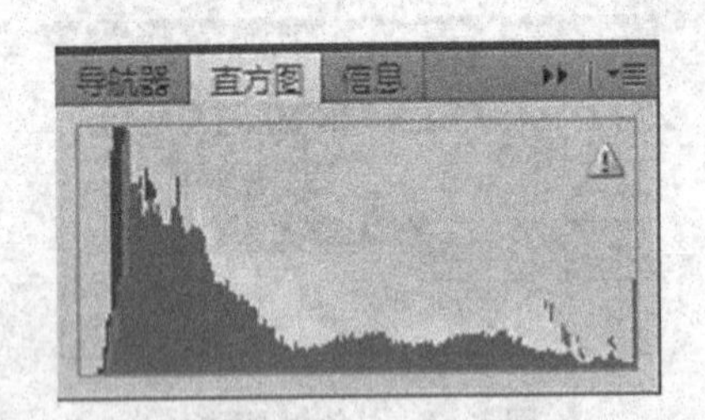

图 1－11 “直方”图面板

图 1－12 “导航器”面板

7.“字符”面板

该面板主要在编辑或修改文本时对文本进行字体、字体大小、行间距、字间距及字体颜色等设置。如图 1－13 所示。

8.“段落”面板

该面板可对文本段落进行相关设置，可进行调整间距、增加缩进或减少缩进等设置。如图 1－14 所示。

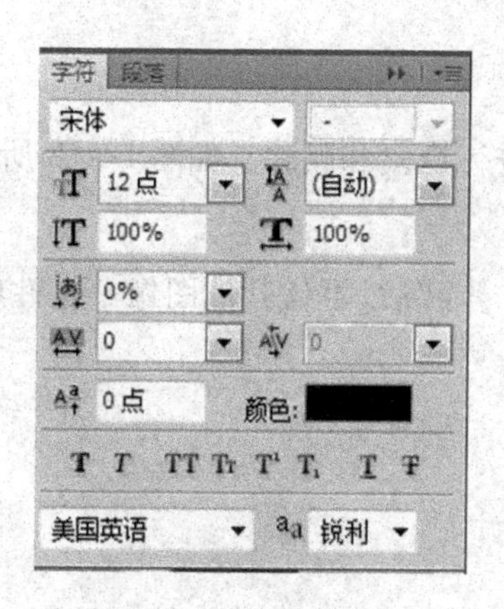

图 1－13　“字符”面板

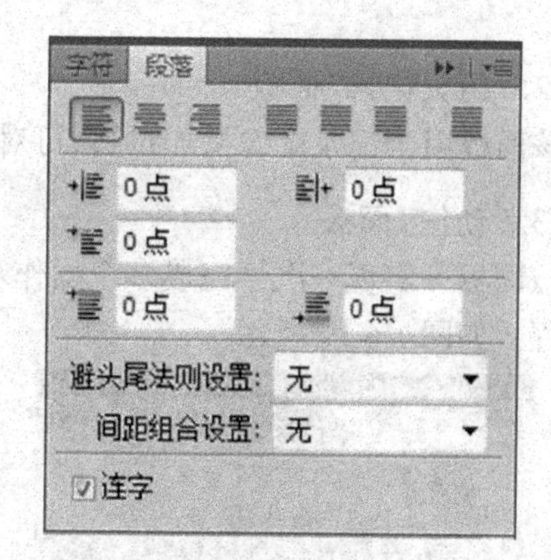

图 1－14　“段落”面板

9.“图层”面板

该面板提供图层的创建和删除等功能，设置图像的不透明度和添加图层蒙版。如图 1－15所示。

10.“通道”面板

该面板主要用于创建 Alpha 通道及有效管理颜色通道。如图 1－16 所示。

图 1－15　“图层”面板

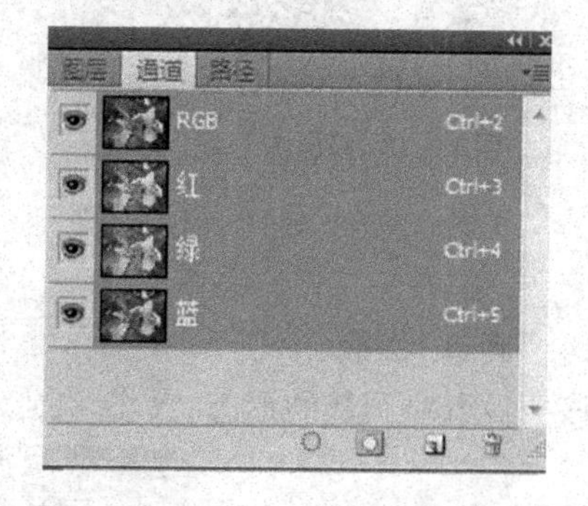

图 1－16　“通道”面板

11.“路径”面板

该面板用于将路径转换为选区或将选区转换为路径，并且对路径进行描边和填充。如图 1－17 所示。

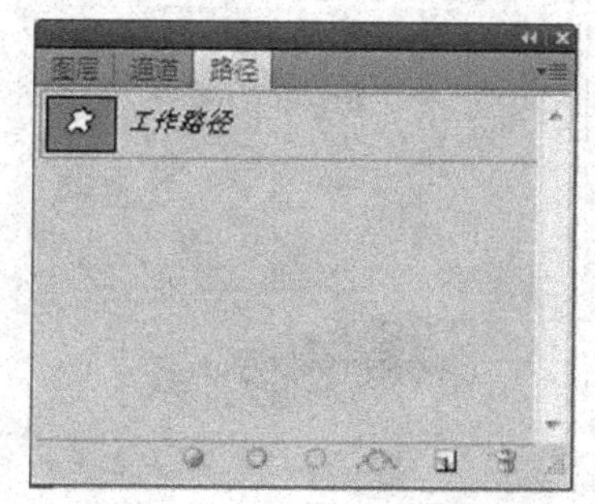

图 1－17　“路径”面板

12."历史记录"面板

该面板用于记录图像操作过程,可对其操作过程进行恢复和删除。如图 1－18 所示。

13."动作"面板

该面板可实现一次性完成多个操作步骤,记录操作步骤后,可让其他图像一次性应用整个过程。如图 1－19 所示。

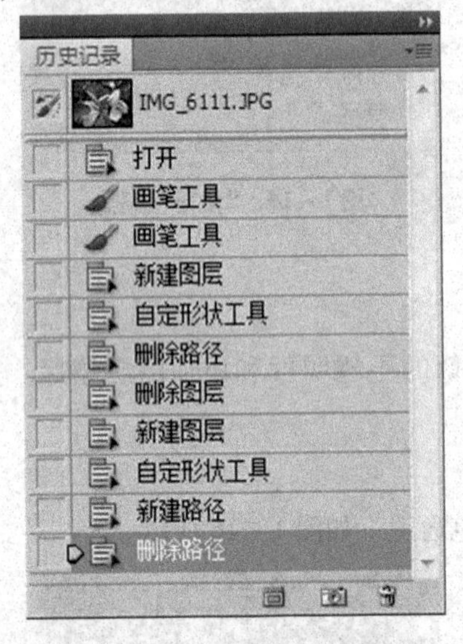

图 1－18 "历史记录"面板

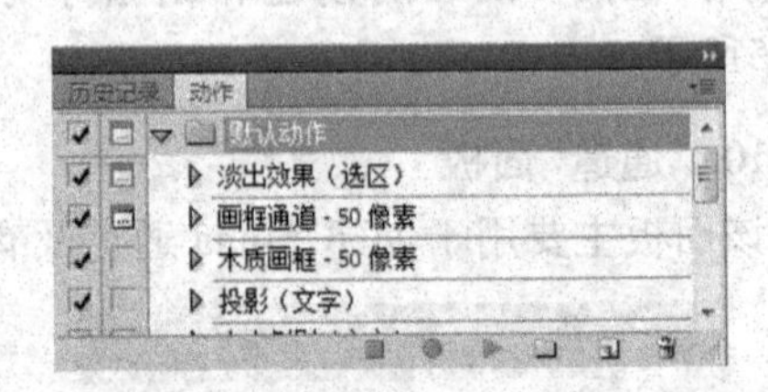

图 1－19 "动作"面板

14."画笔"面板

该面板可对画笔的形态、大小、杂点程序、材质和柔和选项进行设置。如图 1－20 所示。

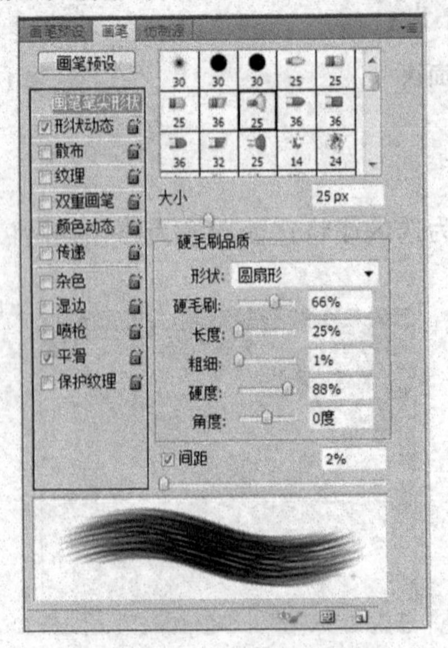

图 1－20 "画笔"面板

认识菜单栏

1.“文件”菜单

单击“文件”按钮，打开“文件”菜单，其中包括新建文件、打开文件、关闭文件、存储文件、导入文件等操作。如图 1－21 所示。

2.“编辑”菜单

单击“编辑”按钮，可对图像进行剪切、拷贝、粘贴、清除、描边、变换路径等操作。如图 1－22所示。

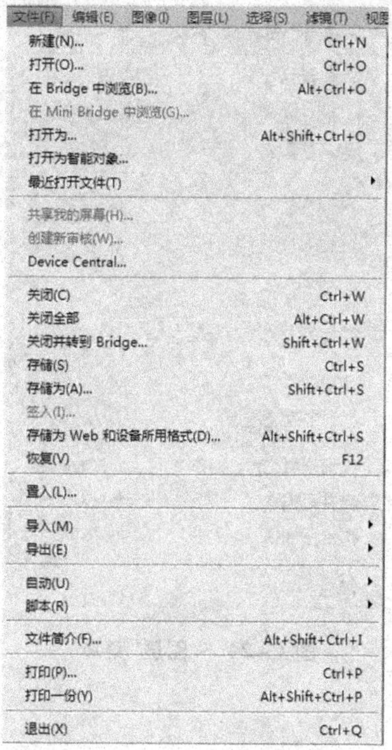

图 1－21　“文件”菜单

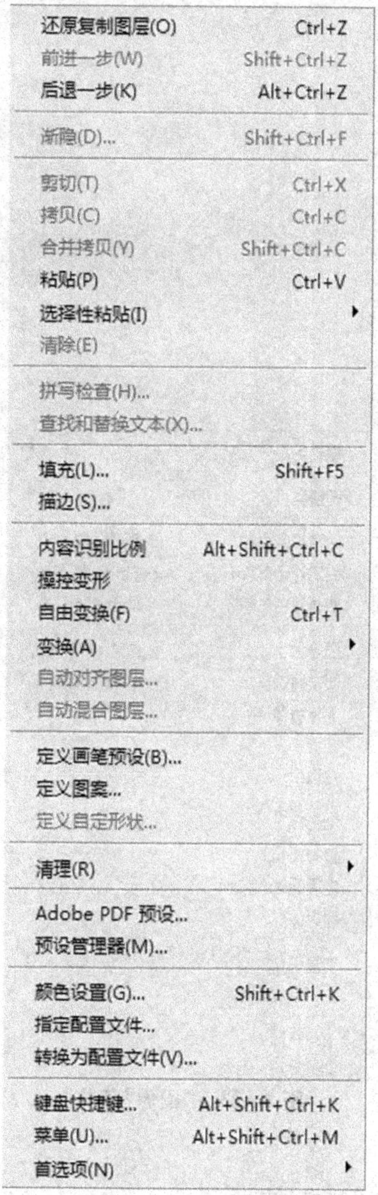

图 1－22　“编辑”菜单

3."图像"菜单

"图像"菜单主要是对图像进行调整的相关命令,主要包括图像模式、图像和画布大小及裁切的调整。如图 1-23 所示。

4."图层"菜单

"图层"菜单主要对图层进行相关操作,其中主要包括复制图层、新建图层和合并图层等操作。如图 1-24 所示。

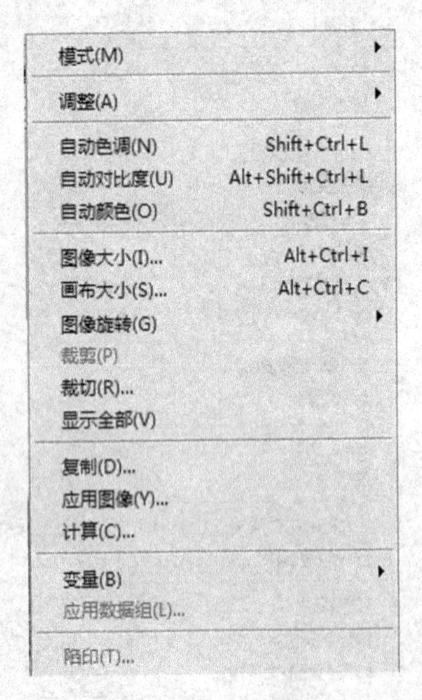

图 1-23 "图像"菜单

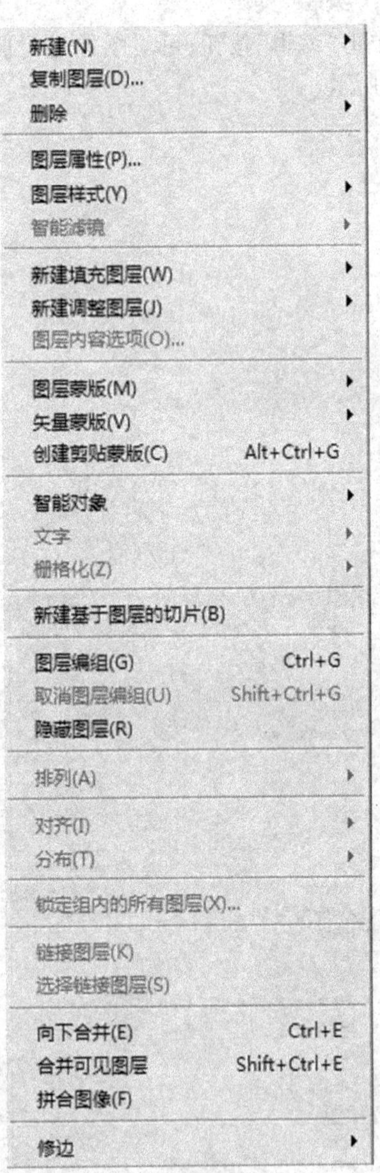

图 1-24 "图层"菜单

5."滤镜"菜单

Photoshop CS5 包含很多滤镜效果,只需单击所需要的滤镜即可实现效果。如图 1-25

所示。

6. “3D”菜单

“3D”菜单是 Photoshop CS5 新增的菜单，可实现打开 3D 文件、将 2D 图像创建为 3D 图形以及进行 3D 渲染等操作。如图 1－26 所示。

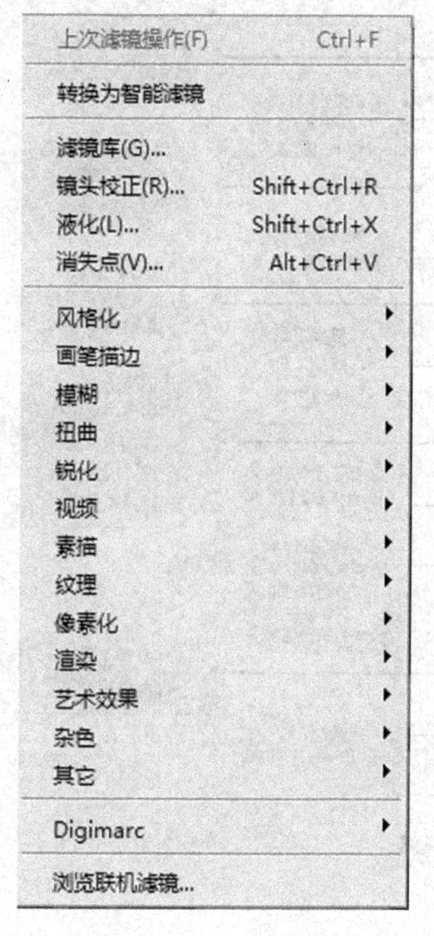

图 1－25 “滤镜”菜单

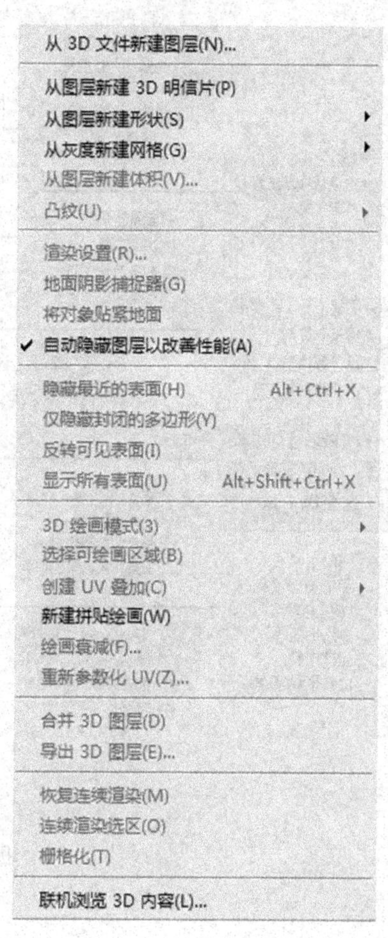

图 1－26 “3D”菜单

任务四 初步了解工具

任务描述

Photoshop CS5 界面的左侧就是工具箱，执行“窗口”→“工具”命令，可显示或隐藏工具箱，也可利用鼠标拖动工具箱的标题栏进行移动。

任务分析

本任务通过对工具箱内的各种工具的认识，让学生了解移动工具、矩形选框工具、套索工具、钢笔工具、3D 旋转工具等，以及掌握各种工具对应的工具选项栏的设置。

认识工具箱

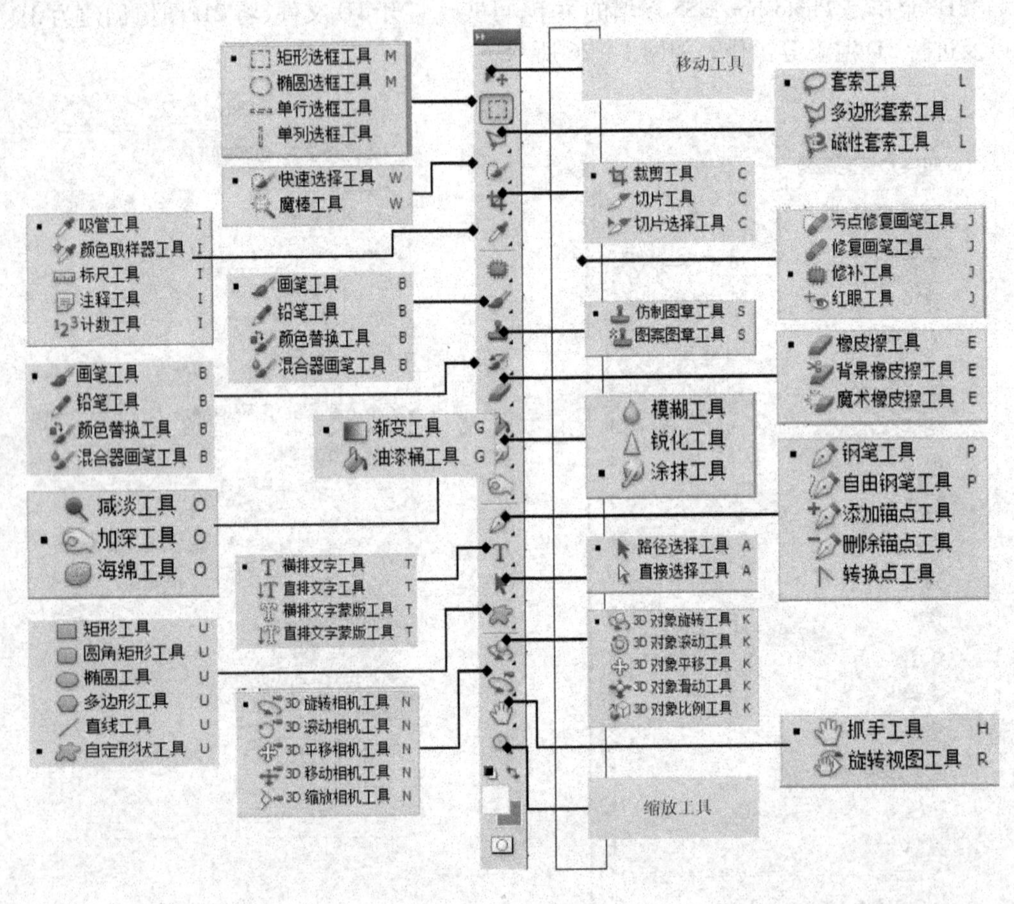

图 1 – 27　工具箱

工具选项栏

用户除了在工具箱中选择所需要工具外，还可以通过“工具”选项栏对所选择的工具进行设置，不同工具对应的“工具”选项栏是不一样的。在操作过程中，用户可根据需要在选项栏中设置参数从而产生不同效果。以“画笔工具”为例的“工具”选项栏如图 1 – 28 所示。

图 1 – 28　画笔工具选项栏

相关知识与技能

Photoshop CS5 提供的功能非常强大，为我们提供了前所未有的便捷和创新辅助工具，在熟悉 Photoshop CS5 的工作环境和掌握 Photoshop CS5 的基本操作后，我们才能轻松进入图像处理的更深领域。

下面提供一些常用快捷键：

Ctrl + A　全选

Ctrl + D　取消选择

Ctrl + N　新建文件

Ctrl + O　打开文件

Ctrl + C　复制

Ctrl + V　粘贴

Ctrl + U　色相/饱和度

Ctrl + H　隐藏选区

Ctrl + F　重复上次滤镜

Alt + Delete　填充前景色

Ctrl + Delete　填充背景色

思考与练习

选择题

1. 下面哪个命令用来选取整个图像中的相似区域。(　　)

A. 快速选择工具　　B. 扩大选区　　C. 变换选区　　D. 描边

2. 在“图层”面板中，下面关于“背景”图层说法正确的是(　　)。

A. 可以任意调整其前后顺序　　B. 背景层可以进行编辑

C. 背景层与图层之间可以转换　　D. 背景层不可以关闭层眼

3. 保存图像文件的快捷键是(　　)。

A. Ctrl + D　　B. Ctrl + O　　C. Ctrl + W　　D. Ctrl + S

4. 下面哪种滤镜可以用来去掉扫描的照片上的斑点，使图像更清晰。(　　)

A. 模糊→高斯模糊　　B. 艺术效果→海绵

C. 杂色→去斑　　D. 素描→水彩画笔

5. 下列哪种工具可以存储图像中的选区(　　)。

A. 路径　　B. 画笔　　C. 图层　　D. 通道

6. 在图像编辑过程中，如果出现误操作，可以通过什么操作恢复到上一步。(　　)

A. Ctrl + Z　　B. Ctrl + Y　　C. Ctrl + D　　D. Ctrl + Q

答案：1. A；　2. B；　3. D；　4. C；　5. D；　6. A

项目二　初探图像基础——图像的基本知识

项目描述

Photoshop CS5 是由 Adobe 公司开发的图形处理系列软件之一，主要应用于图像处理、广告设计的一个软件。在了解完软件的基础界面知识和简单的工具认识后，我们有必要对图像的基本知识进行认识和了解，培养最基本的图形图像处理意识。

能力目标

通过介绍图像的基本知识，让我们掌握什么是矢量图和位图，认识图像的颜色模式以及常用的图像格式。

任务　Photoshop 的基本概念

任务描述

本任务主要介绍图像文件的操作、矢量图与位图的基本介绍、图像的颜色模式以及常用图像文件格式。

任务分析

通过对图像的颜色模式和常用图像格式的介绍，让同学们掌握图形图像的基本知识，培养同学们最基本的图形处理意识。

方法与步骤

一、图像文件的操作

1. 新建图像文件

执行“文件”“新建”菜单命令或按【Ctrl + N】快捷键新建图像文件，在弹出的对话框中进行参数设置。如图 2－1 所示。

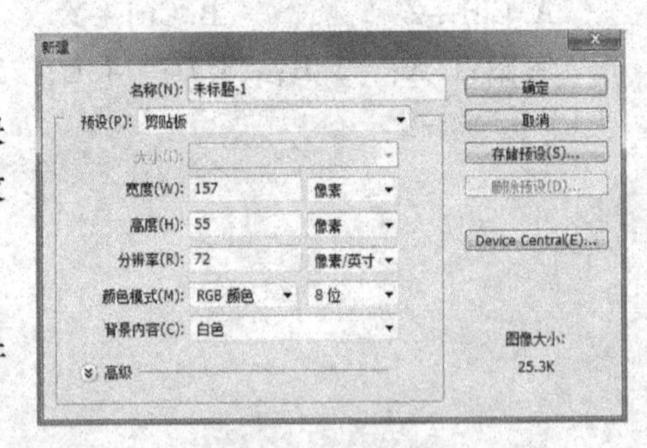

图 2－1　新建文件

(1) 名称：输入新文件的名称。

(2) 预设：点击下拉菜单可以采用预设的文件尺寸。

(3) 宽高度值设置：设置新建文件的宽度和

高度。

（4）分辨率：设置新建文件的分辨率，分辨率越高，图像越清晰，如果文件用于印刷，分辨率应该不小于300像素/英寸，如果文件仅用于屏幕或浏览网页，则可按默认值72像素/英寸。

（5）模式：点击下拉菜单可选择文件的颜色模式，默认情况下选择RGB模式，若文件用于印刷，可选择CMYK模式。

（6）背景内容：默认情况下新建文件背景颜色为白色，点击下拉菜单还有背景色和透明色供选择。

2. 打开图像文件

执行"文件"→"打开"菜单命令或按【Ctrl + O】快捷键，即可在弹出的对话框中选择要打开的合适格式的图像文件。

在Photoshop CS5中，新增的Bridge功能更加完美，执行"文件"→"在Bridge中游览"命令，即可在Bridge中左侧的文件夹中选择需要打开的文件所在的文件夹。如图2-2所示。

图2-2　在Bridge中打开文件

3. 保存图像文件

◆ 执行"文件"→"保存"菜单命令或按【Ctrl + S】快捷键，可保存对当前文件所做的更改。

◆ 执行"文件"→"存储为"命令，可以选择路径、输入文件名、选择不同文件格式保存图像。

◆ 执行"文件"→"存储为Web和设备所用格式"命令，可将图像保存为适合于网页使用的文件格式。

二、位图与矢量图

(1)位图:位图也叫栅格图,由像素点组成,每个像素点都具有独立的位置和颜色属性。在增加图像的物理像素时,图像质量会降低。像素:像素是构成图像的最基本元素,它实际上是一个个独立的小方格,每个像素都能记录它所在的位置和颜色信息。

位图的存储格式很多,如 JPG、PNG、GIF、BMP、TIFF 等,最常用的就是 JPG、GIF。另外,Photoshop 默认的图像存储格式是 PSD,它可以保存图像在编辑过程中建立的图层、蒙版、通道、可编辑的文本等各种原始信息,以便再一次打开时继续编辑。

下面分别将位图原图与放大 600% 后的效果对比。如图 2-3、2-4 所示。

图 2-3　位图原图　　　图 2-4　将位图放大后效果

(2)矢量图:由矢量的直线和曲线组成,在对它进行放大、旋转等编辑时不会对图像的品质造成损失,如其他软件创造的 AI、CDR、EPS 文件等。

下面将矢量图原图与放大 600% 后的效果对比。如图 2-5 所示。

图 2-5　将矢量图放大前后效果

三、像素与分辨率

(1)像素(Pixel)是由图像(Picture)和元素(Element)组成,是用来计算数码影像的单位。

(2)分辨率:是指屏幕图像的精密度,是指显示器所能显示的像素的多少。由于屏幕上的点、线和面都是由像素组成,显示器所显示的像素越多,画面就越精细,相同的屏幕区域能显示的信息就越多,因此分辨率是非常重要的性能指标之一。

当位图图像需要输出制作成图片或照片的时候(如打印、印刷或冲印),分辨率是很重要的参数。同一个物理尺寸下，图片的分辨率越大，组成图像的像素越多，图像中的信息也就越多，输出以后的图像就越精细。

四、图像的颜色模式

Photoshop CS5 中图像的颜色模式有位图模式、灰度模式、双色调模式、索引颜色模式、RGB 颜色模式、CMYK 颜色模式、Lab 颜色模式和多通道模式。如图 2－6 所示。下面我们主要介绍几种常用的颜色模式。

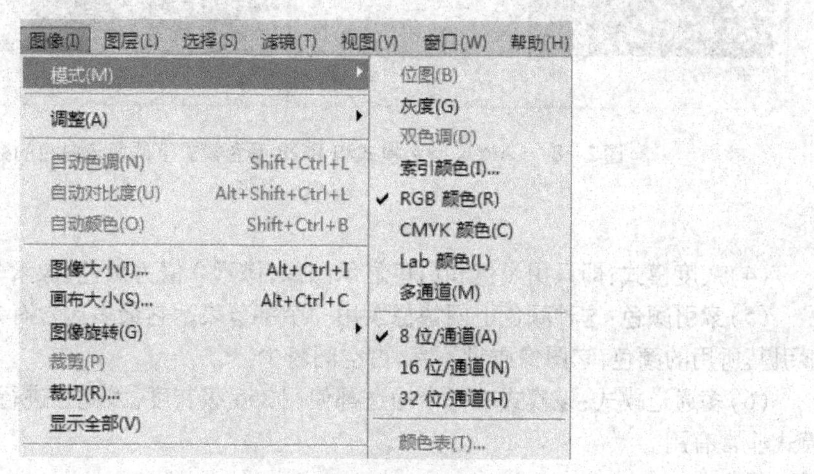

图 2－6　图像颜色模式

（1）RGB 颜色模式：又叫加色模式，是 Photoshop 默认的图像模式，由红、绿、蓝三种颜色组成，每一种颜色可以有 0～255 的亮度变化，是屏幕显示的最佳颜色。

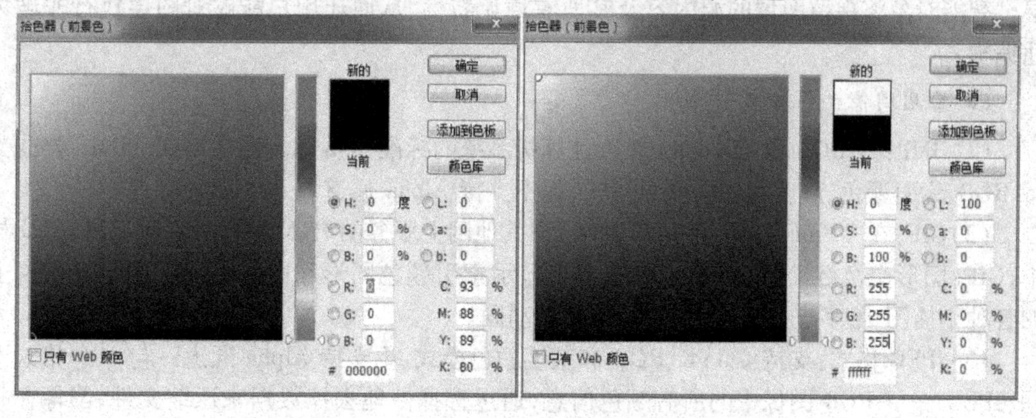

图 2－7　RGB 颜色模式下黑色与白色的数值

（2）CMYK 颜色模式：它是标准色模式，由 C、M、Y、K 四种颜色组成的混合颜色模式。（C＝青色，M＝洋红，Y＝黄色，K＝黑色）一般打印输出及印刷都是这种模式，所以打印图片一般都采用 CMYK 模式。

（3）Lab 颜色模式：该模式通过一个光强和两个色调来描述一个色调叫 a，另一个色调叫 b。它主要影响着色调的明暗。一般 RGB 转换成 CMYK 都先经 Lab 的转换。

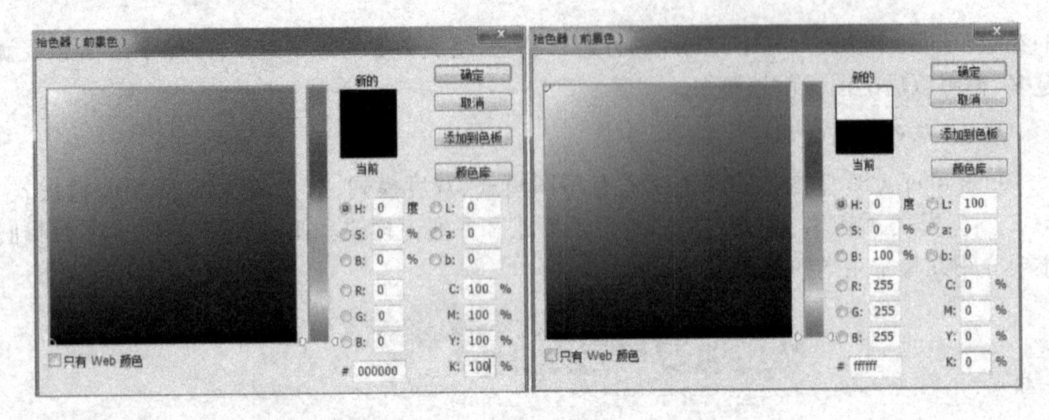

图 2－8　CMYK 颜色模式和 RGB 颜色模式下黑色与白色的数值

（4）灰度模式：即只用黑色和白色显示图像，像素 0 值为黑色，像素 255 为白色。

（5）索引颜色：这种颜色下图像像素用一个字节表示它最多包含有 256 色的色表储存并索引其所用的颜色，它图像质量不高，占空间较少。

（6）多通道模式：该模式中每个通道都使用 256 级灰度，因此在进行特殊打印时，多通道模式非常有用。

注意：执行“图像→模式”命令，即可对图像进行颜色模式的转换。

五、智能对象

智能对象是包含栅格或矢量图像（如 Photoshop 或 Illustrator 文件）中的图像数据的图层。智能对象将保留图像的源内容及其所有原始特性，从而让用户能够对图层执行非破坏性编辑。

六、常用图像文件格式

（1）BMP：是 DOS 和 Windows 兼容计算机系统的标准 Windows 图像格式。BMP 格式支持 RGB、索引颜色、灰度和位图颜色模式，但不支持 Alpha 通道。

（2）GIF：在 World Wide Web（万维网）和其他网上服务的 HTML（超文本标记语言）文档中，GIF（图形交换格式）文件格式普遍用于显示索引颜色图形和图像。广泛用于互联网上的各种小插图，最多支持 256 色，支持透明和动画。

（3）JPEG 格式：支持 CMYK、RGB 和灰度颜色模式，不支持 Alpha 通道。与 GIF 格式不同，JPEG 保留 RGB 图像中的所有颜色信息，通过选择性地去掉数据来压缩文件，图像在打开时自动解压缩。高等级的压缩会导致较低的图像品质，低等级的压缩则产生较高的图像品质。

（4）TIFF（标记图像文件格式）：用于在应用程序之间和计算机平台之间交换文件。TIFF 是一种灵活的位图图像格式，实际上被所有绘画、图像编辑和页面排版应用程序所支持。

思考与练习

一、挑战任务：新建文件

新建文件，文件名称为“练习一”，设置宽度为19厘米，高度为21.7厘米，分辨率为300像素/英寸，背景颜色为白色，将文件分别保存为PSD格式和JPEG格式。

二、选择题

1. 关于RGB正确的描述的是（　　）。

A. 色彩三元色　　B. 印刷用色　　C. 一种专色　　D. 网页用色

2. 下列哪个命令用来调整色偏。（　　）

A. 色调均化　　B. 阈值　　C. 色彩平衡　　D. 亮度/对比度

3. 下列哪个是Photoshop图像最基本的组成单元。（　　）

A. 节点　　B. 色彩空间　　C. 像素　　D. 路径

4. 图像必须是何种模式，才可以转换为索引模式。（　　）

A. RGB　　B. 灰度　　C. 多通道　　D. 索引颜色

5. 如何调整参考线。（　　）

A. 选择移动工具进行拖动

B. 无论当前使用何种工具，按住【Opion(Mac)/Alt(window)】键的同时单击鼠标

C. 在工具箱选择任何工具进行拖动

D. 无论当前使用任何工具，按住【Shift】键的同时单击鼠标

6. 下面哪些因素的变化不会影响图像所占硬盘空间的大小。（　　）

A. 像素大小　　B. 文件尺寸

C. 分辨率　　D. 存储图像时是否增加后缀

答案：1. D；　2. C；　3. C；　4. B；　5. A；　6. D

项目三　圈住我的地盘——选择（区）工具

项目描述

Photoshop CS5 中，图像的选择通常是通过选区来实现，通过选区能够对图像进行精确的选择，并且对选取的图像进行编辑。本项目通过案例"圆柱体制作"和"衣服换颜色"介绍了选择工具的基本操作，并且强化了如何对选区进行填充、通过创建选区调整图像（色相/饱和度）实现图像颜色变化等操作。两个实例从选区工具基本操作出发，介绍选框、套索工具的使用及其对图像的编辑。

能力目标

通过矩形选框工具组、套索工具组、快速选择工具组的学习，让我们掌握以下知识：①如何创建选区；②对选区进行描边、填充等操作；③通过调整图像的色相/饱和度改变图像颜色。

任务一　圆柱体制作

任务描述

本任务要制作一个圆柱体，通过对工具的介绍和实例的制作，可以掌握如何创建规则或不规则选区，然后利用渐变工具实现对选区进行渐变填充。

任务分析

首先简单介绍选框工具的使用，然后通过实例加强如何创建选区和对选区进行描边、填充渐变颜色等操作。

选框工具组介绍

1. 矩形选框工具

"矩形选框工具"主要通过单击并拖动鼠标进行选区绘制，单击工具箱的"矩形选框工具"按钮 ，即可通过其选项栏进行相关设置，其选项栏如图 3－1 所示。

（1）绘制任意大小的矩形选区

选择矩形选框工具，单击并拖动鼠标，即可绘制一个任意大小的矩形选区。如图 3－2 所示。

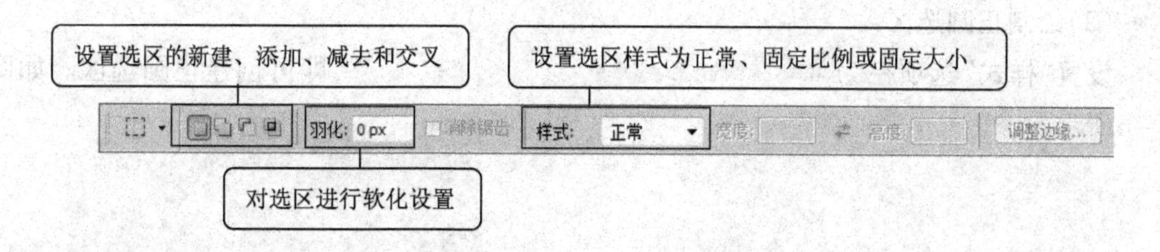

图 3－1　矩形选框工具选项栏

(2)绘制固定比例的矩形选区

绘制矩形选区时,将选项栏中的样式选择为"固定比例",设置宽度与高度的比例参数 样式: 固定比例 宽度: 3 高度: 4 ,即可绘制固定比例的矩形选区。如图 3－3 所示。

图 3－2　任意大小的矩形选区

图 3－3　固定比例的矩形选区

(3)绘制正方形选区

选择矩形选框工具,按住【Shift】键单击鼠标进行拖动即可创建正方形选区,也可通过绘制固定比例大小设置其宽度与高度的比例为 1∶1,还可以在选项栏中设置样式为"固定大小"并设置宽度、高度相同数值的像素 羽化: 0 px 消除锯齿 样式: 固定大小 宽度: 400 px 高度: 400 px 。如图 3－4 所示。

注意:*在创建矩形选区时,按住【Shift】键单击鼠标进行拖动即可创建正方形选区,但只对第一次创建有效,若已经创建了选区,再按住【Shift】键则是添加选区的操作,而不是控制选区形状。*

图 3－4　正方形选区

2. 椭圆选框工具

选择工具箱中"矩形选框工具"的隐藏工具菜单"椭圆选框工具" ,单击鼠标并拖动鼠标即可创建椭圆选区,其选项栏与"矩形选框工具"的选项栏相类似。

(1)绘制任意大小的椭圆选区

选择"椭圆选框工具",在打开的图像素材上单击鼠标并拖动鼠标,即可创建椭圆选区。如图 3－5 所示。

(2)绘制正圆选区

设置“样式”选项栏为 样式: 固定比例 宽度: 1 ⇄ 高度: 1 ,即可创建正圆选区。如图3－6所示。

图 3－5　椭圆选区

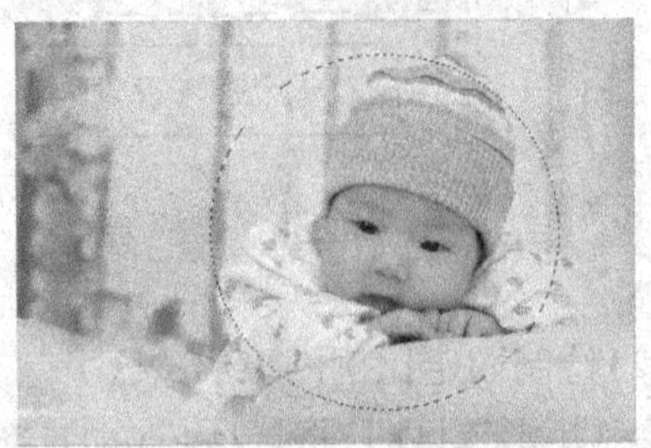

图 3－6　正圆选区

注意:在绘制正圆选区时,按住【Alt＋Shift】键单击并拖动鼠标,此时鼠标拖动的起始位置即为正圆的中心。

(3)绘制圆环选区

创建圆环选区,需要通过设置选项栏中的“从选区减去”按钮 实现。首先选用“椭圆选框工具”绘制一个圆形选区,再选择选项栏中的“从选区减去”按钮,此时鼠标呈“－”号,在已绘制的选区中再绘制一个较小的圆形选区,即可创建圆环选区,如图 3－7 所示,将圆环选区进行填充。如图 3－8 所示。

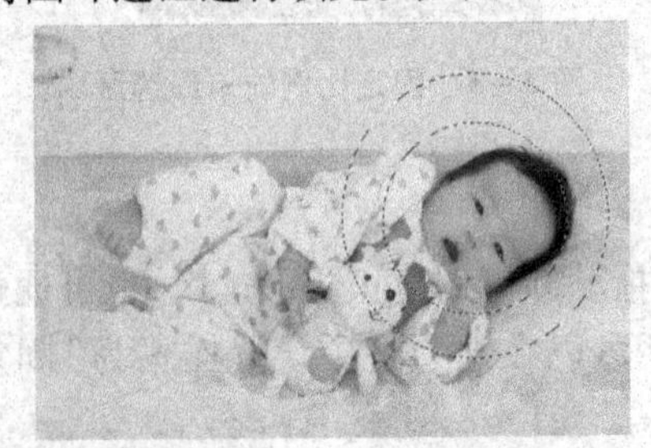

图 3－7　圆环选区

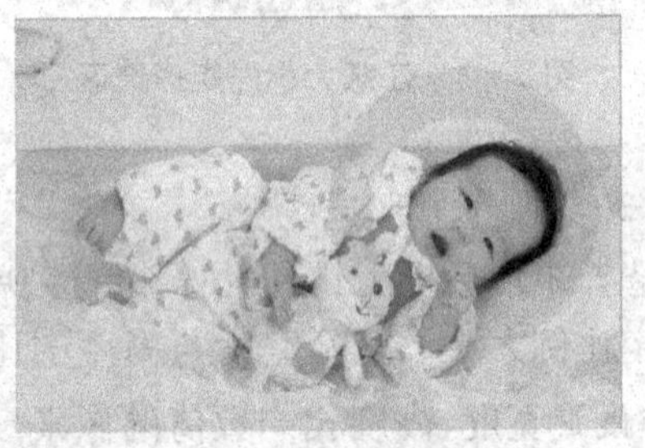

图 3－8　圆环选区填充

3. 单行/单列选框工具

“单行/单列选框工具”可在图像上创建像素高度/宽度为 1 像素的横线和竖线选区。如图 3－9、3－10 所示。

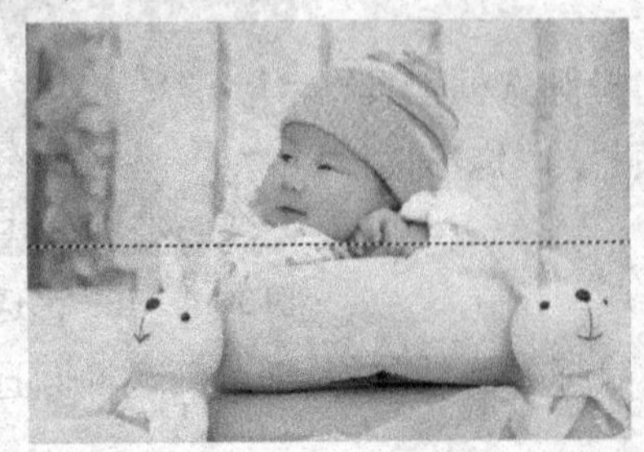

图 3－9　单行选区

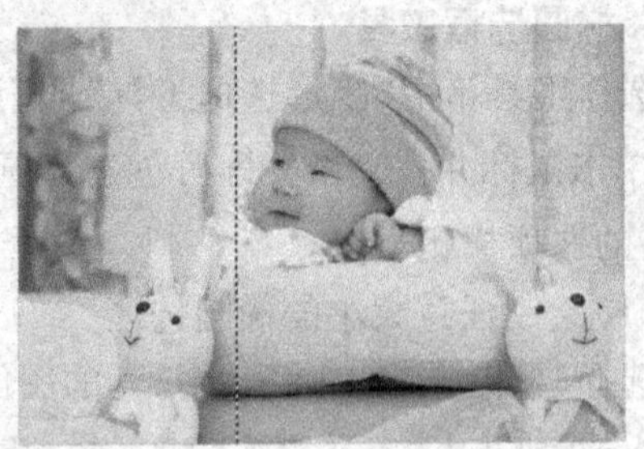

图 3－10　单列选区

4. **套索工具组**

Photoshop CS5 软件的套索工具组为用户提供了创建不规则选区的非常有用的帮助，其中包括“套索工具”“多边形套索工具”和“磁性套索工具”，分别可以对自定义形状、多边形形状和轮廓清晰的选区进行设置。

(1)套索工具

“套索工具”用于创建自定义形状选区，单击工具箱中的“套索工具”按钮，在素材图像上利用鼠标进行拖动绘制选区路径，释放鼠标后，鼠标终点位置将自动与起点位置连接起来形成一个闭合的选区。如图 3－11 所示。

(2)多边形套索工具

利用多边形套索工具可以将不规则直边对象从复杂的背景中选择出来，该工具非常适合于选择边缘不规则、但较为齐整的图像。如图 3－12 所示。

图 3－11 利用套索工具创建选区

图 3－12 多边形套索工具创建选区

(3)磁性套索工具

磁性套索工具是一个智能化的选取工具，适用于快速选择边缘与背景反差较大的图像，它的工具选项栏参数很丰富，合理设置工具选项栏中的参数可以更加准确选择。如图 3－13 所示。

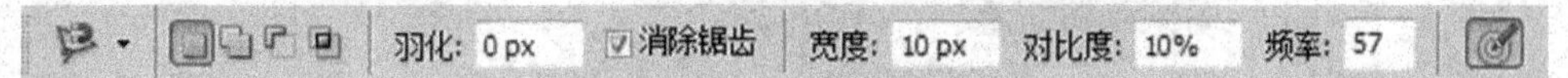

图 3－13 磁性套索工具选项栏

选择磁性套索工具，在需要选取的对象边缘单击鼠标定好起始位置，沿对象边缘移动鼠标，即可创建自动带锚点的路径，双击鼠标将终点与起点相连，自动闭合选区。如图 3－14 所示。

图 3－14 磁性套索工具创建选区

案例：圆柱体制作

1. 启动 Photoshop CS5，选择“文件”→“新建”命令，将文件大小设置为 800×600 像素，选择渐变工具，将背景填充为从蓝色到黑色的渐变。如图 3－15 所示。

图 3－15　背景填充渐变

2. 新建图层 1，建立长方形选区。如图 3－16 和 3－17 所示。

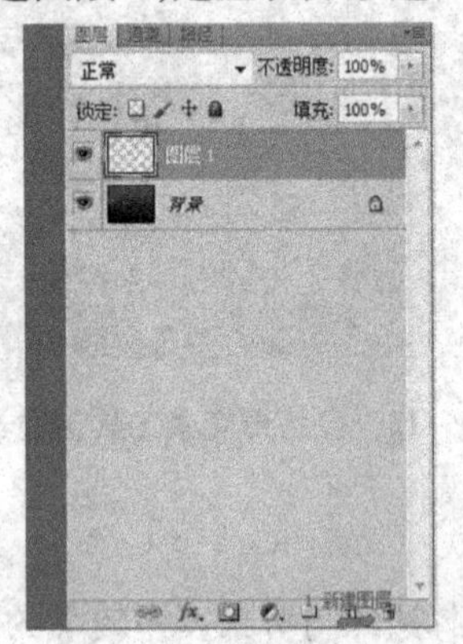

图 3－16　新建图层

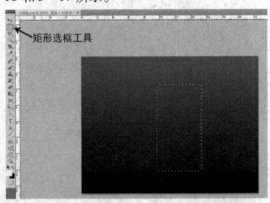

图 3－17　建立长方形选区

3. 单击渐变工具，编辑一个白、黑、灰的渐变色，对长方形选区进行填充。如图 3－18 和 3－19所示。

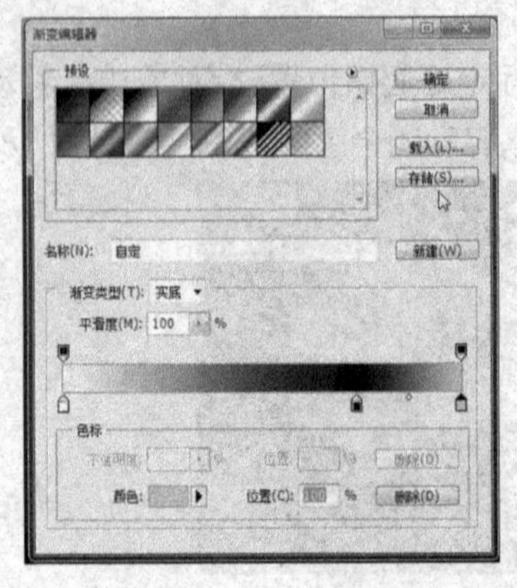

图 3－18　编辑渐变色

图 3－19　对选区进行填充

4. 新建图层2，在新图层建立椭圆形选区，椭圆形选区的宽度跟长方形的宽度相同。如图3－20所示。

5. 利用渐变工具对椭圆形选区填充白、黑、灰渐变色，然后单击选框工具，移动选区，同时按住【Shift】键和【↓】方向键，即可垂直移动选区至长方形的底端，跟长方形选区对齐。如图3－21所示。

图3－20 建立椭圆选区

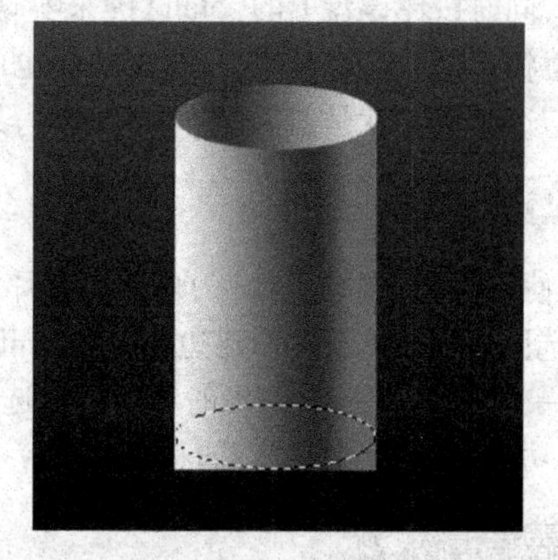

图3－21 填充椭圆选区并移动选区

6. 选择长方形选框工具，按住【Shift】键，增加选择椭圆选框工具的一半以上部分。如图3－22所示。

7. 在图层面板中单击长方形渐变色的图层，按【Ctrl＋Shift＋I】键进行反选，按【Delete】键删除多余的内容，取消选择完成圆柱体制作。如图3－23所示。

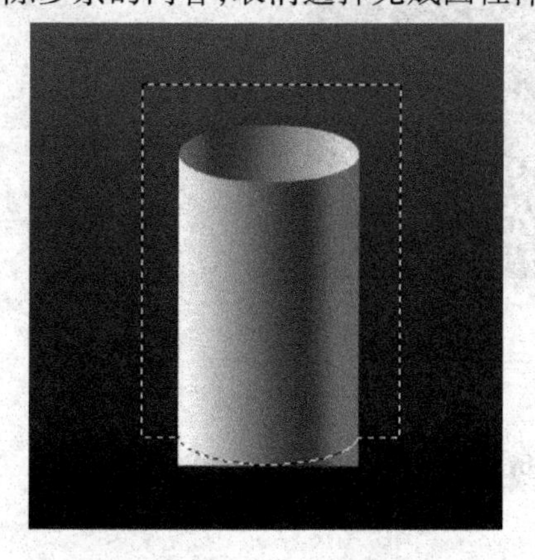

图3－22 增加长方形选区

图3－23 圆柱体

相关知识与技能

1. 正圆选区的建立是选择椭圆选框工具，建立选区之前先按住【Shift】键。

2. 使用“多边形套索工具”绘制选区时，按住【Shift】键可以创建垂直、水平的选区路径。

3. 执行“编辑”→“自由变换”命令或按【Ctrl＋T】键可以对选区进行变换，然后通过拖动鼠标调整选区大小或对其旋转，然后按【Enter】键确定。

4. 执行“编辑”→“描边”命令可对选区进行描边，在弹出的对话框中可设置描边的颜色和像素大小。

5. [图标]：新选区就是在图片中新建选区；添加到选区就是原来在图片中有一个选区，按一下这个按钮，再选一个选区，那么就同时选择了两个选区，这个功能也可以在建立选区时，同时按住键盘上的【Shift】键来实现；从选区中减去就是从原来的选区中，再选择一部分，就将选择的这部分减去，这个功能也可以在建立选区时，同时按住键盘上的【Alt】键来实现；与选区交叉就是前后画的两个选区，只保留它们交叉的部分。

拓展与提高

使用“矩形选框工具”为自己的相片添加朦胧梦幻的相框，在图层面板中新建图层，利用“从选区中减去”工具创建边框，按【Shift + F6】快捷键对选区进行羽化设置，然后执行“编辑”→“填充”命令，在弹出的对话框中选择利用前景色或者背景色对选区进行颜色填充，即可成功添加一个朦胧梦幻的相框。

思考与练习

1. 试试如何制作下图的球体？

2. 试试给自己的照片添加个性化的边框吧。

任务二　衣服换颜色

任务描述

本任务中首先对魔棒工具“快速选择工具”和“魔棒工具”进行简单介绍以及对选区如何扩展收缩进行补充，通过实例“衣服换颜色”掌握“快速选择工具”的使用，并应用“色相/饱和度”命令达到为衣服换颜色的效果。

任务分析

了解魔棒工具的使用及选区的操作，可以实现轻松抠图和调整图像颜色变化。

工具介绍

1. 快速选择工具

“快速选择工具”是以画笔形式出现，通过调整选项栏中的画笔大小，从而更精准地选取对象，此工具适合对不规则选区进行快速选择。其工具选项栏如图3－24所示。

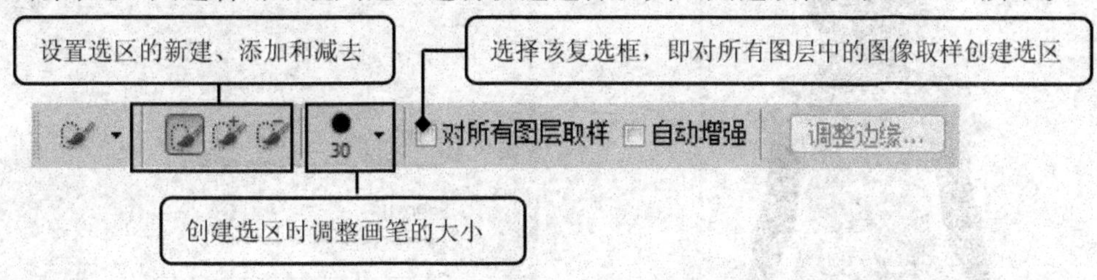

图3－24　“快速选择工具”选项栏

选择工具箱中的“快速选择工具”，在素材图像中单击并拖动鼠标将所要选取的地方选中。如图3－25所示。

注意：利用“快速选择工具”创建完选区后，可在选项栏选择“从选区减去”工具，将图片放大，删除多余的选区，既方便又精确。

图3－25　快速选择人物

2. 魔棒工具

“魔棒工具”是一种根据颜色进行选择的工具，用此工具单击图像中的某种颜色，即可将与该种颜色相邻或不相邻的、在容差值范围内的颜色都一次性选中。根据图像的情况可在选项栏中设置参数，达到更好地控制魔棒工具。其工具选项栏如图3－26所示。

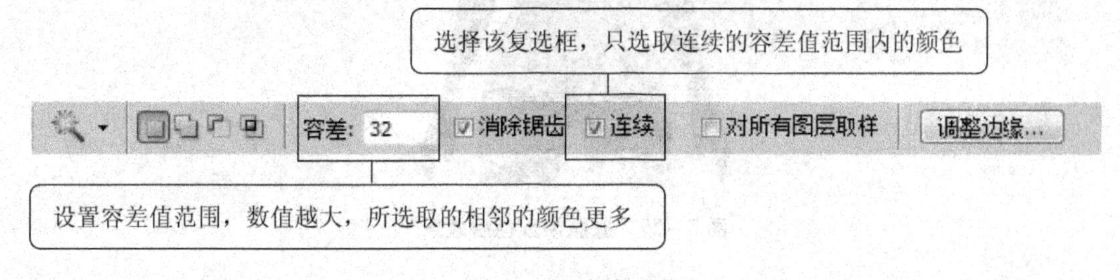

图3－26　魔棒工具

案例：衣服换颜色

1. 启动Photoshop CS5，选择“文件”→“新建”命令，打开素材文件。

2. 选择“快速选择工具”，在其工具选项栏中调整其画笔大小，在图像中衣服位置涂抹，即可快速将衣服选择，若要达到精细效果，多余的选区可通过放大图片利用“从选区减去"减少不必要的选区。如图 3－27 所示。

3. 执行"图像"→"调整"→"色相/饱和度"命令，弹出"色相/饱和度"窗口，拖动滑块调整得到想要的颜色。如图 3－28 所示。

图 3－27　选择衣服

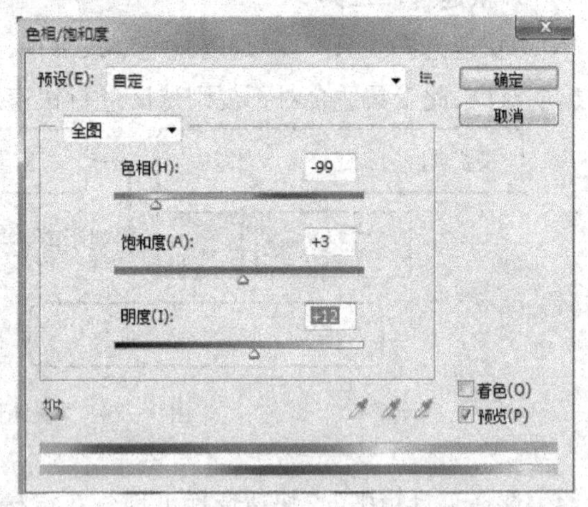

图 3－28　调整"色相/饱和度"

4. 单击"确定"按钮，按【Ctrl + D】键取消选区，效果如图 3－29 所示。

图 3－29　衣服换颜色后效果

3. 选区的编辑与调整

对已创建的选区进行编辑与调整，可避免再次创建选区的操作，从而提高操作效率，以下我们来认识编辑与调整选区的方法和命令。

(1) 移动选区

当我们创建了选区后，将鼠标放在绘制选区范围内，鼠标形状呈现，可以移动选区。如图 3－30、3－31 所示。

图 3－30　原选区

图 3－31　向右移动选区

(2)取消和反向选择选区

“取消选择”和“反向选择”命令是较常用的命令。首先,打开图像素材,选择“矩形工具”在图像上创建一个新选区,如图 3－32 所示;单击“选择”→“反向”命令或按快捷键【Shift + Ctrl + I】,图像选区即被反向选择,如图 3－33 所示;若需要取消选区,单击“选择”→“取消选择”命令或按快捷键【Ctrl + D】即可。

图 3－32　矩形选区

图 3－33　反向选择选区

(3)收缩选区

创建选区,单击“选择”→“修改”→“收缩”命令,在弹出对话框中输入收缩的像素值。如图 3－34、3－35 所示。

图 3－34　收缩选区

图 3－35　收缩后效果

(4)扩展选区

利用快速选择工具选择图像中花朵,单击"选择"→"修改"→"扩展"命令,在弹出对话框中输入扩展的像素值 20。如图 3-36、3-37 所示。

图 3-36 扩展选区

图 3-37 扩展后效果

(5)平滑选区

利用魔棒工具创建选区,单击"选择"→"修改"→"平滑"命令,可以对选区的边缘进行平滑处理,使选区边缘变得柔和。如图 3-38、3-39 所示。

图 3-38 平滑选区

图 3-39 平滑后效果

(6)羽化选区

"羽化"命令是建立选区将图像的边缘进行模糊的设置,数值越大,模糊效果越明显。打开图像素材,利用椭圆选框工具创建选区,单击"选择"→"修改"→"羽化"命令,弹出"羽化"对话框,设置"羽化半径"值为 25 像素,单击"确定"按钮,如图 3-40 所示,按【Shift + Ctrl + I】键反选并按【Delete】键删除选区内容查看效果。

(7)变换选区

创建选区后,单击"选择"→"变换选区"命令,即在选区处出现一个矩形变换编辑框,可通过单击拖动每个锚点对选区进行旋转、拉伸、缩放、扭曲、翻转等变换,然后按【Enter】键应用变换,若想取消变换可按【Esc】键退出变换。如图 3-41 所示。

图 3－40　羽化选区

图 3－41　变换选区

相关知识与技能

1. 魔棒工具选项栏中的“容差”文本框中可以输入 0～255 之间的像素，输入较小值以选择与所取点的像素非常相似的颜色，或输入较高的值以选择更宽的色彩范围。

2. 魔棒工具使用时，容差参数的设置根据要选取的颜色的相近程度设置，如果要选取的背景颜色较相似，可以选择魔棒工具，如果背景较为复杂，魔棒工具就体现不了选取优势，此时要考虑抠图的其他方式，例如用通道或路径等。

拓展与提高

上述例子“衣服换颜色”还有另外一种方法：利用魔棒工具将衣服部分选取出来保持选中状态，然后将前景色设置为所要替换的颜色，选择画笔工具，在画笔选项栏处将模式选择为“颜色”模式，调整好画笔大小对选区进行涂抹，即可成功将衣服换颜色。

思考与练习

1. 还有什么方法可以给衣服换颜色呢？
2. 试试给自己的照片换个背景吧。

项目实训：工商银行标志制作

根据文件夹提供的效果，利用选区的加减工具和对选区进行描边和填充设置，绘制右图的工商银行标志，完成后，根据项目实训评价表进行打分。

项目描述

初学选区的您，对于选区的应用熟悉了吗？现在让我们利用选区的加减工具，绘制工商银行的标志。

项目要求

1. 选区绘制;
2. 对选区进行红色填充。

项目提示

1. 选择椭圆选区工具和矩形选区工具进行绘制;
2. 通过设置选项栏处的选区加减按钮 对选区进行调整;
3. 对选区进行颜色填充,可设置好前景色,然后按【Alt + Delete】键进行填充。

项目测评表

完成后,在下列表格进行打分。

项目实训评价表

	内　容		评　价		
	学习目标	评价项目	3	2	1
职业能力	图形笔画平滑,形状匹配	能建立正确的选区和合适的图层			
	颜色替换精美	能设置整体色调			
		能设置主题			
	项目制作完整,有自己的风格和一定的艺术性、观赏性	内容符合主题			
		内容有新意			
	整体构图、色彩、创意完整	内容具有整体感			
		内容具有自己的风格			
通用能力	交流表达能力	能准确说明设计意图			
	与人合作能力	能具有团队精神			
	设计能力	能具有独特的设计视角			
	色调协调能力	能协调整体色调			
	构图能力	能布局设计完整构图			
	解决问题的能力	能协调解决困难			
	自我提高的能力	能提升自我综合能力			
	革新、创新的能力	能在设计中学会创新思维			
综合评价					

第二单元

色彩色调篇

Photoshop

项目四　风景这边独好——颜色调整

项目描述

色彩调整是 Photoshop 中非常重要的内容之一，在日常生活中运用也十分广泛。使用这一功能可以为生活中拍摄的不尽如人意的照片进行偏色、褪色、图像色彩、曝光、翻新旧照片、黑白照片上色等处理。本项目将通过对照片的颜色、色调的调整等实用技巧进行介绍，带领学习者进入图像色调处理的领域。

能力目标

调出好的色调更多的是跟色彩打交道，所以掌握色彩的基本知识尤为重要。学会观察绚丽多彩的生活或通过书籍网络进行学习，为色调处理打下良好的基础。

本项目每个实例都运用了 Photoshop 软件中不同的功能和技巧进行制作。在“雏菊花语”中，运用色彩平衡分别调整主体和背景的色彩，让雏菊的花瓣晶莹剔透，增强照片的表现力；在“北方之秋”中，主要运用可选颜色命令，重新调整树叶色彩，让这张在初春拍下的照片，显示美丽秋色的效果；在“浪漫樱花”中，主要运用曲线命令调整樱花的亮度和色彩，展示曲线的神奇功效；“城市夜色”和“流水潺潺”均为综合技能实训，综合运用多种工具，让平淡无奇的照片摇身一变成为靓丽的摄影作品。

任务一　雏菊花语——色彩平衡

任务描述

在公园游玩，遇上漂亮的花花草草，总会情不自禁地想用相机拍下来。但由于天气、环境、摄影设备等种种原因，拍出来的照片往往会出现暗沉、平淡、不如人意的情况，此时就需要利用 Photoshop 中的调整功能来对照片进行后期颜色调整，调出美丽的色调。

任务分析

原图整体效果暗淡，主体和背景不够分明，色彩不够鲜艳，照片缺乏通透感和层次感。我们将针对这些问题对照片进行调整，使之主体更突出，尤其是雏菊的花瓣要重点处理。

方法与步骤

1. 启动 Photoshop CS5，选择“文件”→“打开”命令，打开素材文件“chuju. jpg”。

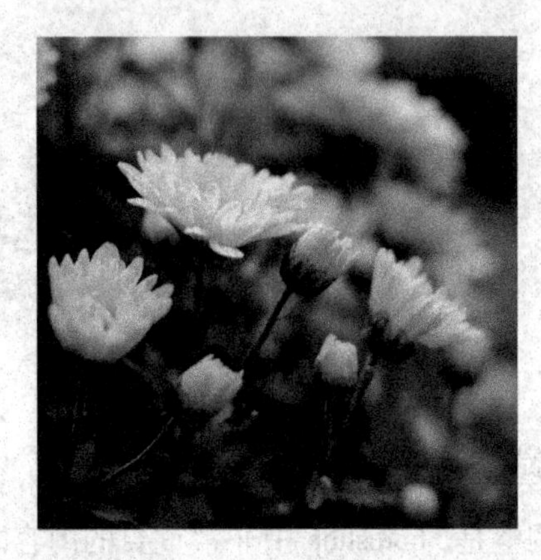

图 4－1　原图和效果图对比

调整　蒙版
自然饱和度
自然饱和度：+14
饱和度：+47

图 4－2　设置饱和度

2. 在图层面板中，单击“创建新的填充或调整图层”按钮，在弹出的菜单中执行“自然饱和度”命令，创建出一个“自然饱和度 1”图层。在调整面板中做增加饱和度的设置，让照片色彩更加鲜艳。如图 4－2所示。

3. 在图层面板中，单击“创建新的填充或调整图层”按钮，在弹出的菜单中执行“色彩平衡”命令，创建出一个“色彩平衡 1”图层。在调整面板中选择“阴影”，对照片的阴影色调部分进行调整，增加冷色调，将主体与背景分开。如图 4－3 所示。

4. 保持“色彩平衡 1”图层的选中状态，在调整面板中选择“中间调”，对照片的整体色调进行调整。如图 4－4 所示。

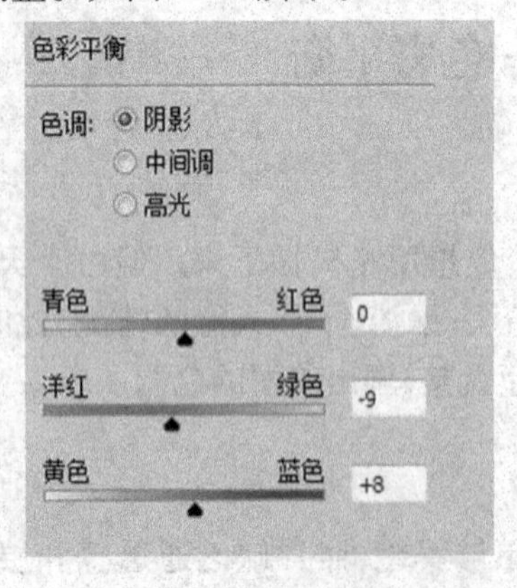

图 4－3　设置“阴影”

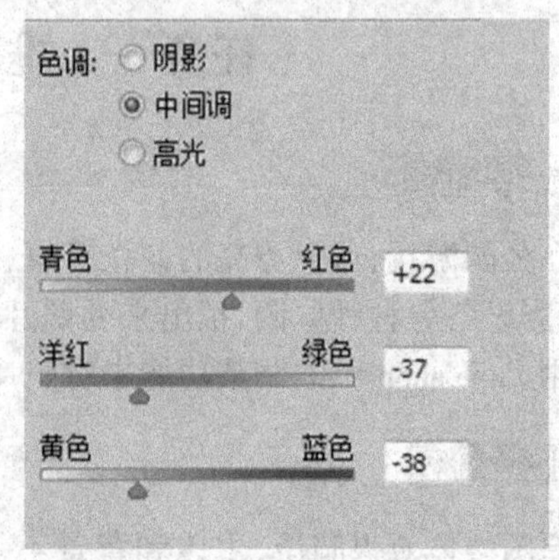

图 4－4　设置“中间调”

5. 保持“色彩平衡 1”图层的选中状态，在调整面板中选择“高光”，对照片的高光色调进行调整，让雏菊的花瓣晶莹剔透。如图 4－5 所示。

6. 至此，照片调整完毕。最后效果如图 4－6 所示。

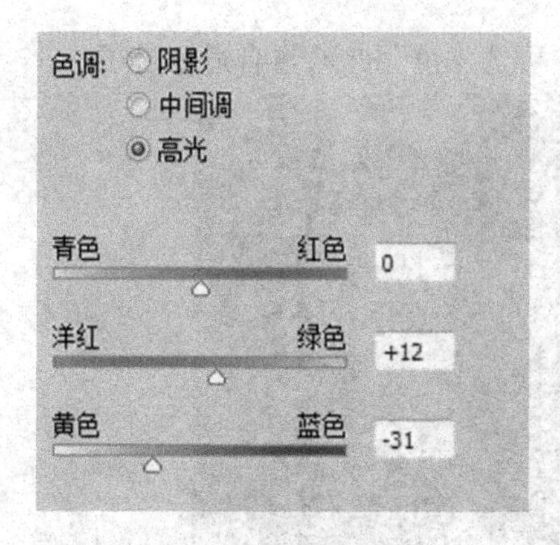

图4-5　设置“高光”

图4-6　最终效果

相关知识与技能

“色彩平衡”命令快捷键为【Ctrl+B】,它能对照片的整体色调进行大幅度调整,适用于有明显偏色问题的照片,如果想要细致地处理色调,应选用“可选颜色”命令。

拓展与提高

使用“创建新的填充或调整图层”命令后创建的图层具有的不透明度和混合模式选项与图像图层相同,并且可以重新排列、删除、隐藏和复制它们,就像处理图像图层一样。调整图层可对图像试用颜色,也可进行色调调整;而填充图层则可向图像快速添加颜色、图案。默认情况下,调整图层和填充图层带有图层蒙版,如果在创建调整图层或填充图层时路径处于显示状态,则创建的是矢量蒙版而不是图层蒙版。

思考与练习

1. 还有哪些方法可以调整照片色调?
2. 选择一幅冷色调的照片,试试将其进行暖色调处理。

任务二　北方之秋——可选颜色

任务描述

拍摄照片时,被拍摄物体的亮度和色彩主要由环境决定,相机能够调整的范围很有限。比如,当心情忧郁时拍下一张树叶凋零的照片,但当时偏偏是初春,树叶为淡绿色,无法表现出忧郁的情绪。那么,我们可以对照片进行后期处理,将万物复苏的初春色调打造成忧郁的北方之秋。

任务分析

将树叶的黄绿色改变为橙黄色,需要进行大幅度调整,整张照片中,我们只需要将树叶颜色改变即可，避免对其他色彩进行大幅调整。用“可选颜色”命令，再合适不过了。

图 4－7 “北方之秋”效果图

方法与步骤

1. 启动 Photoshop CS5，选择“文件”→“打开”命令，打开素材文件“chunqiu. jpg”。

2. 选择工具箱中的“裁剪工具”，在工具选项栏中对裁剪参数进行设置。如图 4－8 所示。

宽度: 900 px	⇄	高度: 900 px

图 4－8 设置裁剪大小

3. 按住鼠标左键并拖动，对照片进行裁剪，重新调整照片构图，去掉多余的部分，使之更简洁。调整好裁剪框之后双击或按回车键，确定裁剪。如图 4－9 所示。

图 4－9 裁剪

4. 单击“创建新的填充或调整图层”按钮，执行“可选颜色”命令，在调整面板中选择“黄色”，设置参数。如图 4－10 所示。

5. 单击“创建新的填充或调整图层”按钮，执行“色阶”命令，在调整面板中，将“输出色阶”设置为22、255。此设置的目的是为了提高树干的亮度,显示树干的纹理质感。如图4－11、4－12所示。

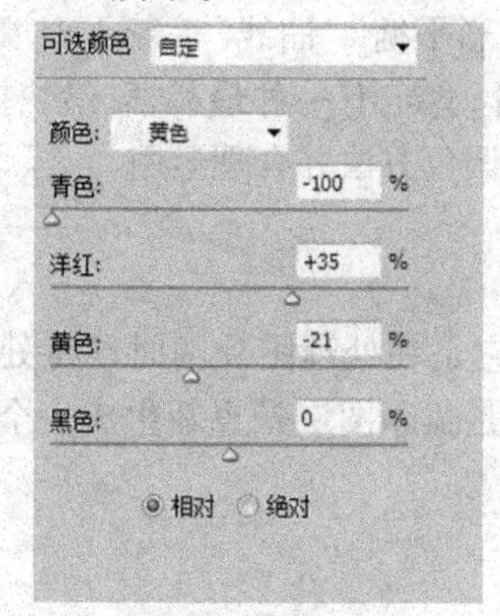

图4－10　设置可选颜色

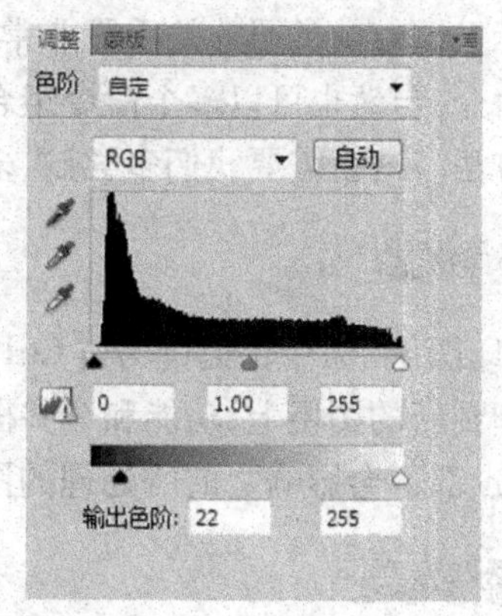

图4－11　设置色阶

6. 执行“盖印图层”命令:按【Ctrl＋Alt＋Shift＋E】键,得到“图层1”。如图4－13所示。

图4－12　提高树干亮度之后的效果

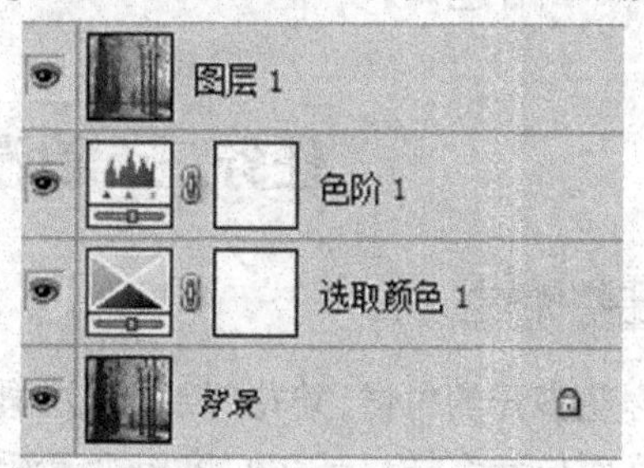

图4－13　盖印之后的图层面板

7. 对“图层1”执行“滤镜”→“锐化”→“USM锐化”命令,使照片变清晰,更加具有质感。锐化参数设置如图4－14所示。

8. 最后效果如图4－15所示。

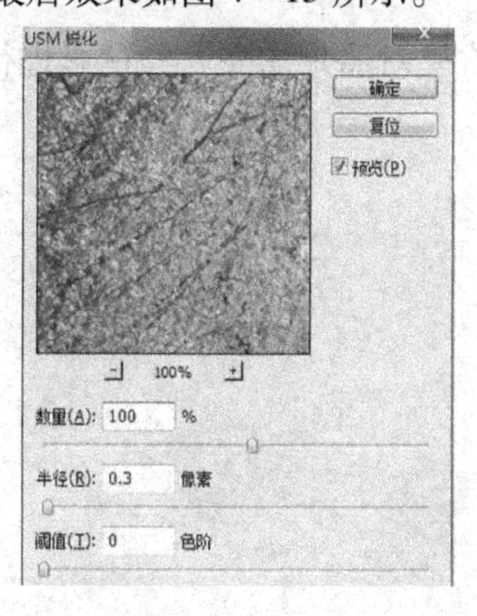

图4－14　设置锐化参数

图4－15　最终效果

相关知识与技能

实际上调整此类照片的手段非常多，比如可以用“色彩平衡”“曲线”等若干个填充或调整图层命令，当然也可以多个命令组合使用。但每张图片，肯定有一种最科学、最快捷、最适合它的方法。这就需要我们多尝试、多练习，寻找更多的调色方法并合理运用。

拓展与提高

“盖印图层”命令快捷键为：【Ctrl + Alt + Shift + E】，它是在处理图片的时候将处理后的效果盖印到新的图层上，功能和合并图层差不多，不同的是盖印图层是重新生成一个新的图层，但一点都不会影响之前所处理的图层。

思考与练习

1. 尝试“色阶”命令的其他功能。

2. 学会了春天变秋天的效果，我们可以举一反三，对照片进行其他色调的调整，比如春、夏、秋、冬四种色调。

任务三　浪漫樱花——神奇的曲线

任务描述

樱花盛开的时候，繁花似锦，甚是漂亮。但很多人并没有近距离欣赏过樱花，甚至不知道它里面长什么样。当我们将相机逐渐靠近樱花，想拍出一幅微距的樱花照片时，数码相机往往难以满足我们的需求。一是因为普通相机不足以将樱花放大到整个画面，二是因为对于这种有大片亮色的对象，相机往往曝光不准确。但我们可以通过后期修复，达到我们想要的微距效果。

任务分析

首先，我们需要大胆剪裁，去掉不需要的区域。其次要对照片的亮度和色彩进行调整，使樱花洁白如玉，增强美感。

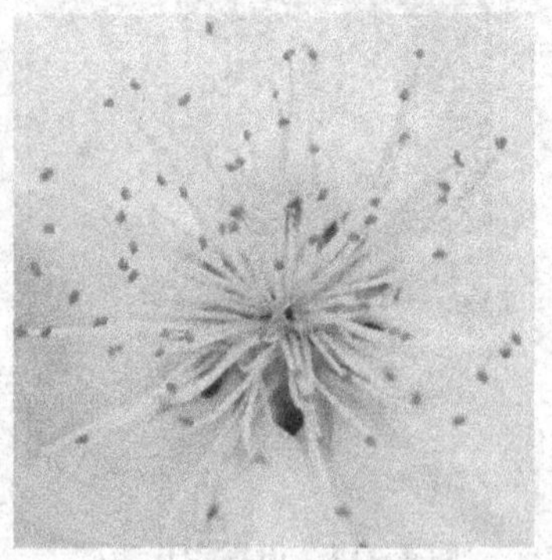

图 4－16　素材文件与效果图对比

方法与步骤

1. 启动 Photoshop CS5，选择"文件"→"打开"命令，打开素材文件"yinghua. jpg"。选择工具箱中的"裁剪工具"，在工具选项栏中对裁剪参数进行设置：宽度 800px，高度 800px。

2. 按住鼠标左键并拖动，对照片进行裁剪，重新调整照片构图，去掉多余的部分，使之更简洁。调整好裁剪框之后双击或按回车键，确定裁剪。如图 4－17 所示。

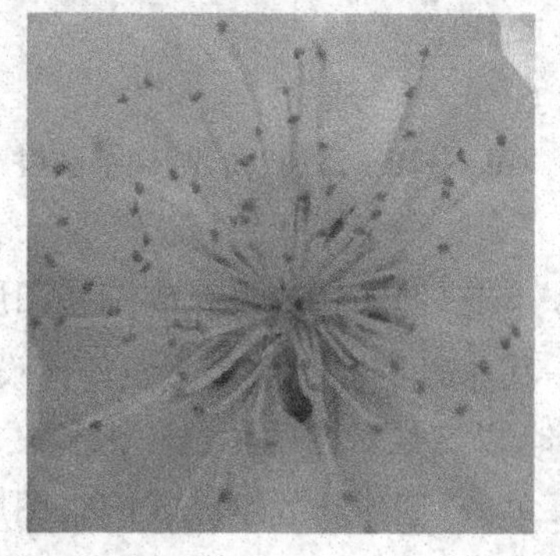

图 4－17　执行裁剪命令

3. 在图层调板中，使用鼠标左键拖动"背景"到图层调板下方的"创建新的图层"按钮上（或按【Ctrl＋J】键），创建"背景副本"图层，重命名为"图层 1"。如图 4－18 所示。

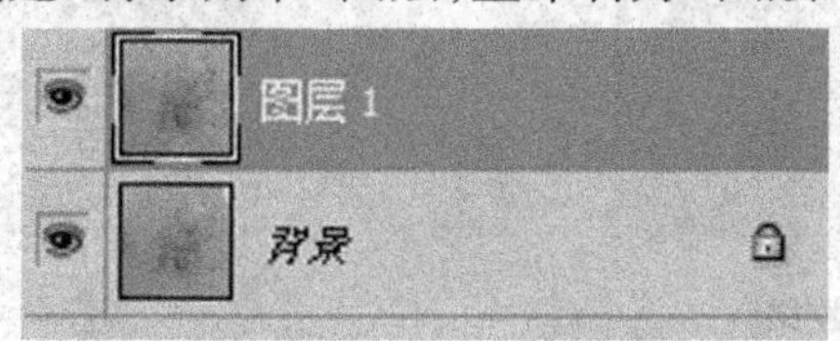

图 4－18　复制背景图层

4. 选择工具箱中的"仿制图章工具"，按住【Alt】键，用鼠标左键选取仿制源，然后在图像边角处单击，让画面更整洁。如图 4－19 所示。

图 4－19　使用仿制图章工具

5. 单击"创建新的填充或调整图层"按钮，在弹出的菜单中执行"曲线"命令，拖动曲线，增加整体亮度，同时保留暗部层次。如图 4－20 所示。

6. 单击"创建新的填充或调整图层"按钮，在弹出的菜单中继续执行"曲线"命令，选择曲线面板中中间的吸管工具，设置灰场。然后在花瓣上明暗适中的区域单击，纠正白平衡。如图 4－21 所示。

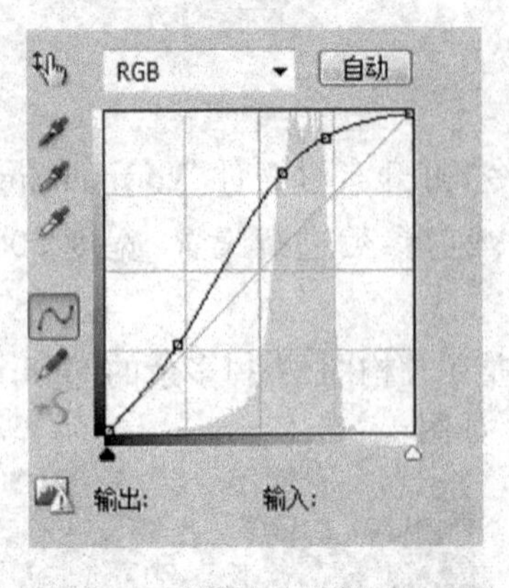

图 4－20　添加“曲线”调整图层

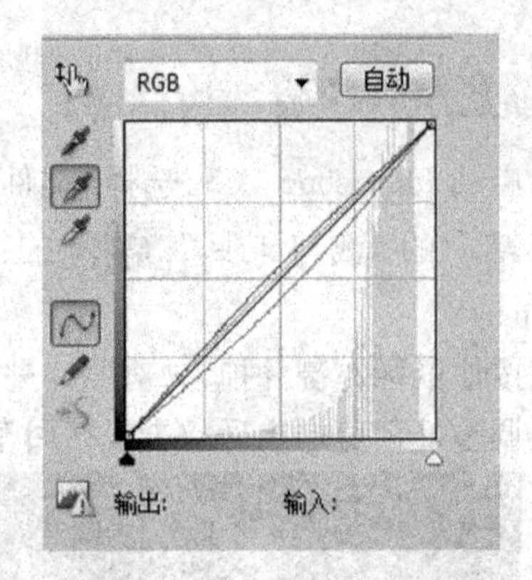

图 4－21　添加“曲线”调整图层

7. 单击“创建新的填充或调整图层”按钮 ，在弹出的菜单中继续执行“曲线”命令（选择任一其他命令也可以），不做任何设置。将此图层的混合模式改为“柔光”，不透明度设置为 70%，以增强对比度和色彩饱和度。如图 4－22 所示。

8. 单击“创建新的填充或调整图层”按钮 ，在弹出的菜单中执行“自然饱和度”命令，进一步增加色彩饱和度。如图 4－23 所示。

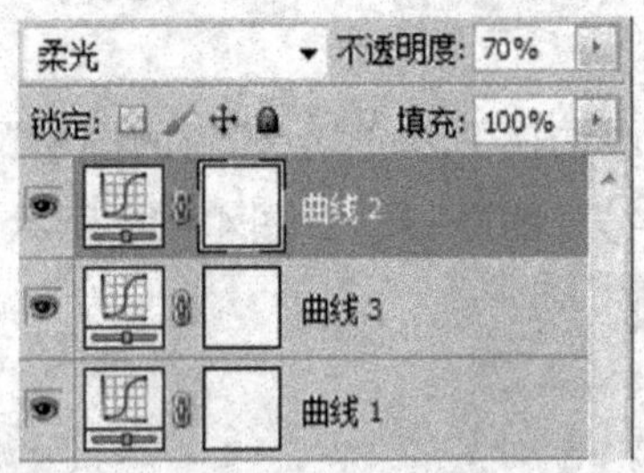

图 4－22　最后效果

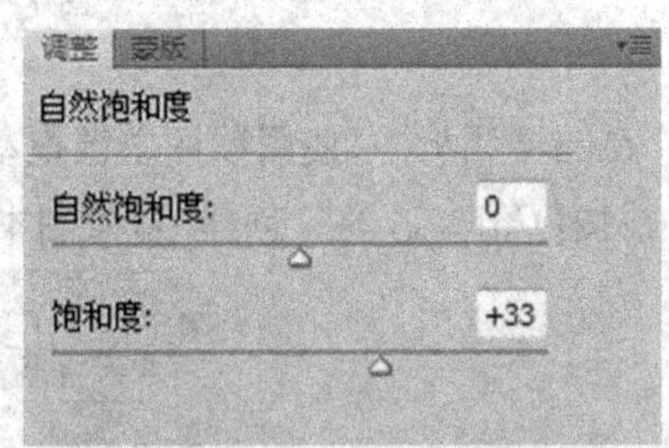

图 4－23　设置饱和度

9. 执行“盖印图层”命令【Ctrl + Alt + Shift + E】键，得到“图层 2”。如图 4－24 所示。

10. 对“图层 2”执行“滤镜”→“锐化”→“USM 锐化”命令，使照片变清晰，更加具有质感。锐化参数设置如图 4－25 所示。

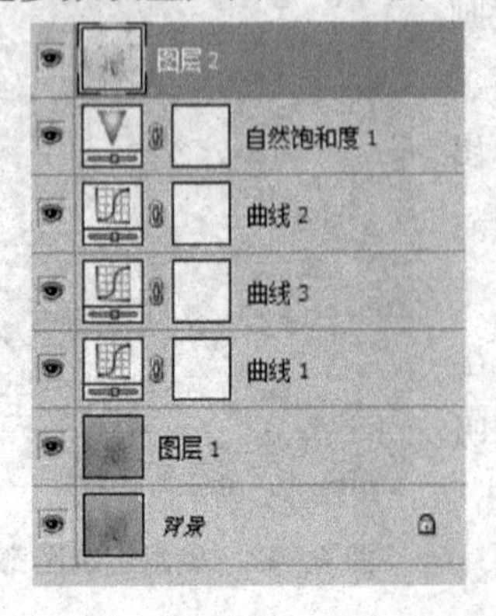

图 4－24　盖印之后的图层

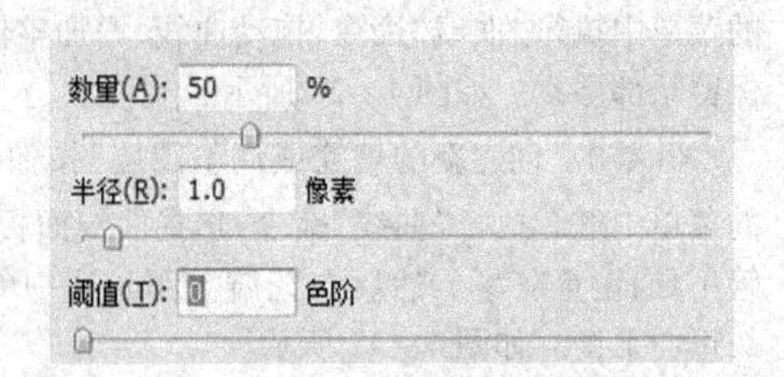

图 4－25　设置锐化参数

11. 最后效果如图 4－26 所示。

图 4－26　最终效果

相关知识与技能

1. 灵活运用“创建新的填充或调整图层”按钮 中的各个选项，可以对照片进行相应的色相、亮度和饱和度的调整。

2. 曲线工具不仅可以调整照片亮度，也可以分别对单通道进行调整以调整颜色。

拓展与提高

调整图层主要有以下三个优点：(1)编辑不会造成破坏，可以尝试不同的设置并随时重新编辑调整图层，也可以通过降低调整图层的不透明度来减轻调整的效果。(2)编辑具有选择性，在调整图层的图像蒙版上绘画可将调整应用于图像的一部分。然后再通过重新编辑图层蒙版，可以控制图像的某些部分。通过使用不同的灰度色调在蒙版上绘画，可以改变调整。(3)能够将调整应用于多个图像。在图像之间拷贝和粘贴调整图层，以便应用相同的颜色和色调调整。

思考与练习

1. 调整图层可用什么工具进行修改?

2. 每个调整图层都带有一个图层蒙版，可以对图层蒙版进行编辑或修改以符合我们的要求。

任务四　城市夜色——亮度的调整

任务描述

本任务主要对曝光不准确的照片进行亮度的调整，以增强照片的感染力。

任务分析

照片处理的流程应采取“从大到小”的原则,即先进行大的调整,再慢慢进行微调,一步步逐渐达到想要的效果。夜景照片要使场景中的灯光亮起来,绚烂夺目。

图 4－27　素材文件与最终效果对比

方法与步骤

1. 启动 Photoshop CS5,选择“文件”→“打开”命令,打开素材文件“yejing. jpg”。单击“创建新的填充或调整图层”按钮 ,在弹出的菜单中执行“色阶”命令,拖动滑块,增加整体亮度。如图 4－28 所示。

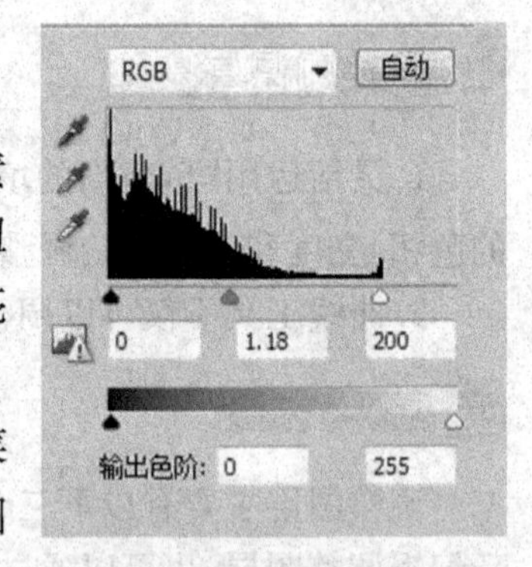

图 4－28　设置色阶

2. 单击“创建新的填充或调整图层”按钮 ,在弹出的菜单中执行“色彩平衡”命令,拖动滑块,调整照片色彩。如图 4－29所示。

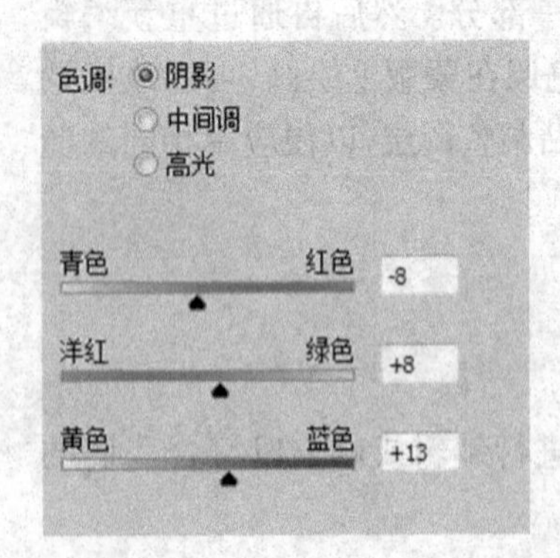

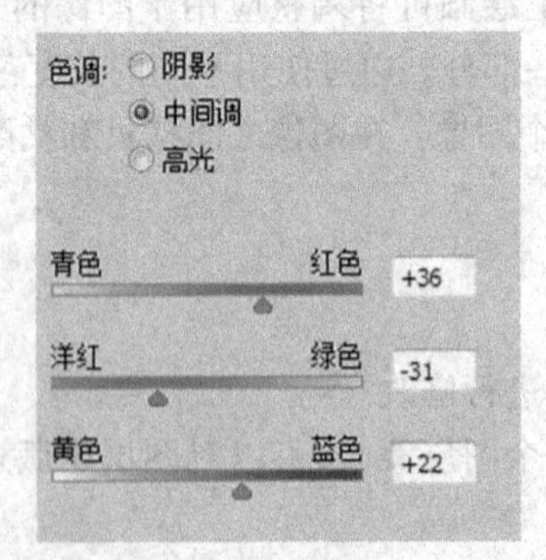

色调: 阴影 中间调 高光 青色 红色 -24 洋红 绿色 +26 黄色 蓝色 +16

图 4－29　设置色彩平衡

3. 单击“创建新的填充或调整图层”按钮 ,在弹出的菜单中执行“自然饱和度”命令,拖动滑块,增加色彩饱和度。如图 4－30 所示。

4. 照片中有些洋红色特别刺眼,需要消除。单击“创建新的填充或调整图层”按钮 ,

在弹出的菜单中执行“色相/饱和度”命令，选择洋红，拖动滑块，降低洋红的饱和度。如图4－31所示。

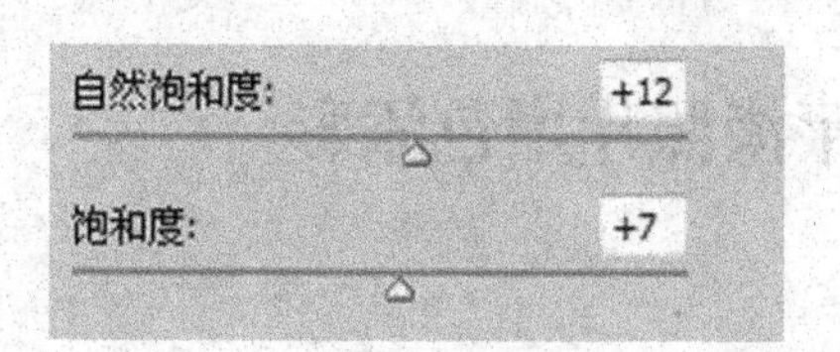

图4－30　设置饱和度

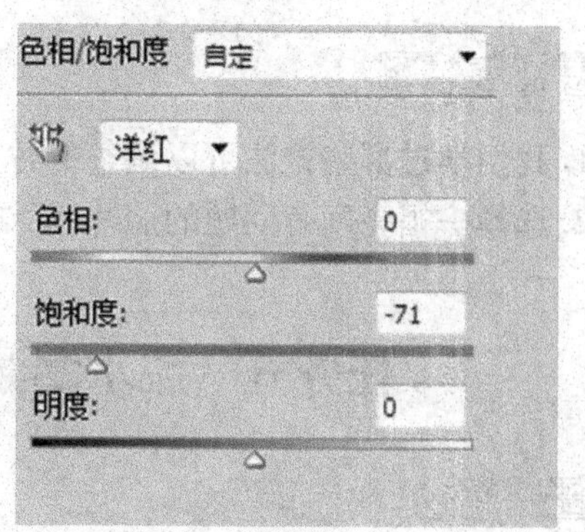

图4－31　降低洋红饱和度

5. 最后可为照片添加照片滤镜，增强效果。单击“创建新的填充或调整图层”按钮，在弹出的菜单中执行“照片滤镜”命令，选择一种滤镜。此处选择加温滤镜，为照片增加暖色调。如图4－32所示。

6. 最终效果如图4－33所示。

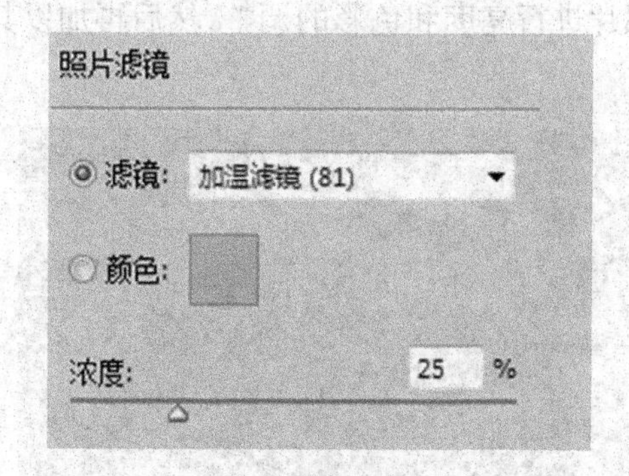

图4－32　最后效果

图4－33　最终效果

相关知识与技能

照片滤镜可用于精确调节照片中轻微的色彩偏差。只要知道色彩补偿滤镜与黑白摄影中所使用的红镜、黄镜、橙镜、绿镜、黄绿镜、蓝镜，即对比滤光镜（又叫反差滤光镜）不同和色温滤镜不同就行了。该命令用来修正由于扫描、胶片冲洗、白平衡设置不正确造成的一些色彩偏差、还原照片的真实色彩、调节照片中轻微的色彩偏差以及强调效果，凸显主题，渲染气氛等。

拓展与提高

色调包括高光、阴影、中间调三种范围，需要说明的是，这三种范围的划分是以亮度为依据的。通过对黑白渐变用不同的色调范围进行选择并结合信息调板及直方图调板，可以十分容易地测试出这三种色调的亮度范围：高光 152 < 188 ~ 255（说明：“ < ”和“ > ”为锥形羽化范围，即部分选择的范围和程度）；阴影 0 ~ 67 > 103；中间调 67 < 103 ~ 152 > 188。

思考与练习

1. 我们学过哪些方法可以调整照片亮度和色彩？
2. 选择一幅亮度有问题的照片，尝试对其进行调整吧。

任务五　流水潺潺——为平淡照片增色添彩

任务描述

人眼看到的景象是最真实的，任何人造的数码设备都不能真实地还原大自然的美景。所以对照片的后期处理一般分为两个层次，一是还原真实色彩；二是在此基础上适当渲染，美化真实的色彩。在本任务中，不仅要将水流的晶莹剔透还原，还要画龙点睛，达到更好的效果。

任务分析

原照片昏昏沉沉，色彩黯淡。本任务主要对照片进行亮度和色彩的调整，然后再加以其他修饰。

图 4－34　素材文件与最终效果对比

方法与步骤

1. 启动 Photoshop CS5，选择“文件”→“打开”命令，打开素材文件“liushui. jpg”。

2. 单击“创建新的填充或调整图层”按钮，在弹出的菜单中执行“色阶”命令，拖动滑块，调整照片的曝光，增加对比度。如图 4－35 所示。

3. 单击“创建新的填充或调整图层”按钮，在弹出的菜单中执行“自然饱和度”命令，增加图像的色彩饱和度。如图 4－36 所示。

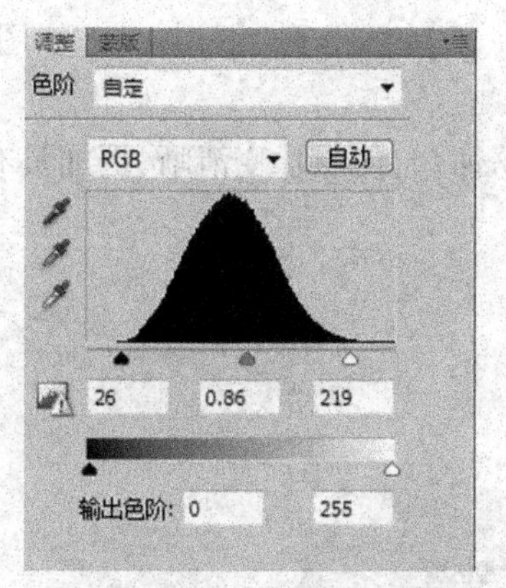

图 4-35　添加“色阶”调整图层

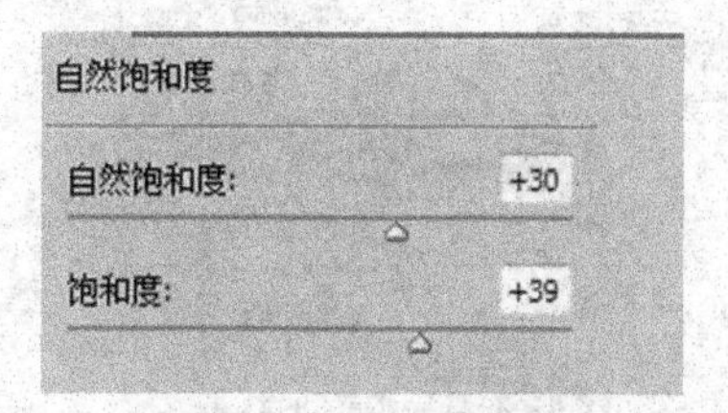

图 4-36　设置饱和度

4. 单击“创建新的填充或调整图层”按钮，在弹出的菜单中执行“色彩平衡”命令，进一步调整图像色彩。如图 4-37 所示。

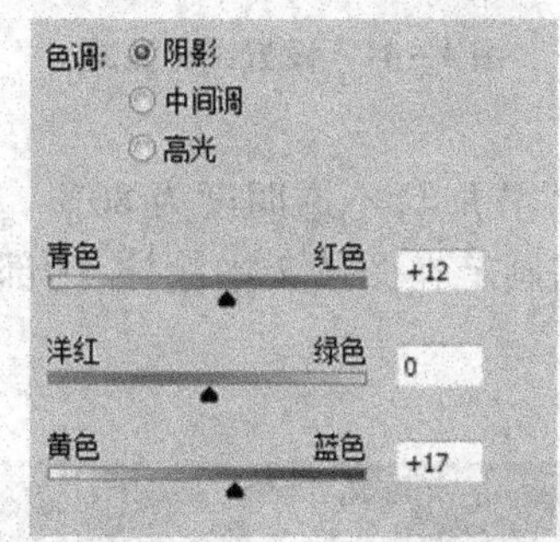

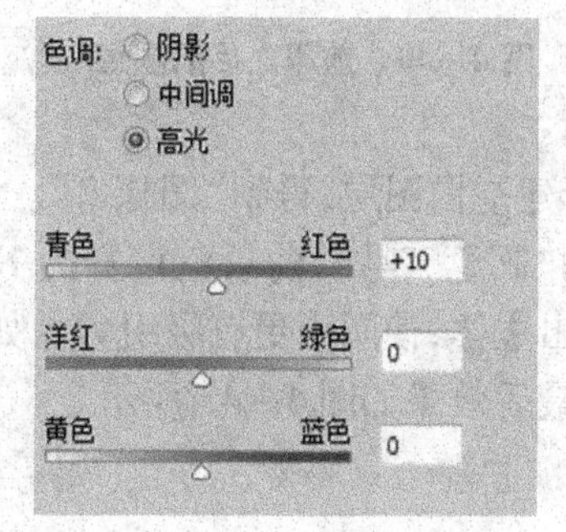

图 4-37　设置色彩平衡

5. 单击“创建新的填充或调整图层”按钮，在弹出的菜单中执行“可选颜色”命令，颜色选择“黄色”，降低图像中的黄色。如图 4-38 所示。

6. 单击“创建新的填充或调整图层”按钮，在弹出的菜单中执行“亮度/对比度”命令（选择任一其他命令也可以），不做任何设置。将此图层的混合模式改为“柔光”，不透明度设置为 50%，以增强对比度和色彩饱和度。如图 4-39 所示。

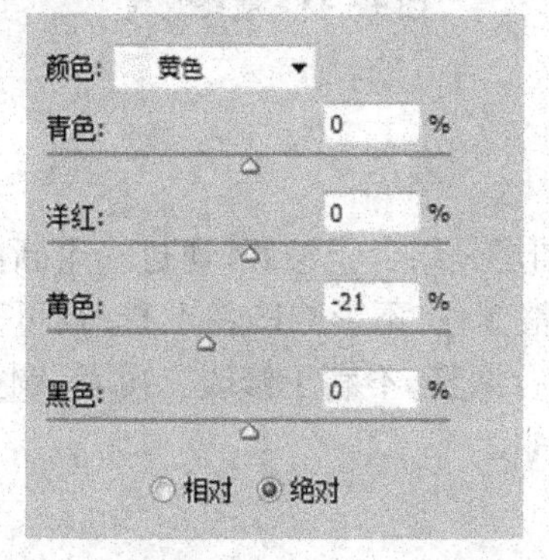

图 4-38　添加“可选颜色”调整图层

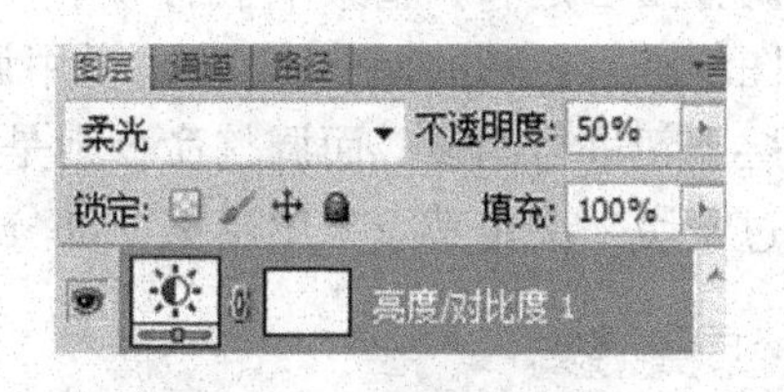

图 4-39　设置柔光图层

7. 执行“盖印图层”命令按【Ctrl + Alt + Shift + E】键，得到“图层 1”。如图 4－40 所示。

8. 对“图层 1”执行“滤镜”→“锐化”→“USM 锐化”命令，使照片变清晰，更加具有质感。锐化参数设置如图 4－41 所示。

图 4－40　盖印之后的图层

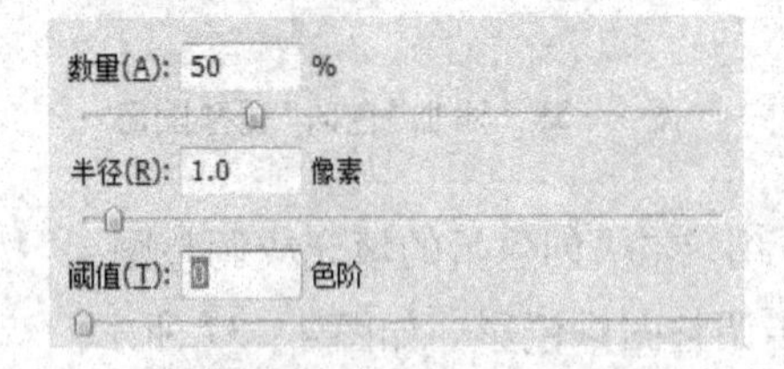

图 4－41　设置锐化参数

9. 新建空白图层，得到“图层 2”。图层混合模式为“叠加”，不透明度为 80%。选择工具箱中的“画笔工具”，前景色设置为 R84，G48，B40。用画笔在图层 2 中涂抹，为部分石头上色，突出主体，使画面更有吸引力。如图 4－42 所示。

10. 最后效果如图 4－43 所示。

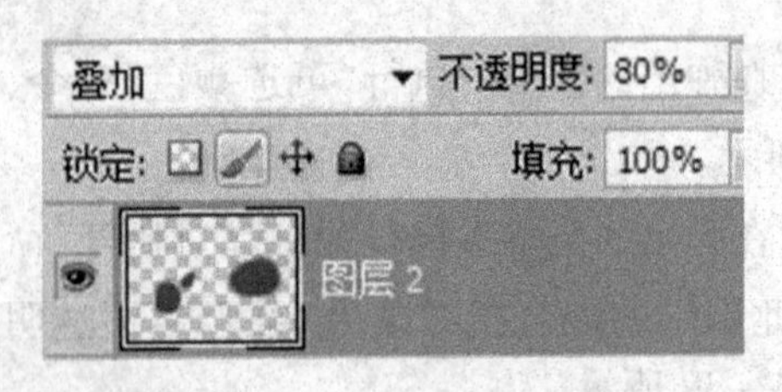

图 4－42　画笔涂抹后的图层

图 4－43　最终效果

相关知识与技能

调整图层是和调整菜单里的命令一样，只是调整图层是结合了蒙版，通过一个新的图层来对图像进行色彩的调整，也就是说用调整图层来调整颜色，不影响图像本身，且可利用调整图层重新进行调整。而调整命令则是对图像本身进行调整，不利于修改。再者，调整图层可通过蒙版来决定其下方图层某一部分采用调整的效果。

拓展与提高

图层的混合模式可以创建各种特殊效果，比如：溶解——编辑或绘制每个像素，使其成为结果色。溶图的方法很多,比如图层模式,常用的柔光、滤色、叠加等,还可以使用蒙版,图层不透明度设置,模糊工具、渐变工具等。

思考与练习

1. 我们学过哪些方法可以调整照片亮度和色彩?
2. 尝试一下每种图层混合模式的效果。

项目实训:为平淡的照片增加色彩

回顾所学过的调整照片色调的方法,将提供的照片进行后期处理。完成后,根据下列表格进行打分。

项目描述

有些植物的花朵绚烂夺目,五彩缤纷,有些植物却开不出花朵,色彩单一,不受人们喜爱。我们可以在软件中对这类照片进行处理,增添一些色彩,让普通的植物变得有光彩。

项目要求

1. 恢复场景中的亮度,还原真实色彩。
2. 在第一步的基础上进行再设计,自行添加颜色,画龙点睛。

项目提示

可运用相应的图层混合模式达到加色的效果。

项目实训评价表

	内　容		评　价		
	学习目标	评价项目	3	2	1
职业能力	获取素材的能力	能搜集素材			
		能保存素材			
	各种素材处理得当、有创意	能合理处理素材			
	软件操作熟练,尤其要熟悉快捷键的操作	能熟练操作软件			
		能熟练使用快捷键			
	项目制作完整,有自己的风格和一定的艺术性、观赏性	内容符合主题			
		内容有新意			
	能根据素材运用合适的工具完成效果	运用合适的工具			
		内容具有自己的风格			

续表

	内　容		评　价		
	学习目标	评价项目	3	2	1
通用能力	交流表达能力	能准确说明设计意图			
	与人合作能力	能具有团队精神			
	设计能力	能具有独特的设计视角			
	色调协调能力	能协调整体色调			
	构图能力	能布局设计完整构图			
	解决问题的能力	能协调解决困难			
	自我提高的能力	能提升自我综合能力			
	革新、创新的能力	能在设计中学会创新思维			
综合评价					

项目五　恢复美好印象——图像修整

项目描述

在计算机网络发展速度异常迅猛，全球网络化的时代，人们工作上用计算机来查找资料、发布信息、与客户交流，生活中用计算机聊天、查找所需信息、发送邮件、发布个人信息。近几年，空间、博客、微博更是成了大多数人分享生活、传播以及获取信息的平台。

随时随地地抓拍，时时刻刻记录自己的生活，上传到网络上与朋友分享，但由于种种原因，照片中总会有些缺陷，需要进行后期的处理，弥补照片中令人不满意的地方。

在本项目中，对于颜色灰暗的地方，运用到了调整图层；图片中显示的日期时间可以运用仿制图章工具进行去除；对于多余物体的去除，我们运用了消失点滤镜。

能力目标

通过本项目的学习，可以掌握 Photoshop 中的几种命令：创建新的填充或调整图层中的多项命令、仿制图章工具、消失点滤镜。

任务一　移除照片中的物体(一)——校园一角

任务描述

本任务中主要是将照片拍摄时多余的电线杆去除，恢复之前校园一角的美丽风景。

任务分析

在了解了本任务的调整目标后，经过对比分析处理前后两张图片，发现两张图片除了色调不同外，还去除了图片中的电线杆。在整个处理过程中，针对这两点进行了修整。

图 5－1　校园一角效果图

方法与步骤

1. 启动 Photoshop CS5，选择“文件”→“打开”命令，打开素材文件“yuantu. jpg”，复制图层 1。如图 5 – 2 所示。

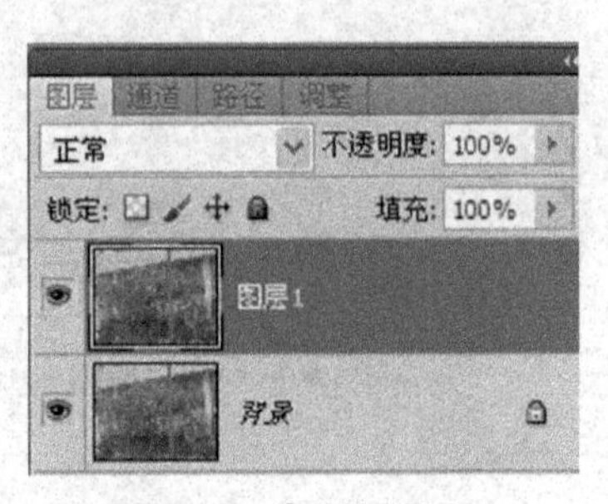

图 5 – 2　复制图层 1

2. 单击“图层 1”，选择工具箱中的“仿制图章工具”，按住【Alt】键，单击与要修复区域相似的树叶图像进行采样，然后将光标移至电线杆下部的位置，按下鼠标就开始复制图像了。如图 5 – 4 所示。

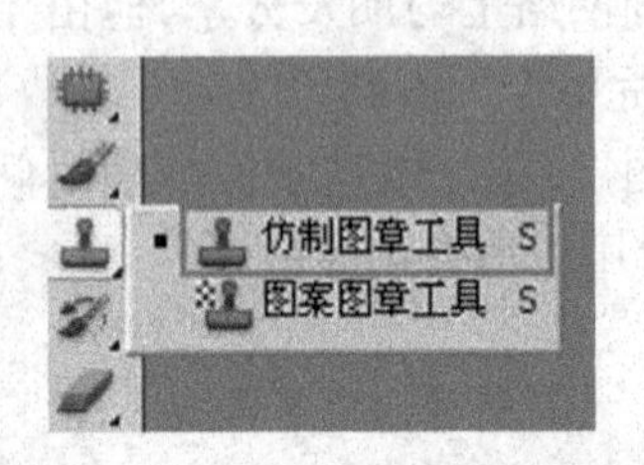

图 5 – 3　选择“仿制图章工具”

图 5 – 4　复制图像

注意：如果图像显示得太小，可以运用缩放工具放大图像观察，使用仿制图章工具时要认真细心地慢慢修复。

3. 电线杆下部修复好后，按住【Alt】键重新单击墙面选取取样点，然后将光标移至电线杆中下部位置，按下鼠标开始复制图像。如图 5 – 5 所示。

图 5 – 5　电线杆中下部图像的修复

图 5 – 6　电线杆中下部图像的修复效果图

4. 按住【Alt】键重新单击窗口选取取样点，然后将光标移至电线杆中部位置，按下鼠标开始复制图像。如图 5 – 7 所示。

图 5-7　电线杆中部图像的修复

图 5-8　电线杆中部图像的修复效果图

5. 按住【Alt】键重新单击树叶部分选取取样点，然后将光标移至电线杆中上部位置，按下鼠标开始复制图像。如图 5-9 所示。

图 5-9　电线杆中上部图像的修复

图 5-10　电线杆中上部图像的修复效果图

6. 按住【Alt】键重新单击树叶部分选取取样点，然后将光标移至电线杆上部位置，按下鼠标开始复制图像。如图 5-11 所示。

图 5-11　电线杆上部图像的修复

图 5-12　电线杆上部图像的修复效果图

7. 单击“创建新的填充或调整图层”按钮 ,在弹出的菜单中执行“亮度/对比度”命令,参数设置如图 5 - 13 所示。

8. 最后效果如图 5 - 14 所示。

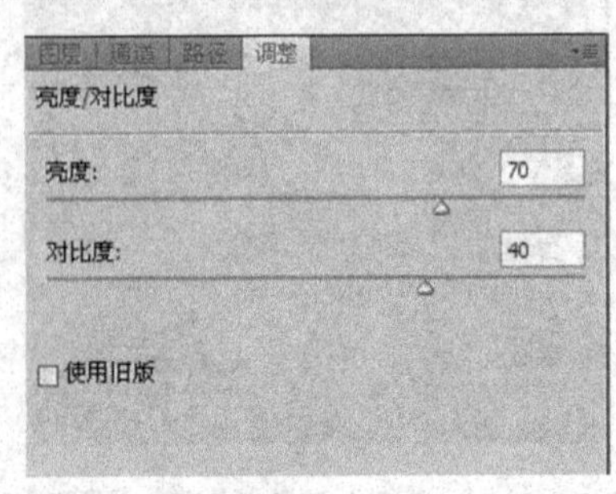

图 5 - 13 “亮度/对比度”参数设置

图 5 - 14 最后效果图

相关知识与技能

“仿制图章工具”可以将一个图层的一部分绘制到另一个图层中,进行图像的合成。它对于复制对象或去除图像中的缺陷是十分有用的。使用时,选择不同的笔刷直径会影响绘制的范围,而不同的笔刷硬度会影响绘制区域的边缘融合效果。

拓展与提高

使用“仿制图章工具”时,选项栏中“对齐”选项的选择十分重要。选择“对齐”选项时,无论绘制时停止或继续多少次,都可以重新使用最新的取样点;取消“对齐”选项时,无论绘制多少,取样点不变都是使用同一个样本像素。

思考与练习

1. 除了仿制图章工具,还有没有什么工具拥有复制的功能?
2. 探索图案图章工具,思考总结仿制图章工具和图案图章工具的特点及不同点。

任务二　移除照片中的物品(二)——古镇小庙

任务描述

本任务主要是将照片中的灭火器移除,呈现古香古色的寺庙状态。

图 5 - 15　古镇小庙效果图

任务分析

了解了本任务的调整目标后,我们需要将灭火器移除,别外还发现这幅照片的颜色暗沉,因此需要运用消失点滤镜对灭火器移除处理之后对照片进行提亮处理。

方法与步骤

1. 启动 Photoshop CS5，选择“文件”→“打开”命令，打开素材文件“yuantu. jpg”，复制图层 1。如图 5 – 16 所示。

2. 单击“图层 1”，选择“滤镜”→“消失点”命令。如图 5 – 17 所示。

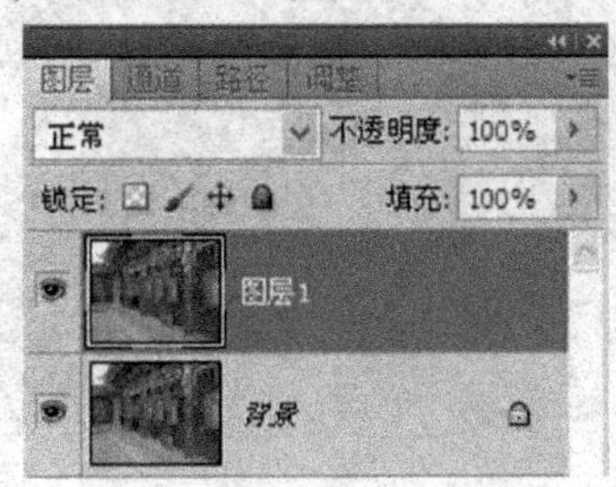

图 5 – 16　复制图层 1

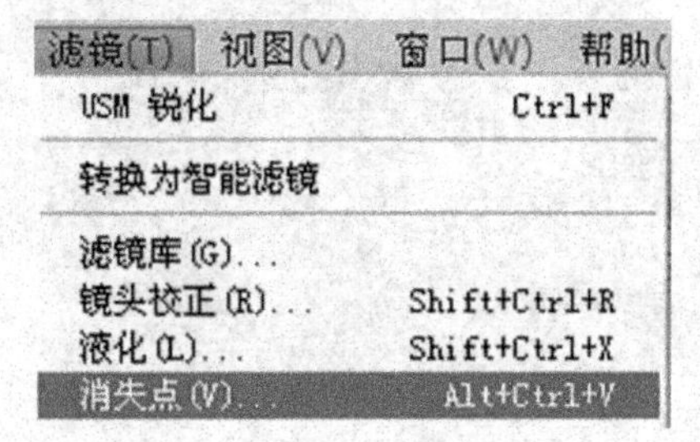

图 5 – 17　消失点滤镜

3. 进入“消失点滤镜”界面，选取“创建平面工具”命令，在需要处理的地方单击 4 次绘制 4 个顶点，创建一个符合透视原理的网格。如图 5 – 18 所示。

图 5 – 18　绘制网格

注意：当绘制第三个顶点时会出现三角形形状，不用担心，继续绘制第 4 个顶点，则可以出现四边形网格。且只有网格为蓝色时，才是正确的透视网格。

4. 在“消失点滤镜”界面中，选取“图章工具”命令。如图 5 – 19 所示。

5. 按下【Alt】键，单击进行取样，移动位置进行覆盖。如图 5 – 20 所示。

图 5 – 19　图章工具

图 5 – 20　图章工具的应用

6. 单击“创建新的填充或调整图层”按钮 ，在弹出的菜单中执行“亮度/对比度”命令，参数设置如图 5－21 所示。

7. 最后效果如图 5－22 所示。

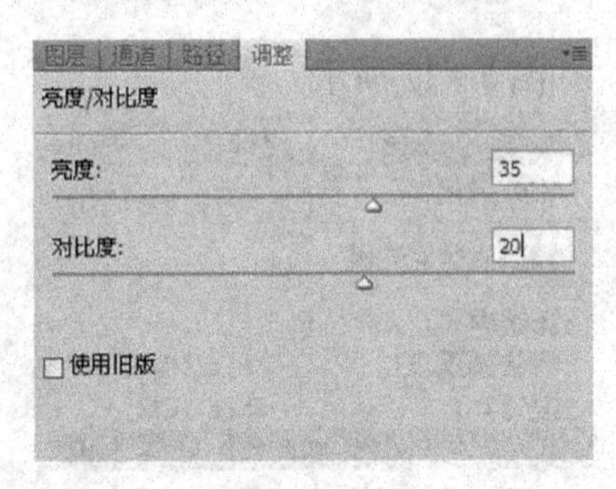

图 5－21 “亮度/对比度”参数设置

图 5－22 最后效果

相关知识与技能

消失点滤镜一般用在复制有方格透视图案的图像上，这也是 Photoshop 专为克隆有消失点的图像新设的一个工具。

拓展与提高

1. 消失点滤镜可以创建在透视角度下编辑图像，通过使用消失点滤镜来修饰、添加或移除图像中包含的透视内容，使得结果更加逼真。

2. 滤镜中的命令通常需要同通道、图层调板等联合起来使用，才能取得最佳的效果。如果想应用滤镜到最适当的位置，除了平常的美术功底之外，还需要用户对滤镜的熟悉并具有操控能力，甚至需要具有很丰富的想象力。这样，才能有的放矢地应用滤镜，制作出更好更自然的图片。

思考与练习

1. 对比分析消失点滤镜与仿制图章工具的相同点和不同点。

2. 探索如何利用消失点滤镜将平面的图案与具有透视感的物体进行合成。

项目实训：为床单换上漂亮花纹

根据素材中提供的图片，为图片中的床单替换花纹，完成后，根据下列表格进行打分。

项目描述

美丽的房间被拍了下来，却因为床单过于单调而成了唯一的遗憾。其实，没关系，消失点滤镜同样可以弥补这一点不足。同学们可以探索和解决这个小项目，完成后可以分享完成的效果图。

项目要求

1. 使用消失点滤镜完成替换花纹效果。

2. 分辨率设置为300dpi。

项目提示

使用消失点滤镜时,可使用消失点滤镜界面中的"编辑平面工具"进行选择、编辑、移动平面和调整平面的大小。

项目测评表

完成后,在下列表格进行打分。

项目实训评价表

	内　　容		评　　价		
	学习目标	评价项目	3	2	1
职业能力	获取素材的能力	能搜集素材			
		能保存素材			
	各种素材处理得当、有创意	能合理处理素材			
	能根据素材合理地使用相应的工具完成需要的效果	能设置整体布局			
		能设置各种物品样式			
	操作熟练、能熟练使用快捷键	熟练程度			
		能熟练使用合适的快捷键			
通用能力	交流表达能力	能准确说明设计意图			
	与人合作能力	能具有团队精神			
	设计能力	能具有独特的设计视角			
	色调协调能力	能协调整体色调			
	构图能力	能布局设计完整构图			
	解决问题的能力	能协调解决困难			
	自我提高的能力	能提升自我综合能力			
	革新、创新的能力	能在设计中学会创新思维			
综合评价					

第三单元

合成与编辑篇

Photoshop

项目六　数码照片里的秘密

项目描述

我们常常欣赏到漂亮的照片，惊讶它的完美，感叹照片中人或景的无暇，也赞美摄影师高超的技艺。可真相并非完全如此，我们看到的完美的作品，很多是需要 Photoshop 这个强大的后期“工程师”雕琢而来的。本项目将揭开真相。

能力目标

通过本项目的学习，可以掌握几种工具在 Photoshop 中的综合应用：1. 在制作过程中应用到的 Photoshop CS5 中的污点修复画笔工具、修复工具、修补工具、图章工具；2. 滤镜液化工具，以及滤镜磨皮和通道磨皮的运用。

任务一　杂物去无踪

任务描述

本任务中要去除照片中的香蕉皮。选用仿制图章工具，并设置合适的参数。

任务分析

修复照片中杂物效果如图 6－1 所示，重点是仿制图章工具的应用。

图 6－1　效果图

图 6－2　素材

方法与步骤

1. 打开人物素材，复制图层，得到“背景副本”，选择“仿制图章工具”，并在其选项栏中设置参数，然后在香蕉皮旁边的干净区域进行取样。如图 6－3 所示。

图 6－3　取样

2. 取样后，使用仿制图章工具在香蕉皮区域单击，即可除去香蕉皮，还原干净人物背景，效果如图 6－4 所示。

图 6－4　处理前后效果对比

相关知识与技能

仿制图章工具：从图像中取样，然后可将样本应用到其他图像或同一图像的其他部分。也可以将一个图层的一部分仿制到另一个图层中。该工具的每个描边可在多个样本上绘画。

拓展与提高

用仿制图章工具修改图像，在选项栏中，选取画笔笔尖并设置模式、不透明度和流量画笔选项。接着，确定想要对齐样本像素的方式。在选项栏中选择“对齐”，会对像素连续取样，而不会丢失当前的取样点，即使松开鼠标按键时也是如此。如果取消选择“对齐”，则会在每次停止并重新开始绘画时使用初始取样点中的样本像素。

思考与练习

仿制图章仿制得到的图形（或仿制基准点）如何“对准”（不要与“对齐”相混淆）？

任务二　去除黑痣

任务描述

本任务利用“修复画笔工具”去除美女脸上的黑痣。通过调整自然饱和度，使人物肤色看上去更健康。

任务分析

去除人物面部黑痣，重点是“修复画笔工具”的应用，效果如图 6－5 所示。

▲ 效果图

▲ 素材

图 6－5　去除人物面部黑痣效果图及素材

方法与步骤

1. 打开人物素材，复制图层，得到“背景副本”，选择“修复画笔工具”，并在其选项栏中设置参数，然后在人物皮肤靠近污点的干净区域进行取样。如图 6－6 所示。

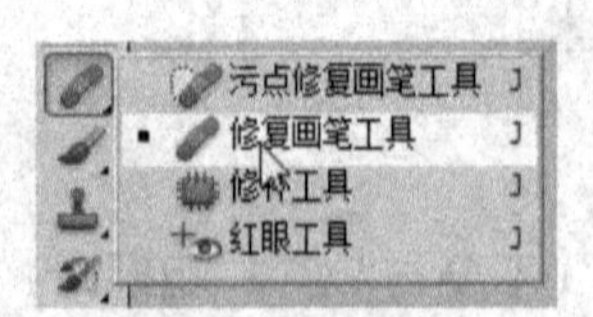

图 6-6　取样

2. 取样后，使用修复画笔工具在黑痣区域单击或拖动，即可去除黑痣，还原干净皮肤。不同地方的黑痣要重新在靠近污点的干净皮肤区域取样，效果如图 6-7 所示。

图 6-7　去除黑痣

3. 创建“自然饱和度”调整图层，并在打开的“属性”面板中设置参数，增加画面饱和度，使人物肤色看上去更健康。如图 6-8 所示。

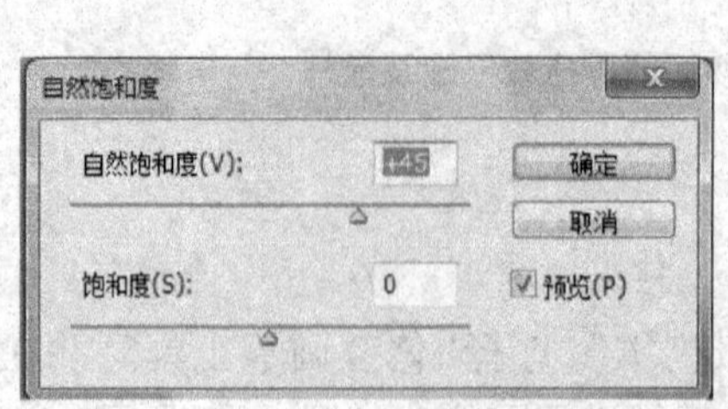

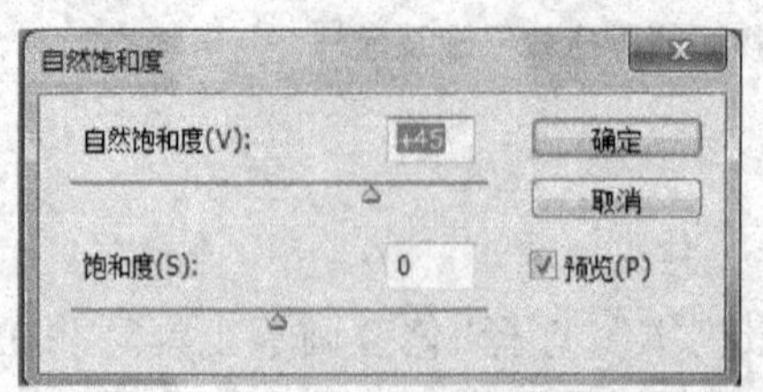

图 6-8　增加饱和度

相关知识与技能

自然饱和度:在调节图像饱和度的时候会保护已经饱和的像素,即在调整时会大幅增加不饱和像素的饱和度,而对已经饱和的像素只做很少、很细微的调整,特别是对皮肤的肤色有很好的保护作用,这样不但能够增加图像某一部分的色彩,而且还能使整幅图像饱和度正常。

拓展与提高

仿制图章工具是在图像中的某一部分进行定义点,然后将取样绘制到目标点。修复画笔工具和仿制图章工具的不同之处是:仿制图章工具是将定义点全部照搬,而修复画笔工具会加入目标点的纹理、阴影、光等因素。所以说在背景颜色、光线相接近时可用仿制图章工具。如果有差别可以用修复画笔。比如皮肤,用修复画笔可以很好地保持皮肤的纹理。

思考与练习

通过实践体会仿制图章工具和修复画笔工具的区别与联系。

任务三　除雀斑秘方

任务描述

本任务要除去人物脸上的雀斑。首先使用“污点修复画笔”工具,净化人物脸部皮肤。接着再使用“蒙尘与划痕”柔和人物脸部皮肤,最后使用“仿制图章工具”对人物皮肤细化处理。

任务分析

除去人物脸部雀斑,重点是“污点修复画笔”和“蒙尘与划痕”工具的使用。如图6－9所示。

▲ 效果图

▲ 素材

图6－9　去雀斑效果图及素材

方法与步骤

1. 打开人物素材，复制图层，得到“背景副本”，选择“污点修复画笔工具”，并在其选项栏中设置参数，然后在人物皮肤斑点区域进行单击或拖动，去除斑点。如图 6－10 所示。

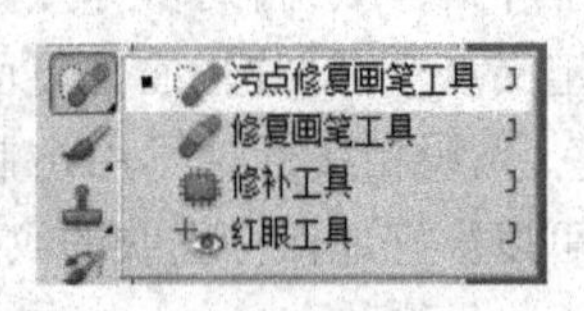

图 6－10 使用“污点修复画笔工具”

2. 继续使用“污点修复画笔工具”修复人物脸上斑点，恢复白净肌肤，然后盖印图层（按【Ctrl + Alt + Shift + E】），得到“图层 2”。

3. 选择“图层 2”，再执行“滤镜” →“杂色” →“蒙尘与划痕”命令，并在打开的“蒙尘与划痕”对话框中设置参数，柔和人物皮肤。

图 6－11 盖印图层

图 6－12 “蒙尘马划痕”参数设置

4. 按住【Alt】键为“图层 2”添加黑色蒙版，再使用画笔工具在蒙版上涂抹，对皮肤进行适当的调整。注意控制画笔的不透明度和流量。如图 6－13 所示。

图 6－13 使用画笔工具涂抹

5. 然后再使用“仿制图章工具”对人物皮肤进行细致调整。如图 6－14 所示。

图 6－14　最终效果

相关知识与技能

蒙尘与划痕滤镜:该滤镜通过更改图像中相异的像素来减少杂色。为了在锐化图像和隐藏瑕疵之间取得平衡,用户可以尝试对“半径”和“阈值”选项匹配各种组合设置,或者在图像的选中区域应用此滤镜。

拓展与提高

污点修复画笔工具的快捷键为【J】。

在使用污点修复画笔工具时,不需要定义原点,只需要确定需要修复的图像位置,调整好画笔大小,移动鼠标就会在确定需要修复的位置自动匹配,所以在实际应用时比较实用,而且在操作时也简单。

思考与练习

改变“蒙尘与划痕”对话框中“阈值”的参数值,看看会有什么效果?

任务四　高反差打造靓丽肌肤

任务描述

本任务利用“通道”高反差打造靓丽肌肤。再使用“仿制图章工具”修复脸部痘痘,最后对图像进行锐化,增加图像质感。

任务分析

高反差打造靓丽肌肤,重点是选择正确的通道,对其进行高反差和计算,绘制画面中高光选区,反向后调整画面的曲线,深层次提亮人物肌肤。如图 6－15 所示。

▲效果图

▲素材

图 6－15　高反差打造人物肌肤效果图及素材

方法与步骤

1. 打开人物素材，复制图层，得到“背景副本”，展开“通道”面板，选择“蓝”通道并进行复制，得到“蓝副本”通道，选择“蓝副本”并执行“滤镜”→“其他”→“高反差保留”命令，并在打开的“高反差保留”对话框中设置参数。如图 6－16 所示。

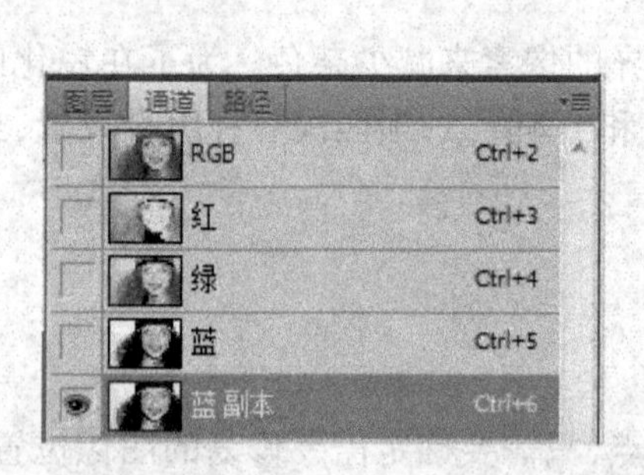

图 6－16　复制图层并设置高反差参数

2. 选择“蓝副本”通道，执行“图像”→“计算”命令，并在打开的对话框中设置参数，得到 Alpha 1 新通道。如图 6－17 所示。

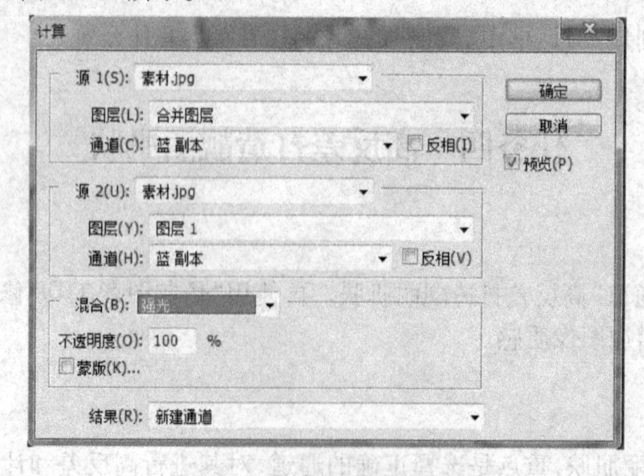

图 6－17　“计算”对话框

3. 选择 Alpha 1 通道，再执行两次“计算”命令，分别得到 Alphal 2 和 Alphal 3 通道，再按住【Ctrl】键，同时单击 Alphal 3 通道将其载入选区，然后按快捷键【Ctrl + Shift + I】进行反选。如图 6－18 所示。

图 6－18　反选

4. 选择 RGB 通道，返回“图层”面板，并创建“曲线”图层，在打开的属性面板中设置参数，调整人物皮肤。如图 6－19 所示。

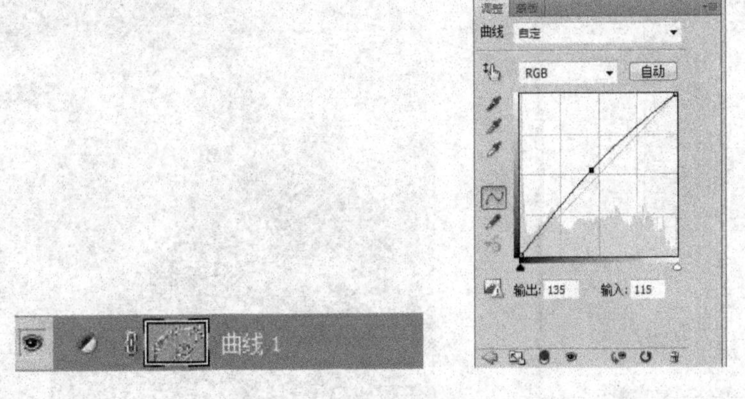

图 6－19　调整曲线

5. 选中“曲线调整”图层的矢量蒙版，选择工具箱中的“画笔”工具，并在其选项栏中设置参数，使用画笔工具对人物眼睛、眉毛、嘴巴等五官进行精细调整。如图 6－20 所示。

图 6－20　细致调整

6. 按【Ctrl + Alt + Shift + E】键盖印图层,得到"图层 2",选择工具箱中的"仿制图章工具",对人物面部痘痘进行修复。如图 6 – 21 所示。

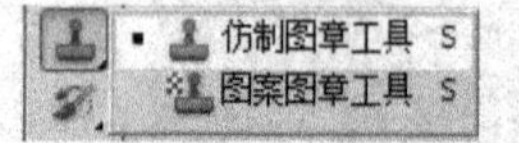

图 6 – 21　消除痘痘

7. 对"图层 2"执行"滤镜" →"锐化" →"USM 锐化"命令,在打开的对话框中设置参数,让图像更加精细。如图 6 – 22 所示。

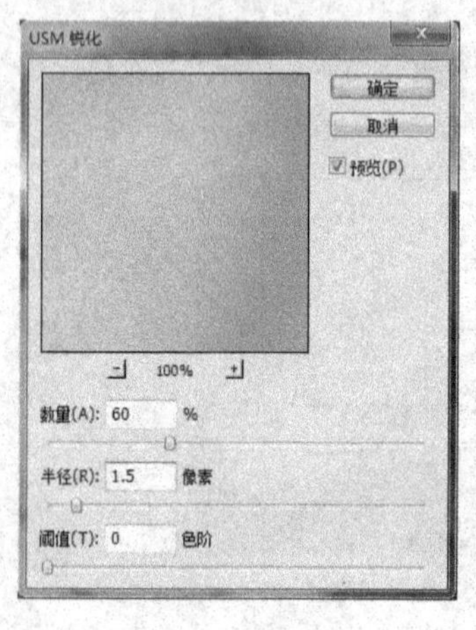

图 6 – 22　锐化

相关知识与技能

高反差保留主要是将图像中颜色、明暗反差较大的两部分的交界处保留下来,比如图像中有一个人和一块石头,那么石头的轮廓线和人的轮廓线以及面部、服装等有明显线条的地方会被保留,而其他大面积无明显明暗变化的地方则生成中灰色。要配合混合模式的使用才有实际效果。

拓展与提高

有关 USM 锐化的三个名词:

(1)数量:控制锐化效果的强度。

(2)半径:用来决定作边沿强调的像素点的宽度。如果半径值为 1,则从亮到暗的整个宽度是两个像素;如果半径值为 2,则边沿两边各有两个像素点,那么从亮到暗的整个宽度是

4 个像素。半径越大，细节的差别也越清晰，但同时会产生光晕。

（3）阈值：决定多大反差的相邻像素边界可以被锐化处理，而低于此反差值就不作锐化。阀值的设置是避免因锐化处理而导致的斑点和麻点等问题的关键参数，正确设置后就可以使图像既保持平滑的自然色调（例如背景中纯蓝色的天空）的完美，又可以对变化细节的反差作出强调。

思考与练习

从“历史记录”这项功能中，选定没锐化的步骤和最终锐化完的步骤来对比皮肤效果，看皮肤是否有生硬的现象？

任务五　塑造迷人 S 曲线

任务描述

本任务使用“膨胀工具”和“向前变形工具”塑造迷人 S 曲线。

任务分析

塑造迷人 S 曲线，重点是调整人物胸部、腰部和臀部。如图 6－23 所示。

▲效果图

▲素材

图 6－23　迷人 S 曲线效果图及素材

方法与步骤

1. 打开人物素材，复制图层，得到“背景副本”，执行“滤镜”→“液化”命令，并在打开的对话框中选择“膨胀工具”，设置其参数，然后在人物胸部单击，为人物进行丰胸处理。如图 6－24 所示。

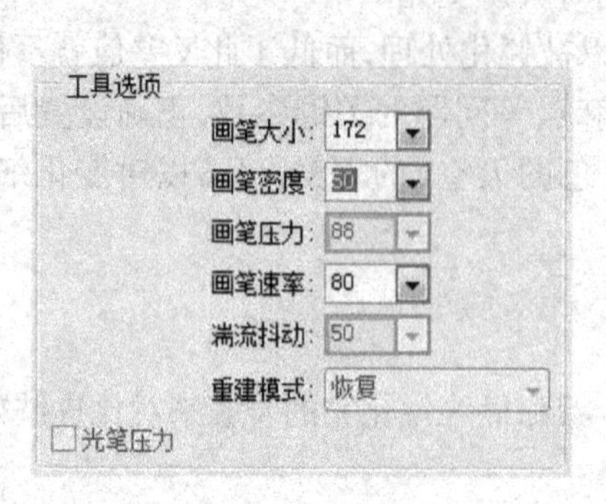

图 6－24　丰胸

2. 选择“向前变形工具”，并设置其参数，然后在人物的背部进行涂抹，打造人物的小蛮腰。如图 6－25 所示。

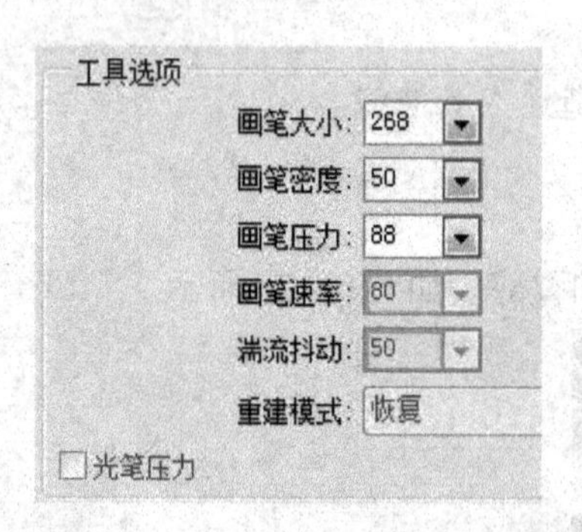

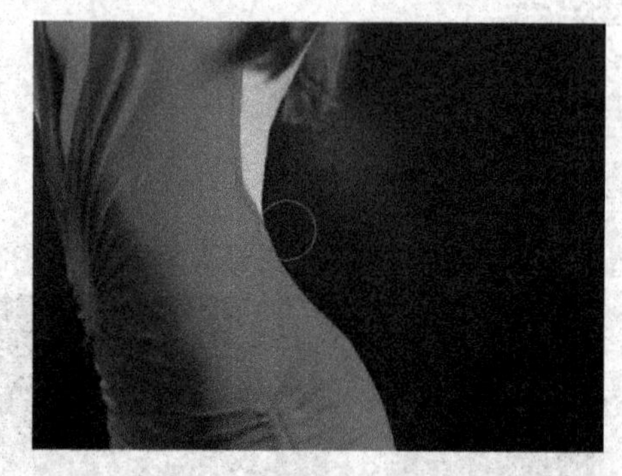

图 6－25　打造小蛮腰

3. 选择“向前变形工具”，并设置其参数，然后在人物的臀部进行涂抹，打造人物完美翘臀效果。如图 6－26 所示。

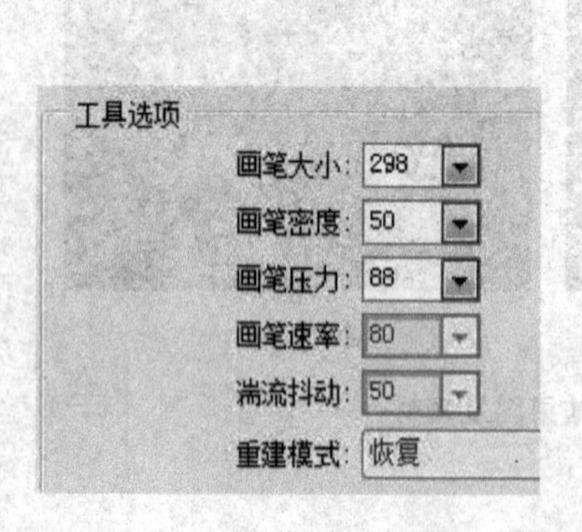

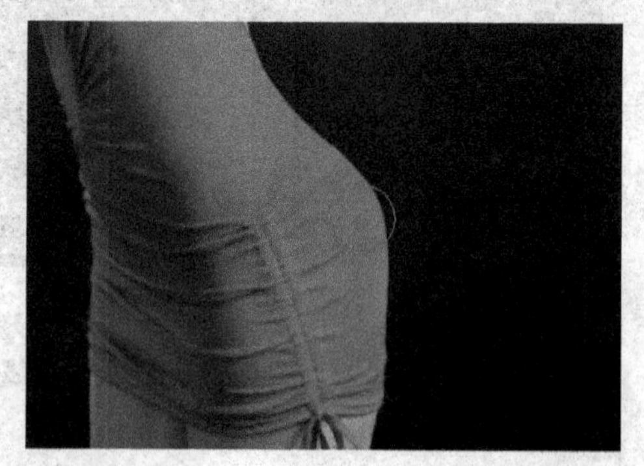

图 6－26　打造翘臀

4. 选择“向前变形工具”，并设置其参数，然后在人物的手臂处进行涂抹，去除手臂多余赘肉，打造完美曲线效果。如图 6－27 所示。

5. 完成效果图见图 6－28。

图 6－27　去除手臂多余赘肉

图 6－28　最终效果图

相关知识与技能

膨胀工具:使用该工具在图像中单击鼠标或移动鼠标时,可以使像素向画笔中心区域以外的方向移动,使图像产生膨胀的效果。

拓展与提高

(1)冻结蒙版工具:使用该工具可以在预览窗口绘制出冻结区域,在调整时,冻结区域内的图像不会受到变形工具的影响。

(2)解冻蒙版工具:使用该工具涂抹冻结区域能够解除该区域的冻结。

思考与练习

使用冻结蒙版调整人物身体曲线,看会有什么效果?

项目实训　数码照片处理你也行

项目描述

根据学过的知识,调整素材中人物肌肤,使人物皮肤光滑、白皙。完成后,在下列表格中进行打分。

项目要求

要求能够选择最恰当的方法调整素材中人物皮肤,处理素材中人物皮肤问题。最后保存完整的 PSD 源文件和 JPG 文件。

项目提示

根据素材中人物皮肤状况确定处理方法,曲线调整后配合画笔和蒙版工具,使人物五官立体化,最后使用锐化工具,提升画面质感。

项目实训评价表

	内　容		评　价		
	学习目标	评价项目	3	2	1
职业能力	能够选择最合适的工具	能选择合适工具			
	合理设置工具参数	能合理设置参数			
	色调调整把握能力	能设置整体色调			
		肌肤颜色过分夸张			
	整个画面清晰、五官立体	五官立体			
		五官清晰			
	画面有质感	画面有质感			
		整体画面和谐			
通用能力	交流表达能力	能准确说明处理过程			
	与人合作能力	能具有团队精神			
	设计能力	能具有独特的设计视角			
	色调协调能力	能协调整体色调			
	构图能力	能布局设计完整构图			
	解决问题的能力	能协调解决困难			
	自我提高的能力	能提升自我综合能力			
	革新、创新的能力	能在设计中学会创新思维			
综合评价					

项目七　合成技巧图像变换

项目描述

图像合成在平面设计中,特别是在平面广告设计中起到非常重要的作用,它使得设计师天马行空般的创意能在画面中真实地呈现,来源于现实,而又不同于现实,仿佛置身于童话世界或超现实世界中。本项目主要利用 Photoshop 中的变换工具进行图形图像的合成。

能力目标

通过使用合成技巧制作各种平面海报的学习,可以掌握 Photoshop 中几种工具及命令的综合应用。

1. 在制作过程中应用到的 Photoshop 工具有:移动工具、魔棒工具、橡皮擦工具、加深工具、减淡工具、油漆桶工具、钢笔工具等;

2. 使用到的命令有:变形命令、去色命令、色相饱和度命令、图层混合模式应用、投影图层样式、路径文字、画笔描边命令、色阶命令、色彩范围命令等。

任务一　穿牛仔裤的苹果

任务描述

本任务要制作牛仔裤海报,以苹果牌牛仔裤为例,采用了拟人的手法。

任务分析

在了解了广告创意之后,我们先一睹为快,明确目标。效果如图 7－1 所示,这则广告用穿牛仔裤的苹果形象吸引读者的眼球,采用了拟人的手法,运用曲线的苹果造型,结合品牌本身的形象特点进行广告传播。布局上运用曲线的版面分割,把重点安排在左侧,搭建出规则而又具有变化的画面,给人以流畅和新奇的感觉,让苹果形象更深入人心。广告语突出"曲线",呼应创意,又突出广告主题。

另外在制作手段上,难点在于牛仔裤与苹果的合成。条条大路通罗马,方法是多种多样的,这里我们介绍一种比较简单的方法来实现该效果。本任务主要使用了"选择"→"变化"→"扭曲"命令实现牛仔布与苹果的无缝对接。而苹果的明暗效果的提取主要使用了"加深""减淡"工具以及使用去色后的苹果与牛仔布进行"叠加"。下面,我们将一步步进行介绍。

图 7－1 “穿牛仔裤的苹果”效果图

方法与步骤

1. 启动 Photoshop CS5，选择“文件”→“新建”命令，新建一个大小为 600×800 像素的图像文件，分辨率 72 像素/英寸，颜色模式为 RGB，背景为白色，图像文件名称为“穿牛仔裤的苹果”。

2. 打开素材文件“苹果.jpg”，用魔棒工具选取“苹果”主体，并把它复制到“穿牛仔裤的苹果”文档中，并使用自由变换工具把它缩放到相应大小。如图 7－2、7－3 所示。

图 7－2 选取苹果

图 7－3 选取的苹果

3. 把素材文件“牛仔布.jpg”拖拉到“穿牛仔裤的苹果”文档中(拖拉的方式能让图片适应目标文档的大小),并栅格该图片,把其放到“苹果”图层之上,改变“牛仔布”的图层混合模式为“正片叠加”,以便编辑过程中容易观察。如图 7-4 所示。

图 7-4　把“牛仔裤”图片混合模式改成“正片叠加”

4. 对“牛仔布”图片执行“编辑”→“变换”→“变形”命令,调整“变形”的控制点,直到牛仔布与苹果的造型一致为止,按【Enter】键确认。如图 7-5、7-6 所示。

图 7-5　变形

图 7-6　变形至苹果轮廓

5. 至此,牛仔布的顶部还有一小部分,使用变形工具无法使其与苹果轮廓一致,这时候可以执行“滤镜”→“液化”命令,使牛仔布轮廓与苹果轮廓吻合。如图 7-7 所示。然后使用橡皮擦工具 擦去盖住叶子的部分,效果如图 7-8 所示。

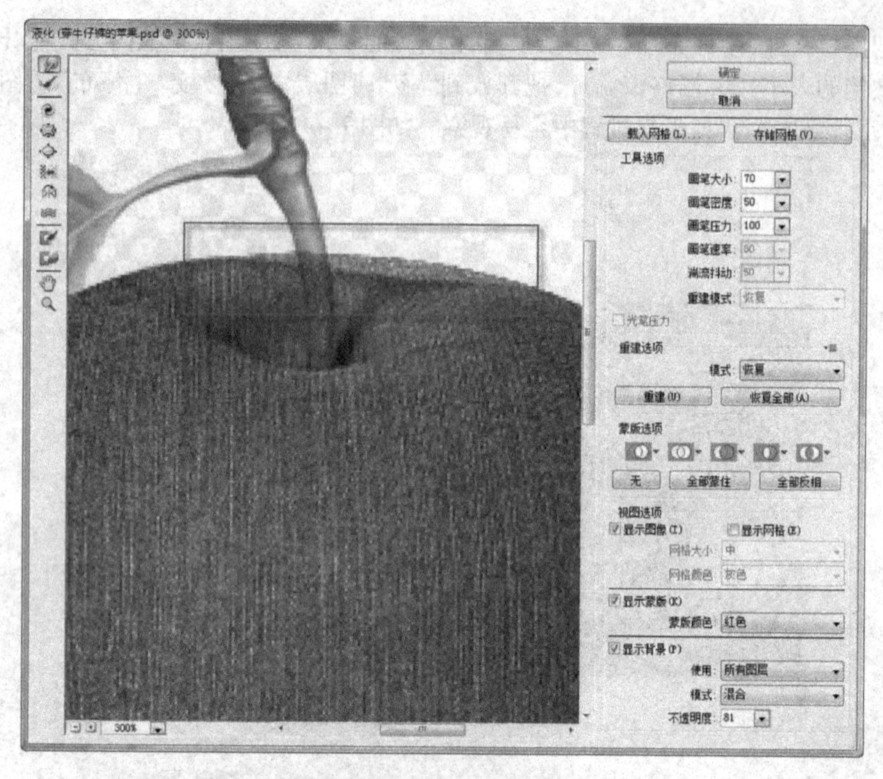

图 7－7　液化调整轮廓

图 7－8　液化调整轮廓

6. 把“牛仔裤”图层混合模式改成“正常”(可适当把图层不透明度调低,方便观察),单击加深工具 (注意调整属性栏“曝光度”的数值 曝光度: 20% ,让明暗效果较真实),仿照苹果的明暗关系,把牛仔布擦出立体效果。另再用橡皮擦工具 把牛仔布的苹果柄部分擦去,效果如图 7－9 所示。

7. 复制“苹果”层,把复制后的“苹果副本”图层拖到最上层,执行“图像”→“调整”→“去色”命令,并把图层的混合模式改成“叠加”,让牛仔布更有真实自然的立体效果。如图 7－10所示。

图 7－9　加深减淡工具调整牛仔布明暗

图 7－10　叠加图层

8. 把素材中的"破洞. jpg"拖拉到文档中，截取破洞部分，调整大小，并执行"图像" →"调整" →"色相饱和度"命令，调整破洞的色调，使之与牛仔布颜色相似。如图 7－11、7－12 所示。

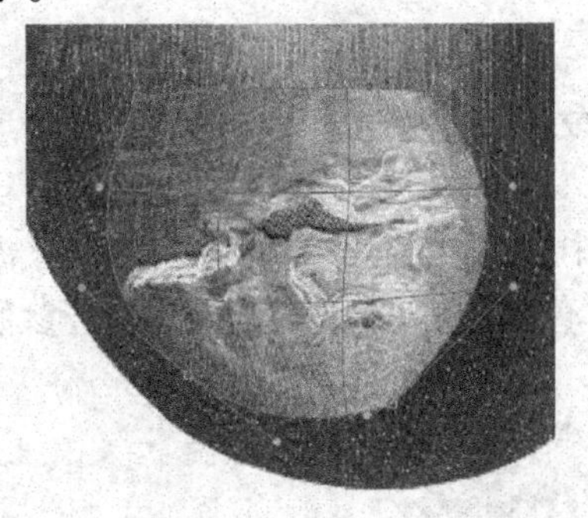

图 7－11　截取"破洞"部分

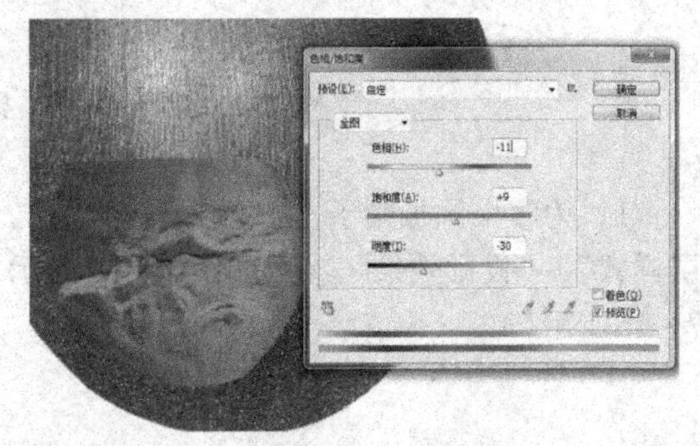

图 7－12　色相饱和度调整破洞色调

9. 使用橡皮擦工具 把破洞周围多余的部分擦去，注意调整橡皮擦的"硬度"属性 硬度: 50% 、"不透明度"属性 不透明度: 55% 及"流量"属性 流量: 55% 。并把"破洞"图层和"牛仔裤"图层的破洞部分擦去，效果如图 7－13 所示。

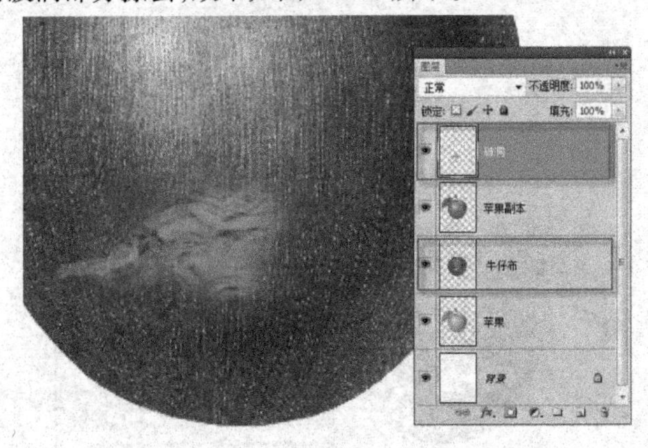

图 7－13　擦出破洞露出青色苹果

10. 仿照上述步骤,使用“变形工具”“橡皮擦工具”“色相饱和度”以及“投影图层样式”把标签条合成到相应的部分,效果如图 7 – 14 所示。

图 7 – 14　标签合成效果

11. 为苹果添加帽子。把“帽子. jpg”拖拉到文档中,抠选出帽子部分,先为帽子“添加图层样式” – “投影效果”,参数如图 7 – 15 所示。再使“色相饱和度”改变帽子颜色,参数如图 7 – 16所示。

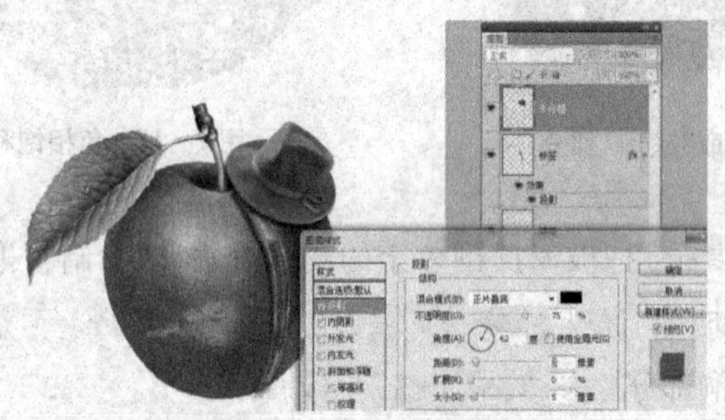

图 7 – 15　为帽子添加投影

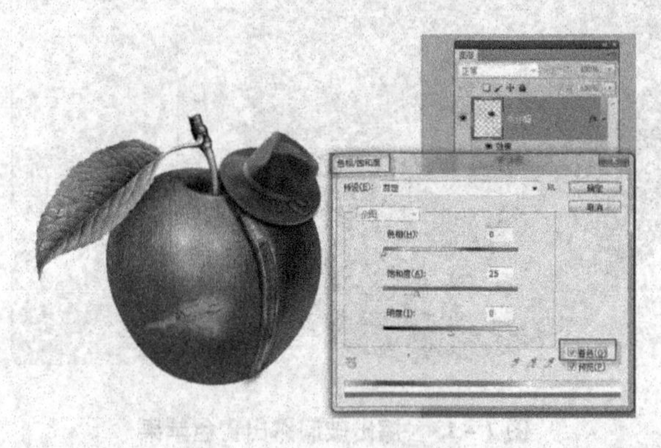

图 7 – 16　改变帽子颜色

12. 新建图层，命名为“蓝色条”，使用钢笔工具绘制路径，对路径进行填充。如图 7 – 17 所示。

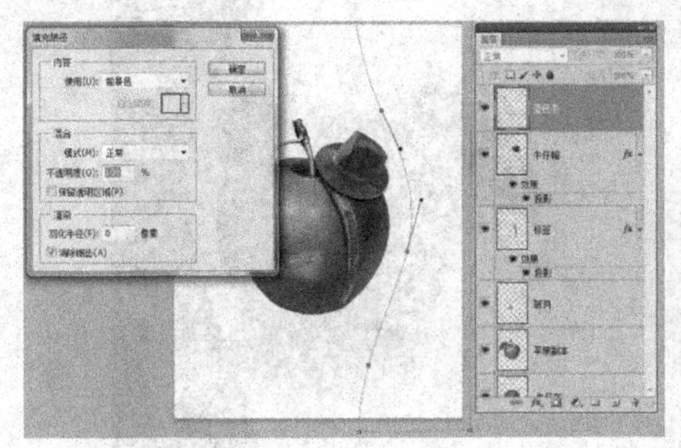

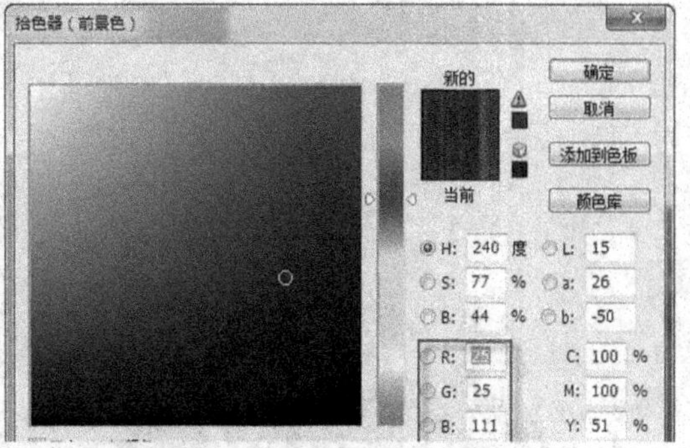

图 7 – 17　绘制曲线路径并填充

13. 新建图层，命名为“描边”，复制路径 1，并向右移动到适当的位置；单击画笔工具，设置笔刷属性，画笔大小为 3px，间距为 192%。设置前景色为白色，用画笔对“路径 1 副本”进行路径描边，效果如图 7 – 18 所示。

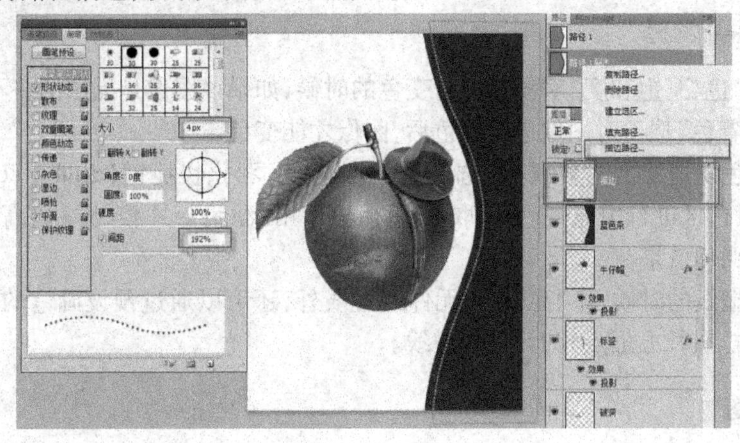

图 7 – 18　描边

14. 最后添加苹果投影、路径文字，以及 logo，完成海报效果制作。

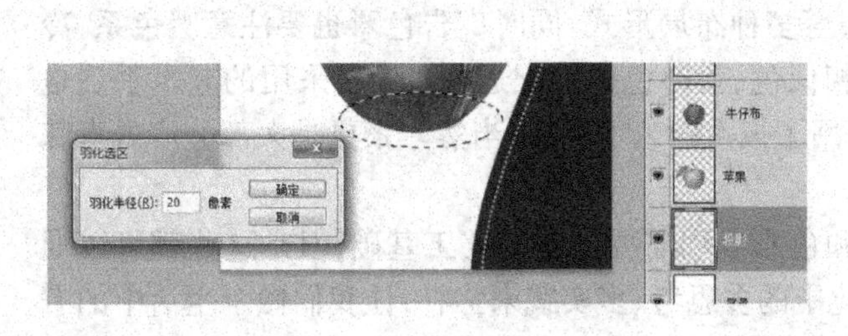

图 7 – 19　绘制椭圆选区并羽化 20px

图 7 – 20　填充深蓝色

图 7－21　用钢笔工具绘制文字路径，并输入文字

图 7－22　最终效果图

这样，一个牛仔裤平面广告就大功告成了。

相关知识与技能

1. 在运用“色相/饱和度”对图像进行变色的时候，如果该图像是黑白图将不能变色。因此，必须勾选“着色”选项对图像进行着色后，图像才能变色。

2. 在羽化色块边缘的时候，除对选区进行羽化后（羽化快捷键【Shift + F6】）再填充颜色，还可以先对选区进行填充颜色后，取消选区，再使用“滤镜”→“模糊”→“高斯模糊”来实现色块边缘的羽化效果。

3. 在绘制虚线的时候，除了以点为元件的虚线外，还可以通过预设画笔的形状，实现以不同形状（如方点、长方形点）为元件的虚线。

拓展与提高

在平面设计中，特别是在广告制作中，创意是一则广告成功与否的关键因素，更是广告的灵魂。创意是来源于生活又高于生活的奇思妙想。一则好的广告除了有新颖的广告创意之外，版面布局和色彩的运用有时也是凸显主题的一种有效方式。为了突出主题，制作者会采用到 S 形、V 形、L 形、对角线、垂直线等多种布局形式，同时广告色彩也要注意暖色系、冷色系、中性色的色调统一以及对比色、相似色、互补色的搭配运用。广告采用的艺术手法也多种多样，比如上面的牛仔裤广告就采用了拟人的艺术手法，当然夸张更是大部分广告青睐的艺术手法。

专业的广告设计涉及的版面布局和色彩运用需要一定的美工基础，但是这些都可以通过平时的多观察、多模仿、从模仿到变化中的多思考、多实践来弥补，让我们做个生活中的有心人，在这个项目的学习中设计制作出优秀的平面广告。

在牛仔裤广告中，为了达到拟人的形象效果，突出“塑造臀部曲线”这个主题，使用了 Photoshop 中“变化”→“变形工具”对圆嫩的苹果与牛仔布进行组合，而 S 形版面布局应用了

Photoshop 中的钢笔工具、画笔描边等工具；在下面的读书会宣传广告中，我们采用了夸张、超现实的艺术手法来表现“读书”的神奇效果，同时为了表现这一主题应用了 Photoshop 中的样式面板、图层样式、通道抠图技巧等。

思考与练习

1. 叠加混合模式的工作原理是什么？
2. “图层样式”→“投影效果”中所使用的混合模式是什么，该模式的工作原理是什么？
3. 上网或通过查找相关书籍，了解各种混合模式的工作原理。

任务二　书中自有奇妙世界——图像变形

任务描述

本任务要制作一幅读书会的宣传海报，用虚幻的立体书场景来突出读书会给会员的整体感受，并吸引大家加入该读书会。

能力目标

在了解了本任务的目标后，我们来分析这幅海报的构成元素及其实现手段。画面看似复杂，但通过分解，可以快速将其中的奥秘解读出来。而通过学习本任务，能学习到：1. 滤镜中的镜头光晕应用（天空的太阳）；2. 使用快速选择工具及磁性套索工具选取对象（书本）；3. 使用通道抠图的方法（树木选取）；4. 阴影的制作方法（树木投影）；5. 用“色相/饱和度”改变物体整体色调（房子）；6. 使用色彩范围抠选对象（小孩）等。接下来一步步去实现它们吧。

图 7－23　“读书会宣传海报”效果图

方法与步骤

1. 启动 Photoshop CS5，选择“文件”→“新建”命令，新建一个大小为 1024×683 像素的图像文件，分辨率 72 像素/英寸，颜色模式为 RGB，背景为白色，图像文件名称为“读书会海报”。

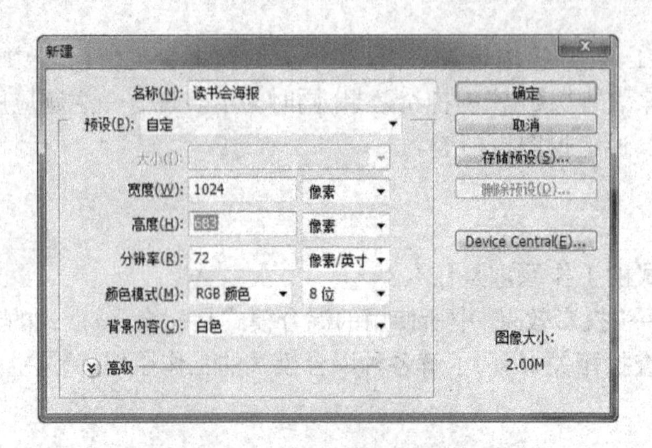

图 7－24　新建文档

2. 打开素材“天空. jpg”，把天空复制到新建文档中作为背景，然后对背景添加“滤镜”→“渲染”→“镜头光晕”，设置光晕的大小及位置，效果如图 7－25 所示。

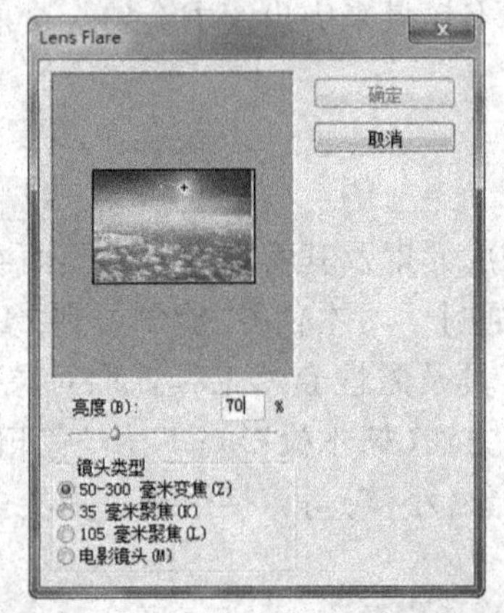

图 7－25　为背景添加“镜头光晕滤镜”效果

3. 打开素材“书. jpg”，使用快速选择工具或磁性套索工具把书本主体选择出来，并调整大小，拖放到“读书会海报”文档中，效果如图 7－26 所示。

图 7－26　选取书本主体

注意：为了让选区的边缘更柔和，可以在激活任何选区工具的情况下，使用“调整边缘”选项，通过调整其中的选项如“平滑”“羽化”“对比度”等参数来调整选区边缘。如图7－27所示。

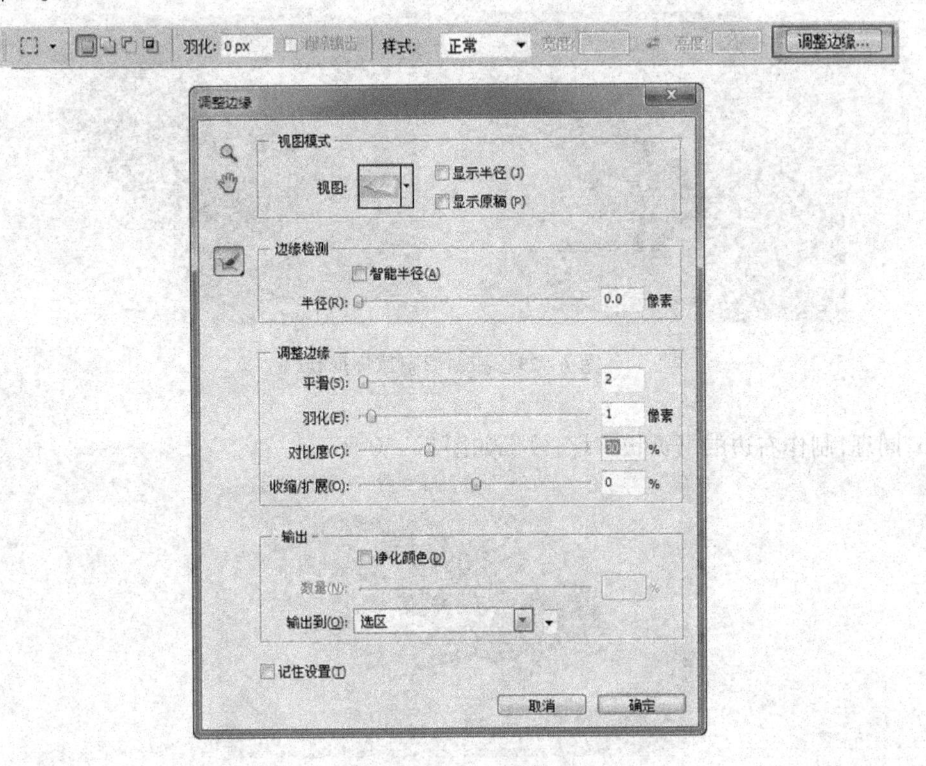

图7－27　调整边缘

4. 打开素材“草坪.jpg”，使用磁性套索工具 结合矩形选框工具把草坪选取出来。然后把选出来的草坪用选择工具 拖动到“读书会海报”文档中（光标出现“小剪刀”图标时即可移动），并将其置于顶层。最后执行“编辑”→“自由变换”命令调整草坪位置（快捷键是【Ctrl＋T】），效果如图7－28所示。

图7－28　自由变换调整草坪位置

5. 接着，双击确认（或按【Enter】键确认，还可以单击属性栏的“确认”按钮 ✓ ）。执行“编辑”→“变形”→“扭曲”命令将草坪的形状进行进一步调整，单击属性栏的“确认”按钮 ✓ ，效果如图 7－29 所示。

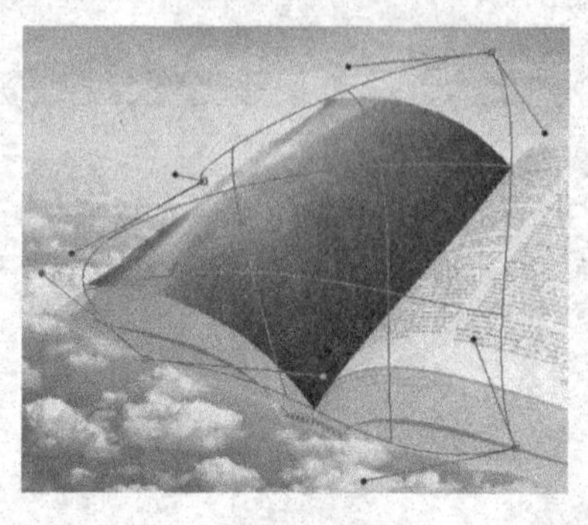

图 7－29　扭曲调整草坪形状

6. 同理，制作右边的书页状草坪，效果如图 7－30 所示。

图 7－30　制作右边草坪

7. 为了使草坪更具立体效果，遵循光的照射方向，可以为两边的草坪添加从黑白渐变结合图层混合模式调整草坪的明暗效果。先拷贝“左草坪”图层得到“左草坪副本”图层，按住【Ctrl】键同时单击“左草坪副本”图层的缩略图，得到选区。然后为该选区添加黑白渐变填充（前景色为黑色，背景色为白色），最后改变图层的混合模式为“柔光”，效果如图 7－31 所示。

图 7－31　为左草坪添加明暗效果

8. 同理,为右草坪添加明暗效果。如图 7－32 所示。

图 7－32　为右草坪添加明暗效果

9. 打开“树.jpg”素材,打开通道面板,观察三个通道的明度对比效果。选择明暗对比最强烈的蓝通道,并拷贝一个蓝通道,对其执行“图像”→“调整”→“色阶”命令(快捷键为【Ctrl + L】),把黑白的对比度加强,效果如图 7－33 所示。

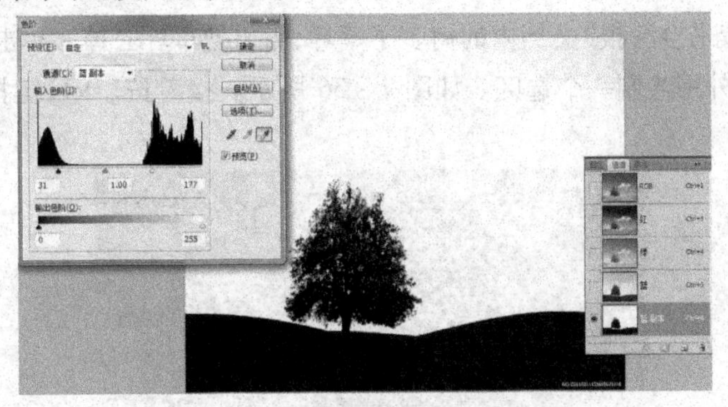

图 7－33　加强蓝通道明暗对比度

调整色阶的窍门: 单击“白场”吸管,吸取画面中的灰色部分,会使灰色部分变白(灰度越深,画面白色部分越多);反之,单击“黑场”吸管,吸取画面中的灰色部分,会使灰色部分变黑(灰度越深,画面黑色部分越多)。此技巧在通道抠图中使用较方便。

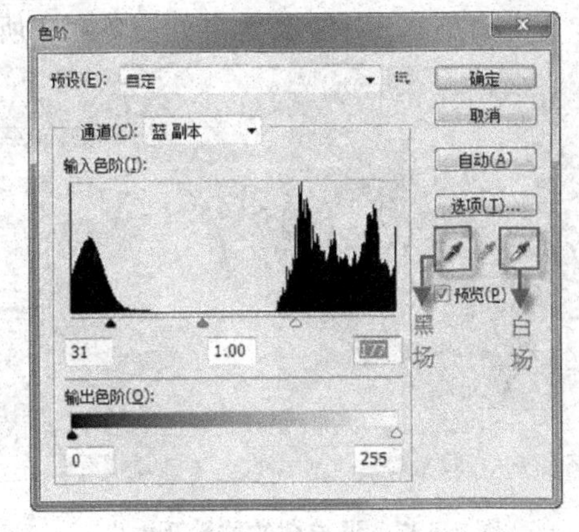

图 7－34　调整色阶窍门

10. 选取树的主体。在激活"蓝通道副本"的状态下，按【Ctrl + I】键反向，按住【Ctrl】键的同时单击蓝通道副本的缩略图得到树及草坪的选区。保持选区，单击通道面板中的 RGB 通道，然后回到图层面板，按【Ctrl + C】键复制选区内的内容，接着粘贴到"读书会海报"文档中。

图 7－35　抠选树

11. 粘贴到"读书会海报"文档内的树多了草坪，需要把草坪去掉。单击多边形套索工具 ，沿着草坪的外围绘制一个选区。如图 7－36 所示。接着按【Del】键把草坪删去，【Ctrl + D】键取消选区。

图 7－36　删掉草坪

12. 使用移动工具把树移到合适的地方，并按【Ctrl + t】键使用自由变换命令调整树的大小，再按住【Alt】键的同时用移动工具拖动"树"，这样可以复制出树的副本，同时图层面板中自动生成"树副本""树副本 2""树副本 3"图层，效果如图 7－37 所示。

图 7－37　调整树的位置及大小

13. 拷贝“树”“树副本”“树副本 2”“树副本 3”4 个图层，并把拷贝的图层置于它们的下面(提示方法：按住【Ctrl】键同时点击 4 个图层把图层选中，接着把图层拖动到图层面板底端的“新建图层”图标处)。

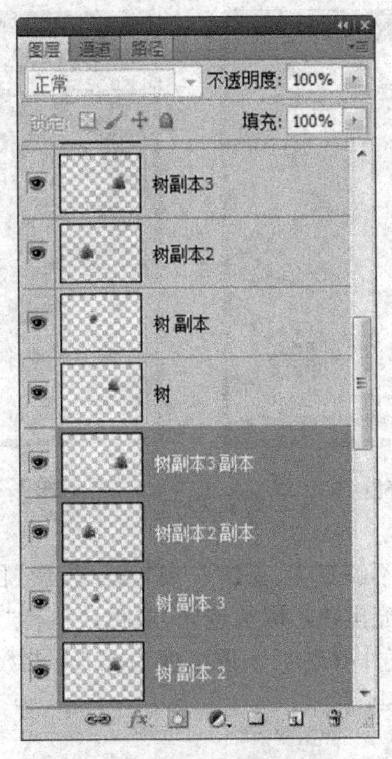

图 7－38　拷贝 4 棵树的图层

14. 制作树的阴影。保持 4 个拷贝图层被选中的情况下，按【Ctrl + T】键使用“自由变换”命令，接着右击，执行“垂直翻转”命令，按【Enter】键确定，并调整每棵树的大小及位置。最后把 4 个阴影图层的图层混合模式改成“正片叠底”，不透明度为 50%，并把突出到书本外的部分用“橡皮擦工具”擦去，得到图 7－39 的效果。

图 7－39　制作树阴影

15. 制作房子。打开“房子. jpg”素材，使用多边形套索工具 (或任何您比较熟悉的方法，如磁性套索、魔棒或快速选择工具等)，把房子的轮廓选取出来，并复制到“读书会海报”文档中。

16. 然后使用选择工具 及“自由变换”命令，调整房子的位置及大小。接着使用“图像”→“调整”→“色相/饱和度”命令（快捷键【Ctrl + U】）调整房子的颜色。最后为房子添加图层“混合选项”→“投影”，参数如图 7 - 40、7 - 41 所示。

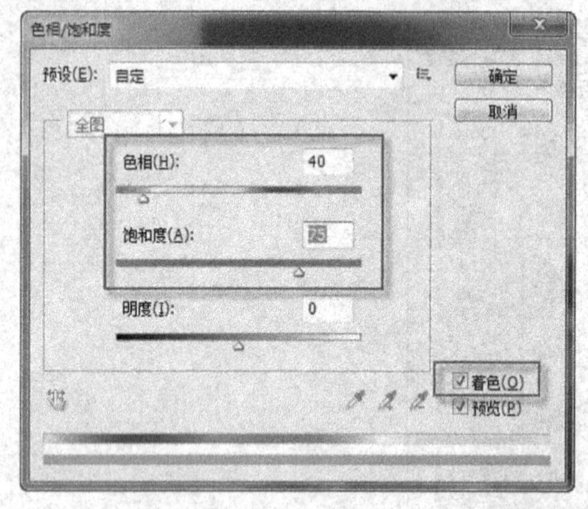

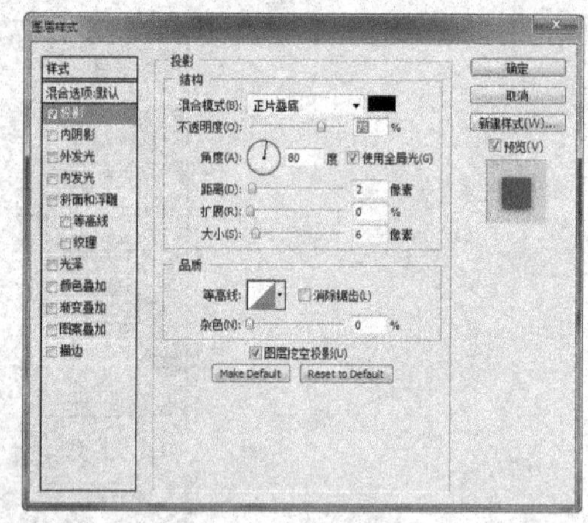

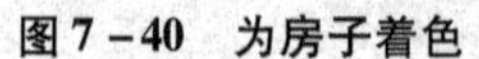

图 7 - 40　为房子着色

图 7 - 41　为房子添加投影

17. 现在的房子的投影还不够真实，新建一个“房子投影”图层，用多边形套索工具绘制如图 7 - 42 所示的选区，并填充黑色。取消选区，对色块执行“滤镜”→“高斯模糊”命令，并把图层的“混合模式”改成“正片叠底”，不透明度为 52%，参数如图 7 - 42、7 - 43 所示。得到最终房子投影效果如图 7 - 44 所示。

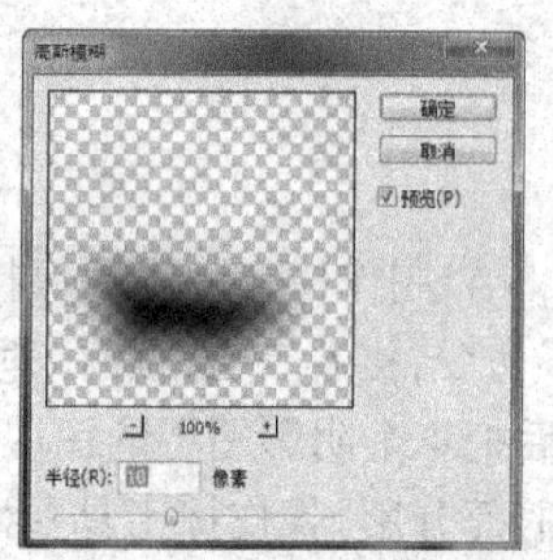

图 7 - 42　房子投影制作

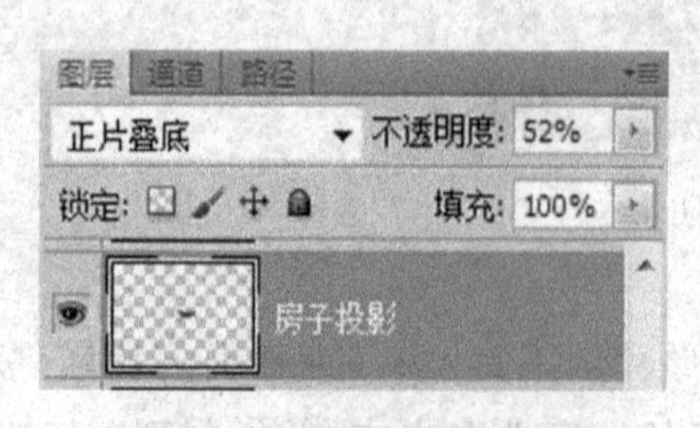

图 7 - 43　房子投影图层设置

图 7 - 44　房子投影效果

18. 制作小孩合成效果。同理，抠选“小孩”主题轮廓（可使用“选择”→“色彩范围”选取天空，如图 7－45 所示；结合“调整边缘”，如图 7－46 所示，反选得到“小孩”轮廓，最后使用橡皮擦工具擦去草地即可），放置到适当的位置，并添加投影（同“树”投影的制作原理，使用自由变换工具调整投影透视关系），混合模式为“相减”，不透明度为 36%，参数如图 7－47 所示，效果如图 7－48 所示。

图 7－45　色彩范围选取小孩轮廓

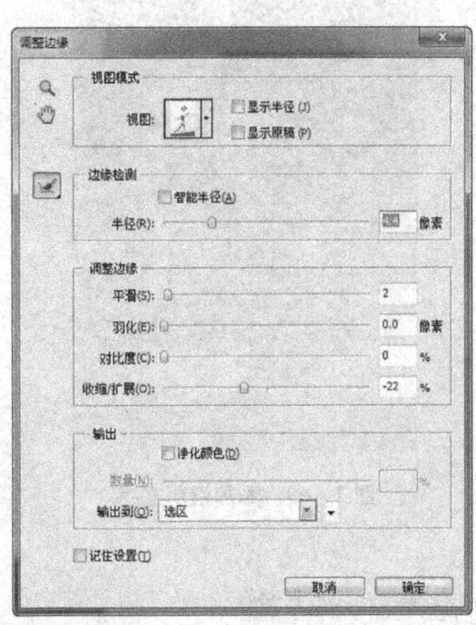

图 7－46　调整选区边缘

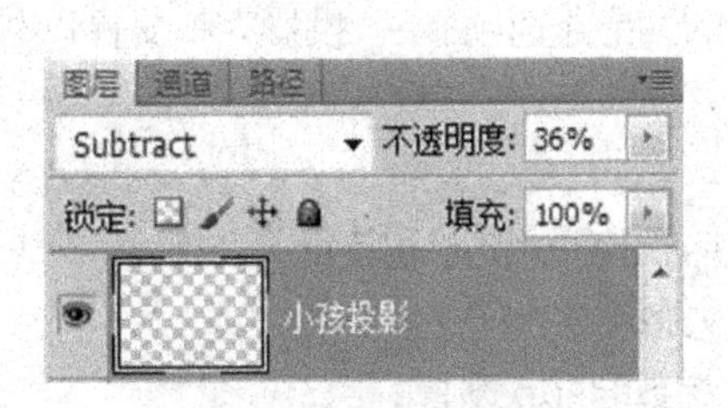

图 7－47　小孩投影参数

图 7－48　小孩投影效果

19. 最后,添加海报说明文字及“落款”即可。

20. 完成效果如图 7 – 50 所示。

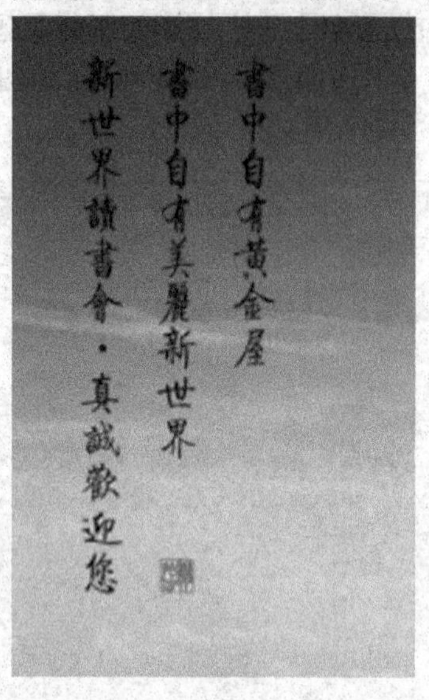

图 7 – 49　添加说明文字

图 7 – 50　最终效果图

相关知识与技能

1. 灵活运用“选择”→“变换”命令中的各个命令,可以对对象的大小、形状、方向进行调整。

2. 为了让选区的边缘更柔和,可在激活任何选区工具的情况下,使用“调整边缘”选项,通过调整其中的选项如“平滑”“羽化”“对比度”等参数来调整选区的边缘效果。

3. 巧用“色阶”调整图像黑白对比度。单击“白场”吸管,吸取画面中的灰色部分,会使灰色部分变白(灰度越深,画面白色部分越多);反之,单击“黑场”吸管,吸取画面中的灰色部分,会使灰色部分变黑(灰度越深,画面黑色部分越多)。此技巧在通道抠图中使用较方便。

拓展与提高

投影的制作。物体的投影除了使用图层面板中的“混合选项”→“投影”来设置以外,对于空间感较强的投影,可以使用以下的方法制作:

1. 使用选区工具绘制投影的轮廓选区;

2. 对选区填充黑色(也可以是另外的深颜色,具体视空间环境而定);

3. 取消选区(这个步骤非常重要,否则步骤 4 将失效);

4. 对色块进行“滤镜”→“模糊”→“高斯模糊”(参数自拟)设置;

5. 改变色块所在图层的“图层混合模式”为“正片叠底”,同时降低图层不透明度。

6. 完成。

思考与练习

1. 试着总结一下生成选区有多少种方法?

2. 通道抠图有什么需要注意的地方,或者说有什么关键的步骤决定图像是否抠选得完美?

项目实训

项目描述

根据素材提供的图片模仿合成"草莓椅子"家具促销海报,本项目合成方法与"穿牛仔裤的苹果"相似。完成后,在下列表格中进行打分。

项目要求

1. 效果应与效果图大概一致;
2. 文档输出大小为700×900像素,300像素/英寸,RGB模式;
3. 背景为白色。

项目提示

1. 使用钢笔工具绘制出"椅子"的大致轮廓以及椅子的角;
2. 填充路径并使用加深、减淡工具制作出椅子的明暗立体效果;
3. 使用"变换"命令把草莓调整为适应椅子的形状,并改变图层混合模式;
4. 制作投影;
5. 排版完成。

项目实训评价表

	内　容		评　价		
	学习目标	评价项目	3	2	1
职业能力	在模仿中领会"艺术来源于生活而又高于生活"的设计理念	能领会效果图的创意点			
		能创作素材			
		能保存素材			
	学会如何有创意地利用普通的素材创意地进行设计表达	能合理处理素材			
	根据需要进行合理的版面图文布局	能考虑整体版面布局			
		能合理编排文字及其大小			
	色调整体协调统一,主题鲜明,能突出产品宣传需求	整体色调符合创意需求			
		主题突出产品的卖点			
	项目制作完整,有自己的风格和一定的艺术性、观赏性	内容符合主题			
		内容有新意			
	整体构图、色彩、创意完整	内容具体整体感			
		内容具有自己的风格			

续表

	内容		评价		
	学习目标	评价项目	3	2	1
通用能力	交流表达能力	能准确说明设计意图			
	与人合作能力	能具有团队精神			
	设计能力	能具有独特的设计视角			
	色调协调能力	能协调整体色调			
	构图能力	能布局设计完整构图			
	解决问题的能力	能协调解决困难			
	自我提高的能力	能提升自我综合能力			
	革新、创新的能力	能在设计中学会创新思维			
综合评价					

项目八　合成技巧之二——神奇的蒙版

项目描述

在项目七中，主要学习了使用“自由变换”命令制作海报，接下来的项目实训将学习另外一种图像合成的技巧——蒙版。蒙版是 Photoshop 一个比较核心的图像合成方法，而它的好处就在于它对原图像不会产生破坏性的影响，而且具有可还原性。本项目就是利用“神奇的蒙版”制作不同合成效果的设计作品。

能力目标

通过本项目学习，能掌握 Photoshop 中不同类型的蒙版的使用方法，如快速蒙版、矢量蒙版、剪贴蒙版。除此以外，在制作平面作品过程中还涉及下列工具及命令的使用：1. 快速选择工具、画笔工具、渐变填充工具；2. 照片滤镜；3. 光照效果滤镜、晶格化滤镜、撕边滤镜、高斯模糊滤镜等。

任务一　麦田上的汽车——快速蒙版

任务描述

本任务要制作一幅汽车平面广告，汽车与麦田环境的不寻常结合，体现了它的广告语“不同的选择带来不一样的旅行”。

任务分析

在了解了本任务的设计目标后，我们来分析这幅海报的构成元素及其实现手段。本任务难点在于“撕纸”边缘的制作，以及透明玻璃窗的选取。通过本次任务实训，能学习到：1. 使用“快速蒙版”与“撕边”滤镜的结合制作“撕边”效果；2. 使用了“快速蒙版”中黑白灰画笔及调整画笔的“硬度”“不透明度”参数选取透明玻璃窗。3. 使用光照效果滤镜营造物体的明暗部以适应场景的需要；4. 复习投影的制作等。

图 8－1　“麦田上的汽车”效果图

方法与步骤

1. 启动 Photoshop CS5，打开素材“麦田. jpg”，把该图作为底图，双击解锁该图层，然后新建一个透明图层置于“麦田”图层之下，为透明图层填充白色，如图 8 - 2 所示，并存储为“麦田上的汽车. PSD”。

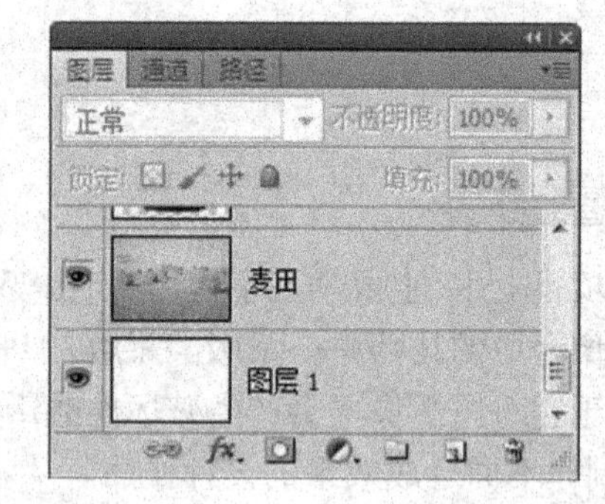

图 8 - 2　制作底图

2. 打开素材“车. jpg”，使用快速选择工具 ，把车的整体轮廓选取出来（细小的地方先忽略，如车轮、天线等），效果如图 8 - 3 所示。

3. 单击“快速蒙版”工具 ，或按快捷键【Q】，单击“画笔”工具，适当设置画笔的硬度，并把前景色设为黑色。用“画笔”工具涂抹上一步少选或多选的区域，直到除了车以外的外面全变成粉红色，效果如图 8 - 4 所示。

图 8 - 3　选取车主体

图 8 - 4　快速蒙版

画笔使用技巧：在对快速蒙版进行黑白涂抹的时候，按住【X】键能快速切换前、背景色，按【D】键能使前、背景色恢复默认的前景色为黑色，背景色为白色的状态。另外，在快速蒙版的状态下，白色为选区。

4. 接着，调整画笔笔刷大小，以及不透明度为 20%，流量为 20%，用黑色笔刷涂抹玻璃窗的区域，效果如图 8 - 5 所示。（切记不能涂得颜色过深，否则会出现选区不能完整选取。）

图 8－5　黑色画笔轻涂车窗部分

5. 退出快速蒙版，得到车的选区。单击选择工具，并复制选区图像，粘贴到“麦田上的汽车”文档中，并调整汽车的大小，效果如图 8－6 所示，汽车的玻璃窗已透明。

图 8－6　选取透明玻璃窗

6. 为了使汽车与麦田的环境融合，需要为汽车添加一层麦田的黄昏色调。执行“图像”→“调整”→“照片滤镜”命令，为汽车添加一层黄色滤镜，颜色为 ffd321，参数设置如图 8－7 所示。

图 8－7　为汽车添加照片滤镜

7. 为了使汽车与环境更加融合,还需让汽车符合场景的明暗效果,因此需要为汽车添加“滤镜”→“渲染”→“光照效果”,参数如图 8-8 所示。

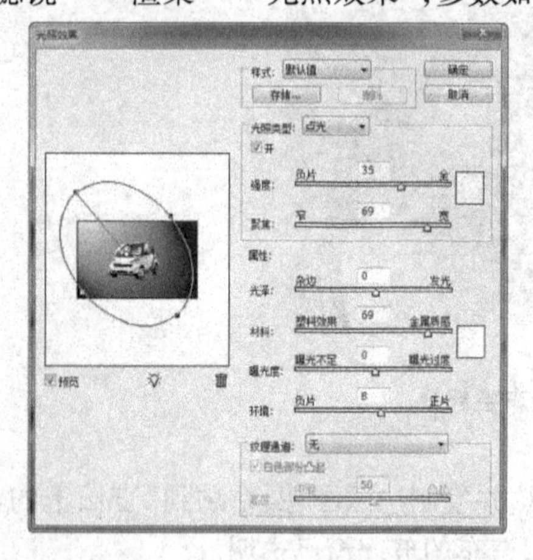

图 8-8　为汽车添加光照效果

8. 制作投影。新建图层“汽车投影”置于“汽车”图层下面,用“多边形套索”工具,绘制一个如图 8-9 所示的多边形选区,然后填充黑色(按【Alt + Del】键填充前景色)后取消选区。接着对选区执行“滤镜”→“模糊”→“高斯模糊”命令,半径设置为 7 个像素,并把该图层的混合模式改成“正片叠底”,不透明度为 55%,效果如图 8-9 所示。

图 8-9　绘制汽车投影

9. 制作撕纸效果。激活“麦田”图层,用“矩形选区”工具绘制矩形选区,如图 8-10 所示,进入快速蒙版,对快速蒙版下的选区执行“滤镜”→“像素化”→“晶格化”命令,参数如图 8-11 所示。

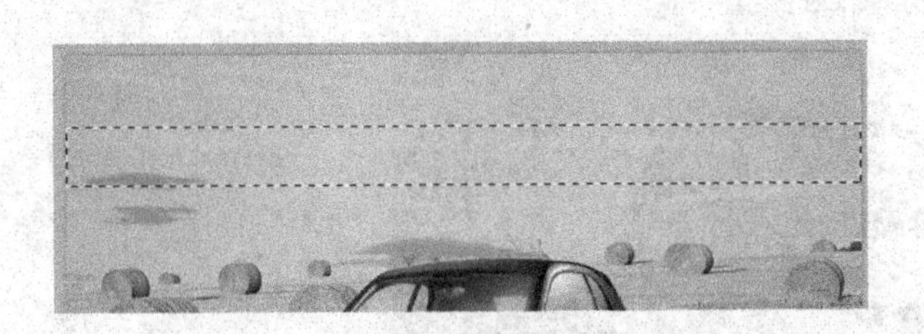

图 8－10　绘制矩形选区

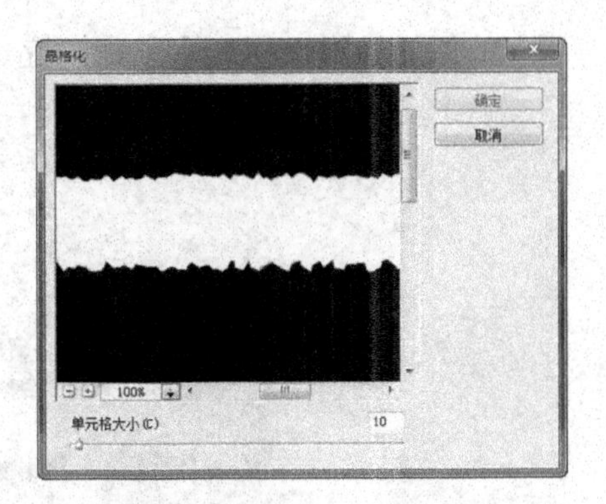

图 8－11　快速蒙版下晶格化选区

10. 得到如图 8－11 左图效果，退出快速蒙版，按【Del】键删掉选区部分，得到如图 8－12 右图所示。

图 8－12　晶格化得到撕边效果

11. 激活“麦田”图层，设置该图层的图层样式，参数如图 8－13 所示。

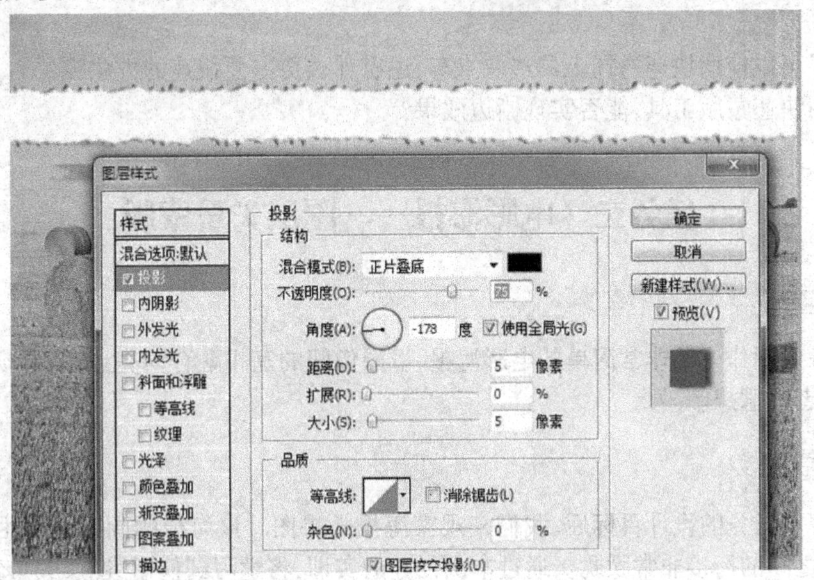

图 8－13　为撕边效果添加投影

12. 添加如图 8－14 所示文字，完成任务。

图 8－14　最终效果图

相关知识与技能

1. 在快速蒙版的状态下，用白色画笔涂出来的区域为选区。

2. 在使用快速蒙版选择透明物体时，可适当降低画笔的不透明度及流量，或使用灰色画笔。

3. 在选区的状态下执行滤镜会对选区内的图像产生影响，而在快速蒙版下使用滤镜，则只会对选区的边缘产生影响。

4. 画笔使用技巧：在对快速蒙版进行黑白涂抹的时候，按住【X】键能快速切换前、背景色，按【D】键能使前、背景色恢复默认的前景色为黑色，背景色为白色的状态。

思考与练习

1. 除了可以使用快速选择工具选取汽车，还有什么更方便快速的方法呢？

2. 不用快速蒙版工具，能否实现撕边效果？

任务二　电影海报——图层矢量蒙版

任务描述

本任务要制作一幅非常简单的电影海报，以图像间的互相融合为亮点，来展现电影的故事，引起读者的遐想。

能力目标

在了解本任务的设计目标后，我们来观察海报效果图。该海报的画面主要由三幅图组成，图与图之间的衔接非常朦胧。通过本次任务的实训，将学习到使用“图层矢量蒙版”制作出图像间的柔和衔接效果。

图 8－15　“电影海报”效果图

方法与步骤

1. 启动 Photoshop CS5，打开素材“背影. jpg”，把该图作为背景并解锁该图层，存储为“电影海报. PSD”。

2. 打开素材“战争. jpg”，置于“背影”图层之下。单击“背影”图层，为该图层添加矢量蒙版（单击图层面板底端的“添加矢量蒙版”图标），效果如图 8－16 所示。

3. 单击“渐变”工具，把前景色设为白色，背景色设为黑色。激活“背影”图层的矢量蒙版，由下往上拖拉填充（由下往上到画面四分之一处止），效果如图 8－17 所示，显示出“战争”图层。

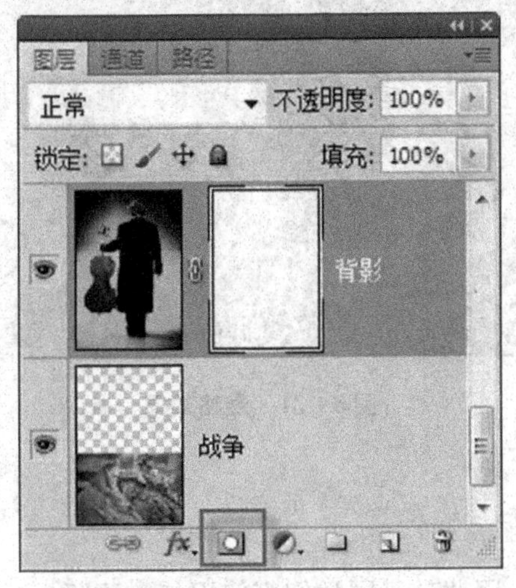

图 8－16　为“背影”添加矢量蒙版

图 8－17　渐变填充矢量蒙版

4. 打开“战机.jpg”素材，并把该素材复制到“电影海报”文档中，置于“背影”图层之上，并为“战机”图层添加矢量蒙版(同步骤 3 的方法)。如图 8－18 所示。

5. 单击渐变工具 ，把前景色设为白色，背景色设为黑色 。激活“战机”图层的矢量蒙版，由下往上拖拉填充黑白渐变颜色，效果如图 8－19 所示。

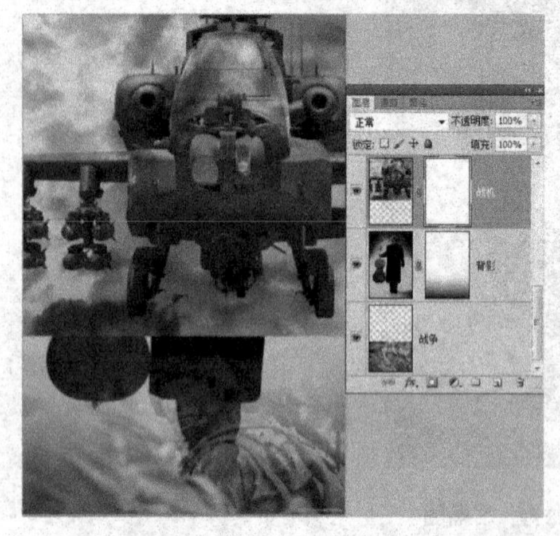

图 8－18　为“战机”图层添加矢量蒙版

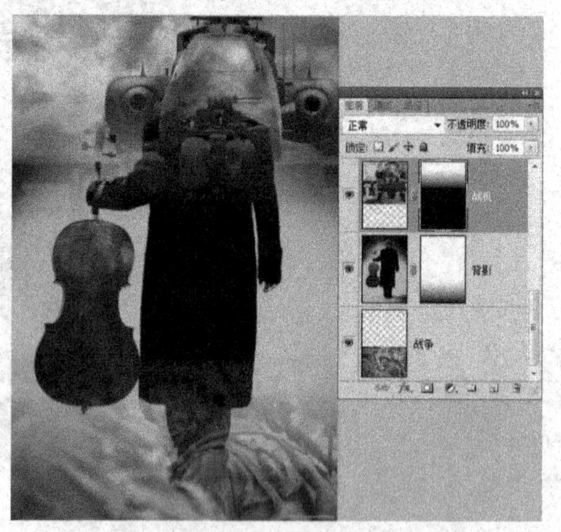

图 8－19　渐变填充矢量蒙版

6. 人物的头部被战机图层遮住，可以使用画笔把人物的头部涂抹显示出来。点击画笔工具，把前景色转为黑色，调整画笔笔刷大小(400px)及硬度(0%)。保持“战机”图层矢量蒙版激活的状态下，用黑色画笔涂抹人物的头部，效果如图 8－20 所示。

7. 添加文字及文字效果，可根据实际需要或个人喜好选取字体，如图 8－21 所示，完成任务。

图 8－20　画笔涂抹“战机”图矢量蒙版

图 8－21　最终效果

相关知识与技能

1. 使用矢量蒙版，可避免源图像有任何的损坏，因此鼓励同学们多使用矢量蒙版。

2. 在矢量蒙版中，白色代表显示本图层；黑色代表遮盖本图层，显示下一图层；而灰色则代表半透明，本图层及下一图层的图像均可显示，叠加效果。

3. 在矢量蒙版中，白色也代表选区，如按住【Ctrl】键的同时，单击矢量蒙版的缩略图，能得到白色部分的选区。

思考与练习

1. 矢量蒙版与快速蒙版的区别在哪里？

2. 如果在效果图的基础上，想更清晰地显示“战争”图层中人物的脸部，应该在哪个图层的矢量蒙版使用什么颜色的画笔涂抹呢？

任务三　草地图案文字——剪贴蒙版

任务描述

本任务要制作一幅非常漂亮且神奇的“CHINA”草地图案字体，像珠海市政道路两旁中修剪得非常规整的植物图案一样，该字体可以使用在各类海报或平面设计当中。

能力目标

在了解了本任务的设计目标后，我们来观察字体的效果图。该字体的难点在于如何制作字体的溶解/撕边效果，其次就是如何把天空以及草地装进字体内。通过本次任务实训，我们能学会：1. 使用滤镜特效与快速蒙版的结合制作逼真的草地边缘字体；2. 使用剪贴蒙版制作各种图案背景的字体；3. 复习色相/饱和度的应用。

图 8－22　“图案文字”效果图

方法与步骤

1. 启动 Photoshop CS5，打开素材“旧纸. jpg”，把该图作为背景，存储为“图案字体. PSD”。

2. 单击“文字”工具，设置字体属性，输入“CHINA”。如图 8－23 所示。

图 8－23　设置字体属性

3. 复制“CHINA”图层得到“CHINA 副本”图层，关闭“CHINA”图层的眼睛。接着把“CHINA”副本图层栅格化，然后按住【Ctrl】键同时单击“CHINA 副本”图层缩略图，得到选区，效果如图 8－24 所示。

图 8－24　把栅格化后的“CHINA”载入选区

4. 按【Q】键进入快速蒙版，执行“滤镜”→“素描”→“撕边”命令，降低平滑度，得到如图 8－25所示效果，按“确定”按钮退出。

图 8－25　添加撕边滤镜效果

5. 按【Q】键退出快速蒙版，新建图层 2，保持选区的状态下，随意为选区填充颜色，取消选区，并关闭“CHINA 副本”图层眼睛，效果如图 8－26 所示。

图 8－26　随意为选区填充颜色

6. 把“天空”及“草坪”复制到文档中，调整好大小及位置，并置于图层 2 之上，效果如图 8－27 所示（为了易于观察，先把图层 2 置于顶部）。

图 8－27　置入天空及草坪

7. 把图层 2 置于“草地”之下，接着右击“草地”图层名处，选择“创建剪贴蒙版”，同理作用于“天空”图层，得到效果如图 8－28 所示。

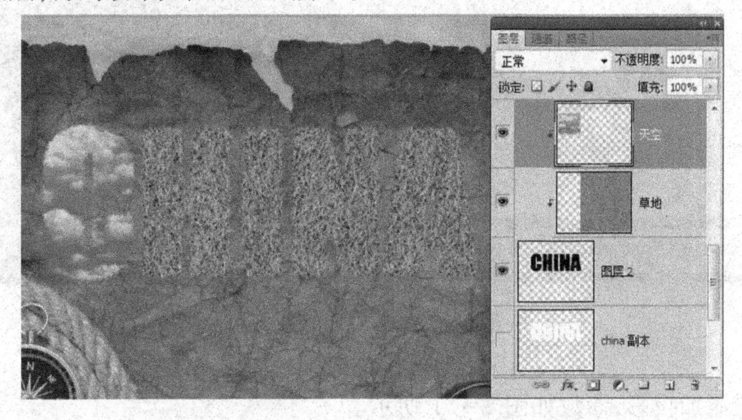

图 8－28　为“草地”及“天空”创建剪贴蒙版

8. 点击图层 2，为其添加【投影】图层样式（可点击图层面板底端的 fx. 图标，选择“投影”），参数如图 8－29 所示。

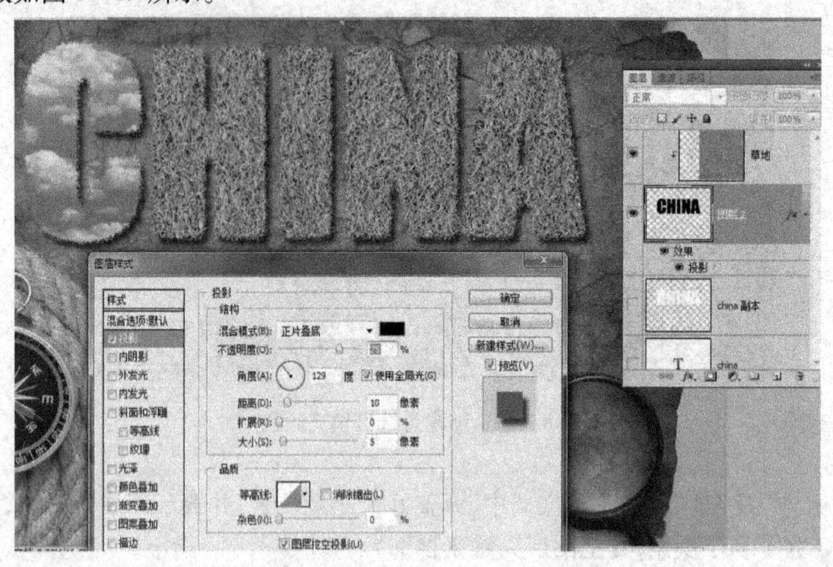

图 8－29　为图层 2 添加投影

9. 打开“蝴蝶.jpg”素材，使用“魔棒”工具选取白色区域，然后反选（快捷键是【Shift＋Ctrl＋I】）得到蝴蝶选区。单击选择工具，按【Ctrl＋C】键复制选区并粘贴到“图案草地”文档中，调整蝴蝶大小及位置。对“蝴蝶”执行“图像”→“调整”→“色相/饱和度”（快捷键是【Ctrl＋U】），效果如图 2－30 所示。

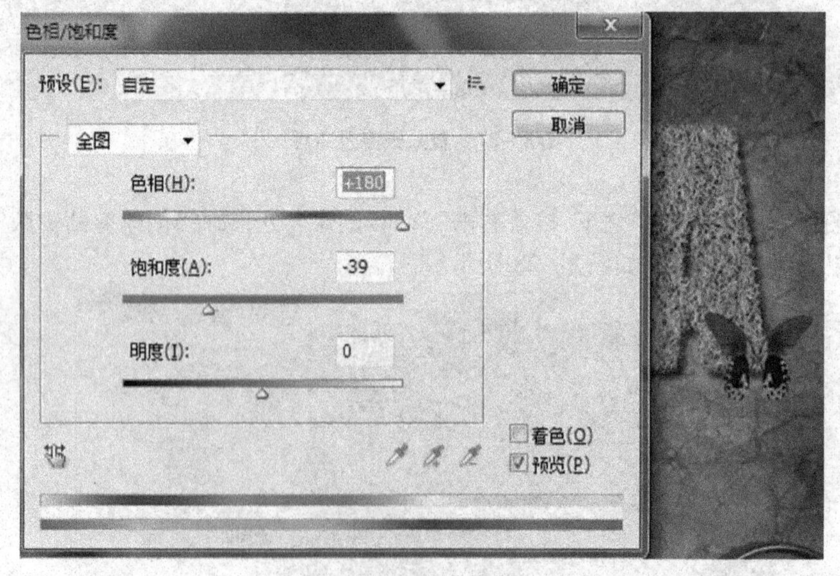

图 8－30　改变蝴蝶颜色

10. 为蝴蝶添加投影，参数如图 8－31 所示。

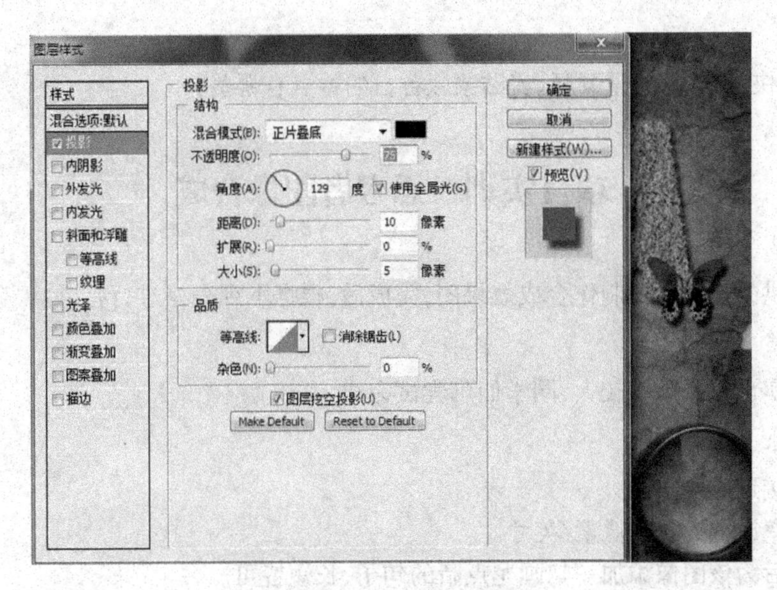

图 8－31　为蝴蝶添加投影

11. 添加文字，完成任务，最终效果如图 8－32 所示。

图 8－32　最终效果

相关知识与技能

1. 使用剪贴蒙版时，轮廓或图案必须放置于底层，可以把轮廓或图案看成是一个个“万能的容器”，任何图像都能装进容器中。

2. 图层样式是可以拷贝的，右击图层面板中某图层的图层名处，选择“拷贝图层样式”选项，再右击需要拷贝到的图层选择“粘贴图层样式”命令，即可实现只需设置一次图层样式就可以无限复制该图层样式。

思考与练习

1. 回忆一下项目七任务二的“读书会海报”中，“草地书”的制作，尝试使用剪贴蒙版实现该效果。

2. 回忆快速蒙版、矢量蒙版、剪贴蒙版各自的特点有哪些？

项目实训　思考者图像合成

根据提供的素材文件制作合成效果图，完成后，根据下列表格进行打分。

项目描述

本项目实训任务难度较大，同学们可尝试完成。

项目要求

1. 尽量接近效果图。
2. 分辨率设置为300 像素/英寸。
3. 完成后为该图像添加一句画龙点睛的句子，长短皆可。

项目提示

1. 导入天空背景素材，执行“图像”→“调整”→“去色”命令。
2. 对人物图层执行去色。
3. 裂痕素材，模式改为正片叠底。
4. 破洞素材，模式为叠加。
5. 新建光线图层，用钢笔工具画出弧线，并使用模拟压力描边制作飞机尾部光束。
6. 通道抠取树木。

项目实训评价表

	内　容		评　价		
	学习目标	评价项目	3	2	1
职业能力	在模仿中领会“艺术来源于生活而又高于生活”的设计理念	能领会效果图的创意点			
		能创作素材			
		能保存素材			
	学会如何有创意地利用普通的素材创意地进行设计表达	能合理处理素材			
	根据需要进行合理的版面布局	能考虑整体版面布局			
		能合理编排图片素材的位置			
	色调整体协调统一，主题鲜明	整体色调符合创意需求			
		能设置主题			
	项目制作完整，有自己的风格和一定的艺术性、观赏性	内容符合主题			
		内容有新意			
	整体构图、色彩、创意完整	内容具有整体感			
		内容具有自己的风格			

续表

	内　　容		评　　价		
	学习目标	评价项目	3	2	1
通用能力	交流表达能力	能准确说明创作意图			
	与人合作能力	能具有团队精神			
	设计能力	能具有独特的设计视角			
	色调协调能力	能协调整体色调			
	构图能力	能布局设计完整构图			
	解决问题的能力	能协调解决困难			
	自我提高的能力	能提升自我综合能力			
	革新、创新的能力	能在设计中学会创新思维			
综合评价					

第四单元

特效应用篇

Photoshop

项目九　缤纷绚丽的文字世界——字体特效

项目描述

缤纷绚丽的文字世界是字体特效的应用，本项目将从时下较为流行的文字制作方法进行介绍，使学习者多方位了解文字特效的一般方法和应用途径。

能力目标

通过特效文字项目的制作学习，可以掌握几种工具在 Photoshop 中的综合应用：1. 在制作过程中应用到 Photoshop CS5 中的移动工具、色彩平衡、蒙版、加深、减淡工具；2. 钢笔工具、羽化和滤镜。3. 渐变工具、路径工具和图层样式的运用。

任务一　绚丽发光文字

任务描述

本任务要制作绚丽发光的文字特效。首先添加文字，再利用图层样式做绚丽的发光效果，后期就是背景的制作。

任务分析

绚丽发光文字特效效果如图 9－1 所示。重点是文字图层样式的设置。

图 9－1　绚丽发光文字效果图

方法与步骤

1. 启动 Photoshop CS5，选择“文件”→“新建”命令，或者按快捷键【Ctrl + N】新建一个大小为 800 像素 ×400 像素的图像，分辨率为 72 像素/英寸，颜色模式为 RGB，背景为白色，图像命名为“珠海一职”。如图 9－2 所示。

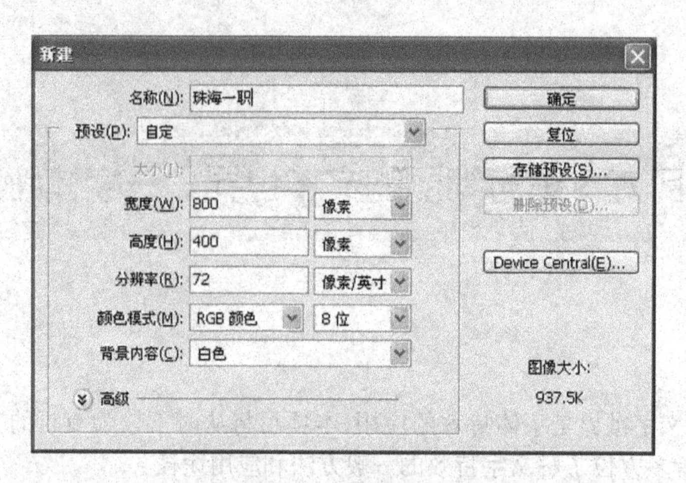

图 9－2　新建文件

2. 为背景图层填充黑色，使用横排文字工具输入文字“珠海一职”，字体为黑体，大小为 100 点，并为其填充白色。如图 9－3 所示。

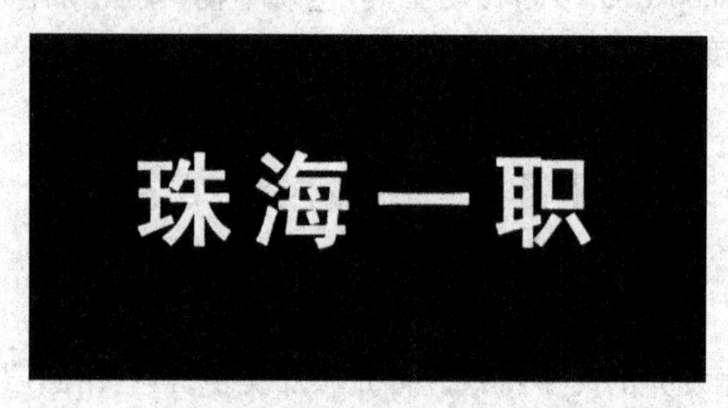

图 9－3　输入文字

3. 双击图层打开“图层样式”对话框，进行参数设置。如图 9－4 所示。

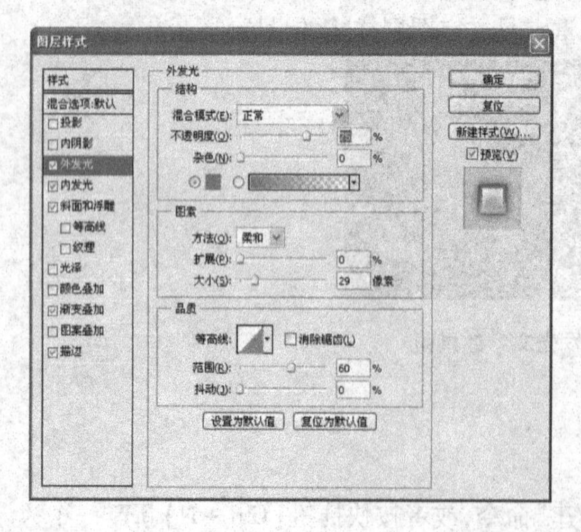

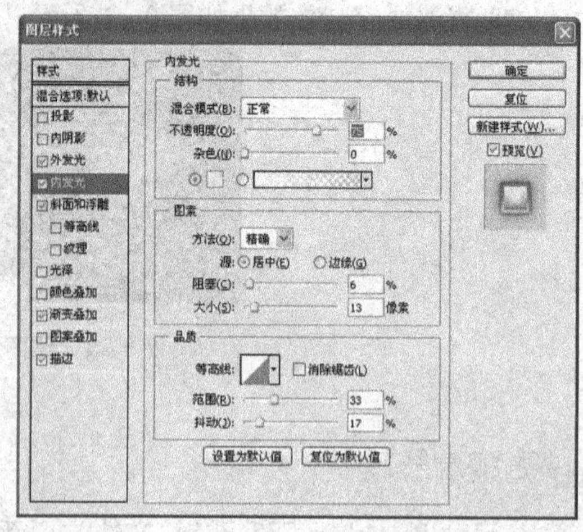

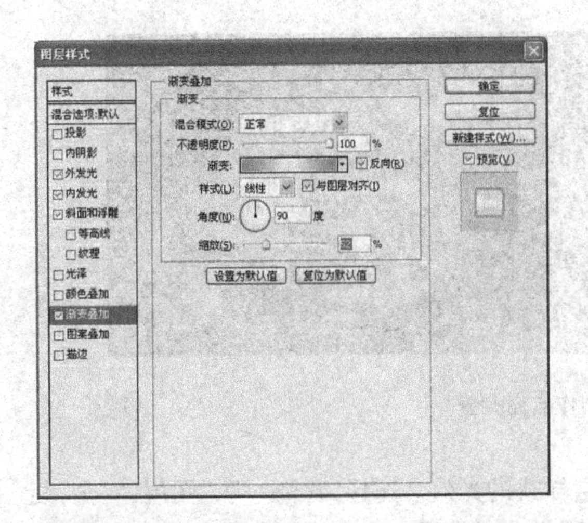

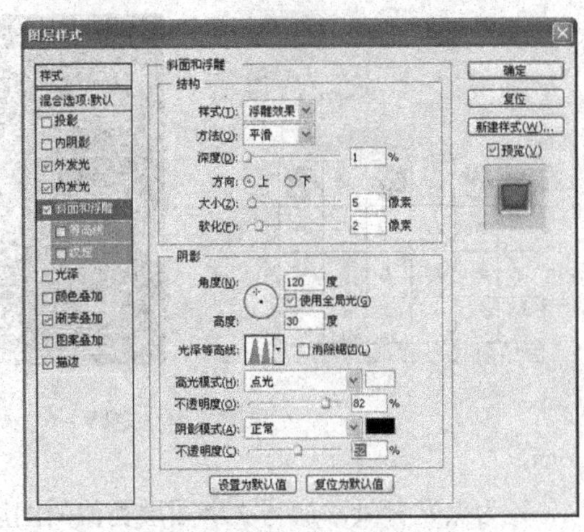

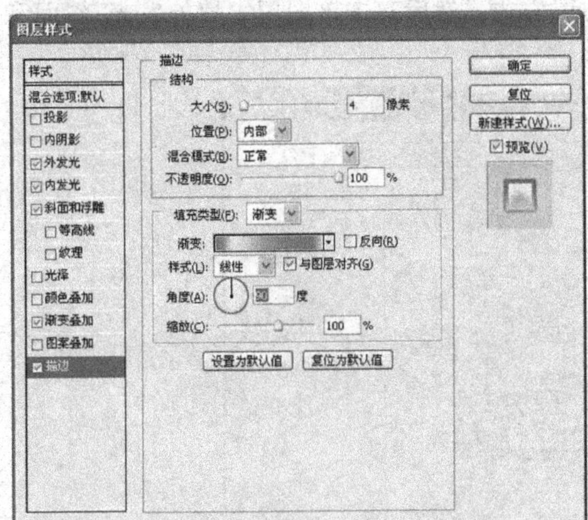

"渐变叠加"中渐变色的三个颜色从左到右分别为：#c0053c，#ffff00，#ff6e00。

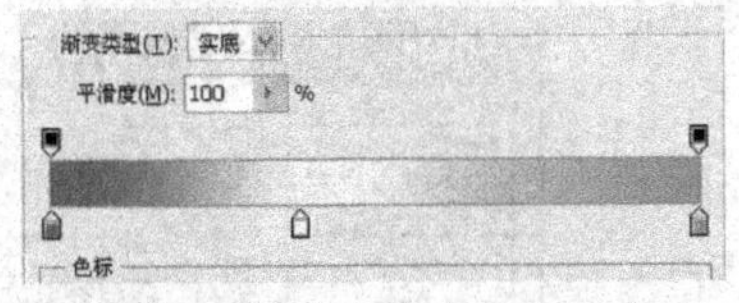

"描边"中渐变色四个颜色从左到右分别为：#fe090a，#fdf306，#f8027c，#cefa03。

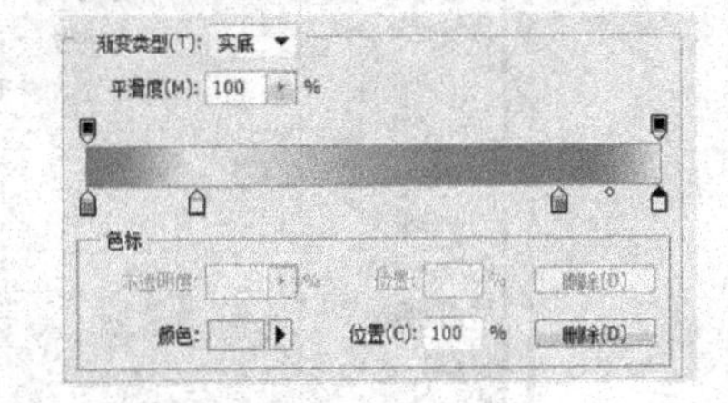

图 9－4　图层样式设置

4. 图层样式设置效果如图 9－5 所示。

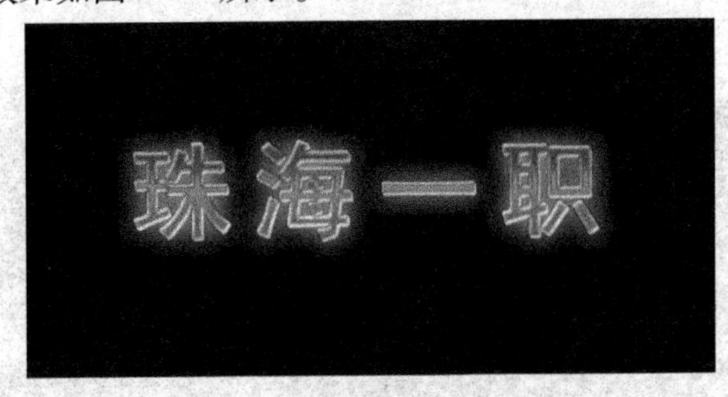

图 9－5　图层样式设置效果

5. 作点光背景。新建图层，使用画笔工具，前景色设置为白色，选择较为模糊的画笔，使用快捷键"［""］"变大缩小画笔大小，注意点光近大远小的视觉效果，效果如图 9－6 所示。

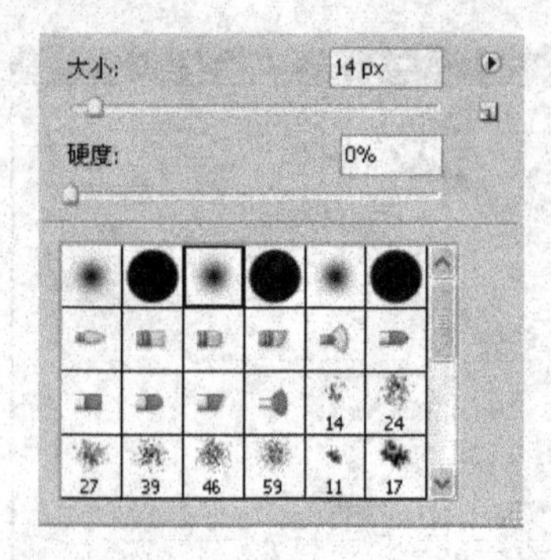

图 9－6　制作点光背景

6. 为点光背景添加与文字图层类似的图层样式的光效。选择“珠海一职”图层，右击，复制图层样式，选择点光背景图层，右击，粘贴图层样式。然后双击该图层去掉外发光、斜面和浮雕、描边的选项。最后效果如图 9－7 所示。

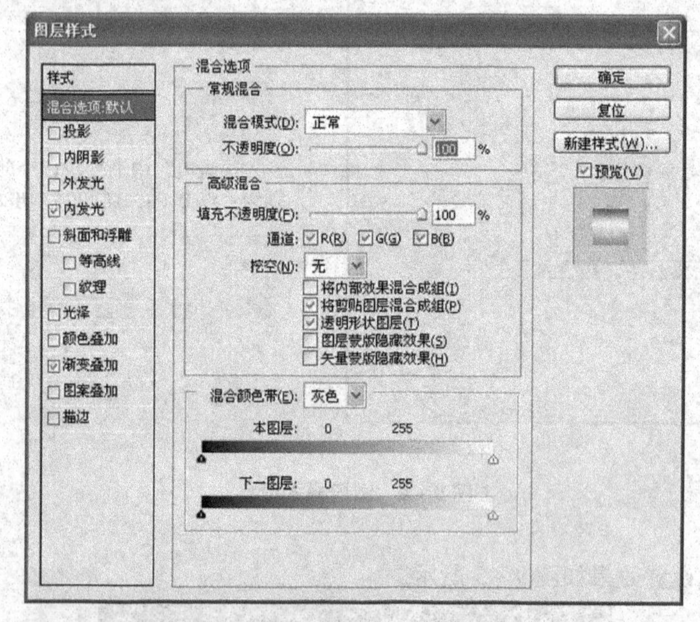

图 9－7　最终效果

相关知识与技能

1. 图案叠加：在图层对象上叠加图案，即用一致的重复图案填充对象。从“图案拾色器”中还可以选择其他的图案。“颜色叠加”“渐变叠加”和“图案叠加”样式类似，可以分别使用颜色、渐变色来填充选定的图层内容。为图像添加这三种样式效果，犹如在图像上新添加了一个设置了“混合模式”和“不透明度”样式的图层，可以轻松地制造出绚丽的视觉效果。

拓展与提高

画笔笔刷的设置：

1. Photoshop 自带笔尖：掌握笔刷特性中的“分散”“间距”和“渐隐”效果的设定。

2. 自定义笔刷：选中任意图案经过“画笔定义”后，均可作笔尖内容，但必须注意，选中的图案色必须是非白色的，否则不能定义新画笔尖。

思考与练习

尝试改变图案叠加中的图案填充对象，选择其他图案，看看会有什么效果？

任务二 奇异果肉文字

任务描述

本任务要利用 Photoshop 制作让人嘴馋的奇异果果肉字，先准备好水果素材，然后输入所需的文字，把果肉纹理贴到文字上面，再用图层样式制作一些描边及投影等样式图层即可。

任务分析

奇异果肉文字效果制作，重点是文字纹理添加及边缘部分的制作，效果如图 9－8 所示。

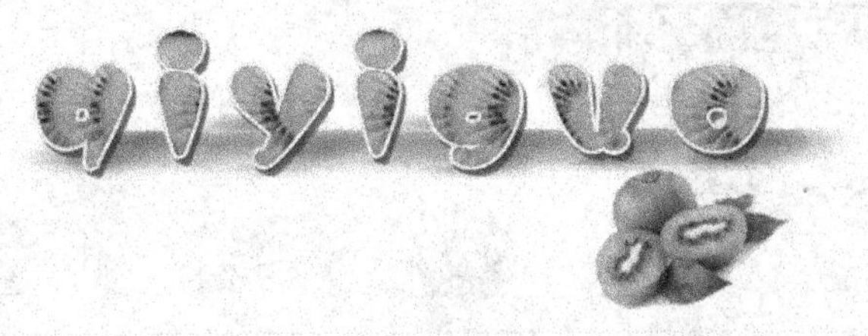

图 9－8 奇异果肉文字效果图

方法与步骤

1. 启动 Photoshop CS5，选择“文件”→“新建”命令，新建一个 700 × 300 像素的图像文件，分辨率为 72 像素/英寸，颜色模式为 RGB，背景为白色，图像命名为“奇果异字”。如图 9－9所示。

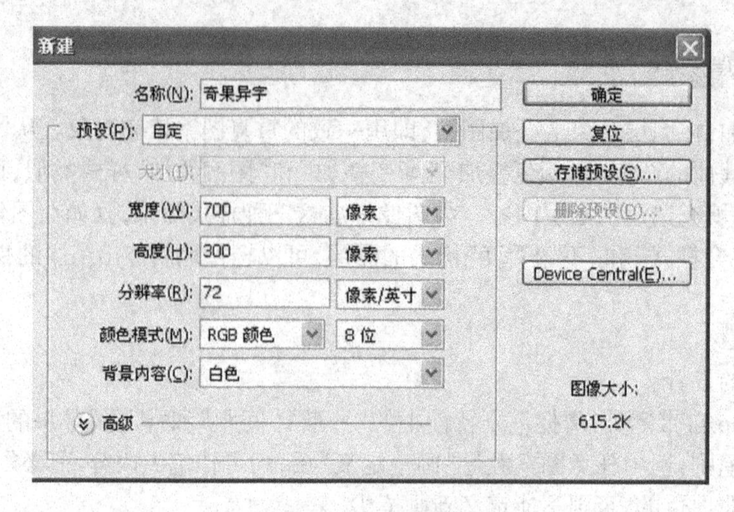

如图 9－9　新建文件

2. 新建图层，选择横排文字工具，输入拼音“qiyiguo”，选择字体“迷你简萝卜”，字体大小选择 100 点，效果如图 9－10 所示。

3. 打开素材“奇异果”，利用钢笔工具抠出果肉，并按住【Alt】键复制几个，能覆盖住所有文字即可，并合并果肉图层，效果如图 9－11 所示。

图 9－10　输入文字

图 9－11　制作果肉图层

4. 在果肉图层按住【Ctrl】键单击文字图层，得到文字选区后单击图层蒙版按钮添加图层蒙版，效果如图 9－12 所示。

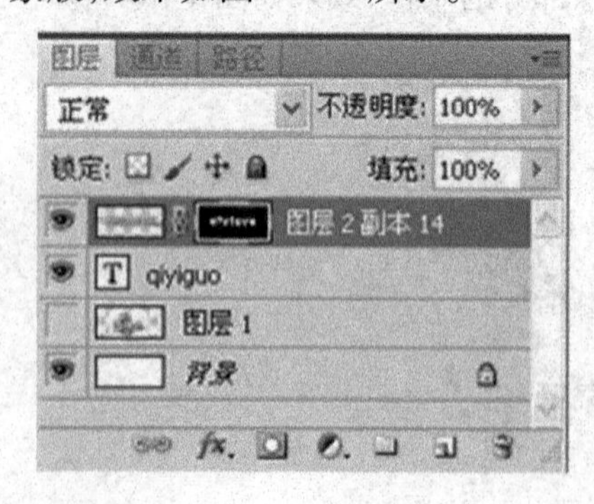

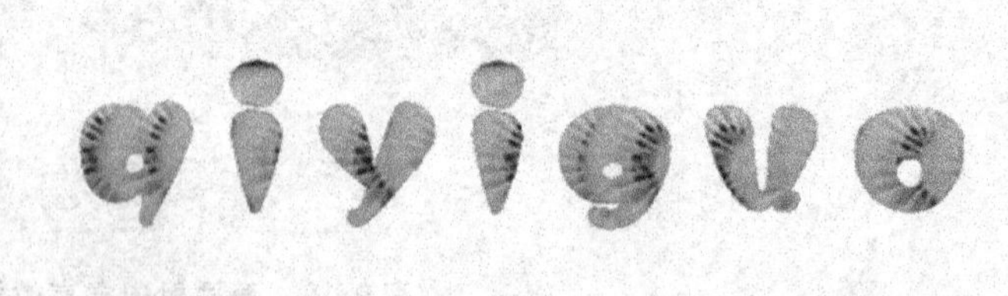

图 9－12　添加图层蒙版

5. 给文字图层添加“描边”和“投影”图层样式，具体设置如图 9－13 所示，效果如图 9－14 所示。

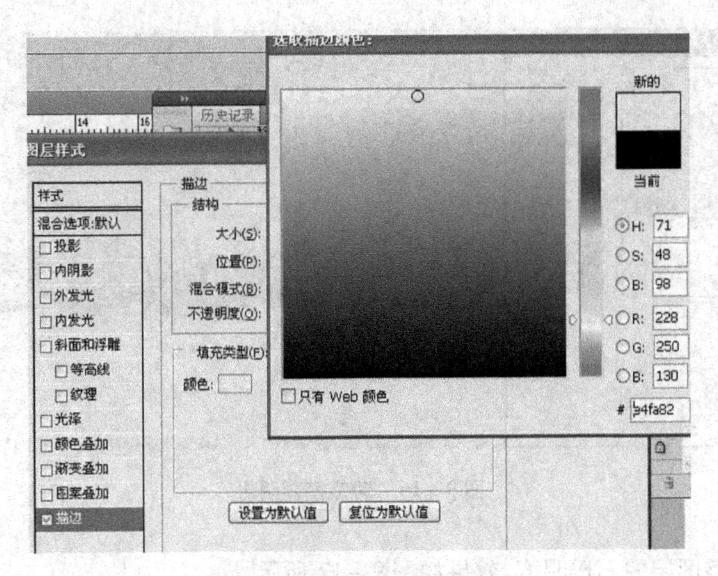

图 9－13　图层样式设置

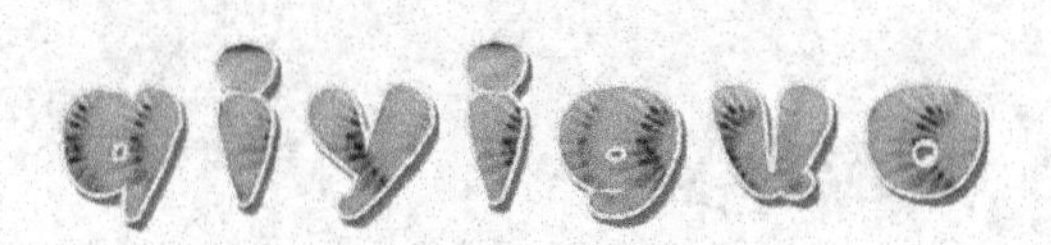

图 9－14　图层样式效果

6. 复制 qiyiguo 图层，按住组合键【Ctrl + T】进行变形，压扁投影图层，效果如图 9－15 所示。

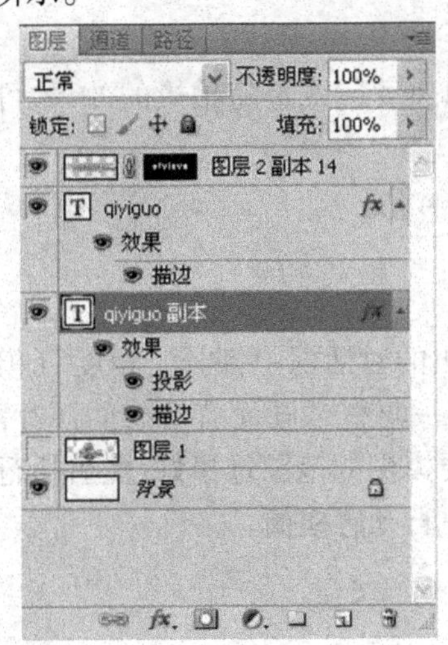

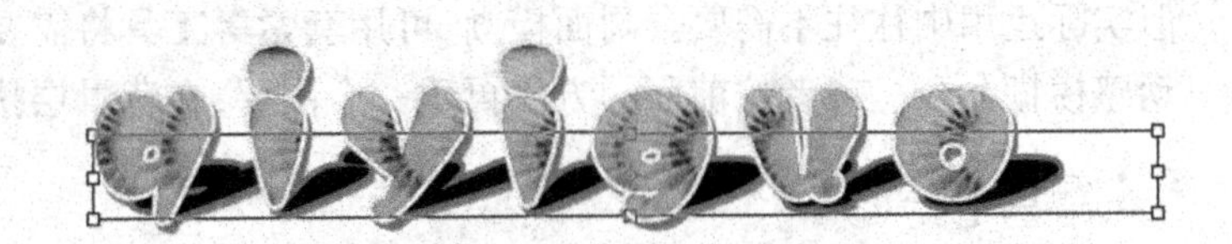

图 9－15　压扁投影图层

7. 为阴影图层加上动感模糊。执行“滤镜”→“模糊”→“高斯模糊”命令，效果如图 9－16所示。

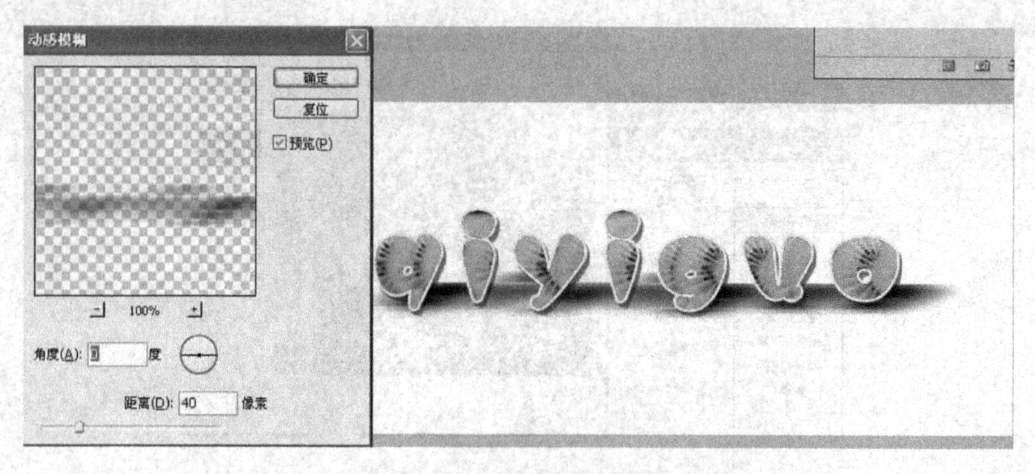

图 9－16　动感模糊阴影

8. 适当调整图层的不透明度,效果如图 9－17 所示。

9. 调整水果素材的大小,放在文字合适的位置,效果如图 9－18 所示。

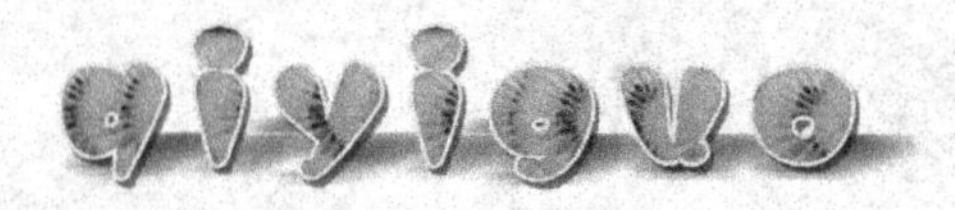

图 9－17　制作阴影

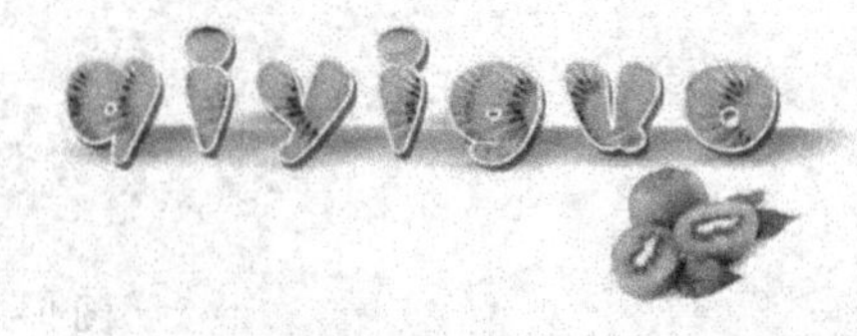

图 9－18　最终效果

相关知识与技能

动感模糊:动感模糊滤镜可以产生加速的动感效果,类似速度镜或追随拍摄的效果,可用来制作阴影。

拓展与提高

动感模糊滤镜的设置:

下拉“滤镜”菜单,执行“模糊”→“动感模糊”命令,在弹出的对话框中,调整“角度”(模糊方向)和“距离”(模糊程度)单击“确定”按钮,就可以得到一幅整个画面有动感的照片。但实际运用中往往不需要全画面模糊,可用套索等工具将需要模糊的范围选择好,然后执行动感模糊命令。或者按前面的方法再建一个图层,在背景层执行动感模糊。

思考与练习

尝试改变动感模糊滤镜的“角度”和“距离”的参数,看看会有什么效果?

任务三　毛绒字

任务描述

本任务要利用图层样式及画笔制作逼真的毛线字效果图。纹理部分直接使用相关的图案素材;描边部分需要自己设置相应的画笔,然后用描边路径做出绒毛效果。

任务分析

毛线字效果制作,重点是文字纹理及边缘部分的制作。如图 9－19 所示。

图 9－19　毛线字效果图

方法与步骤

1. 启动 Photoshop CS5,打开素材"木板背景"。如图 9－20 所示。

2. 使用横排文字工具,输入文字"圣诞快乐",选择较粗的字体,颜色为#a6a6a6,效果如图 9－21 所示。

图 9－20　打开素材"木板背景"

图 9－21　添加文字

3. 预设图案。打开“圣诞背景纹理”，执行“编辑”→“定义图案”，方法如图 9－22 所示。

图 9－22　预设图案

4. 回到“木板背景”原文件，给字体图层添加图层样式，在“图层样式”对话框中选择“图案叠加”复选框，其他具体参数如图 9－23 所示，效果如图 9－24 所示。

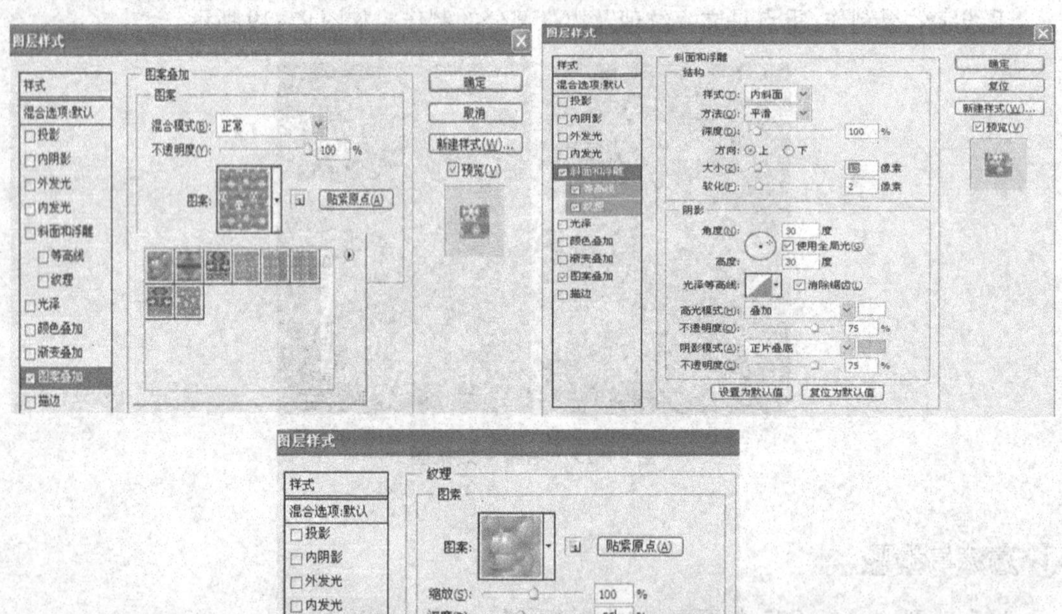

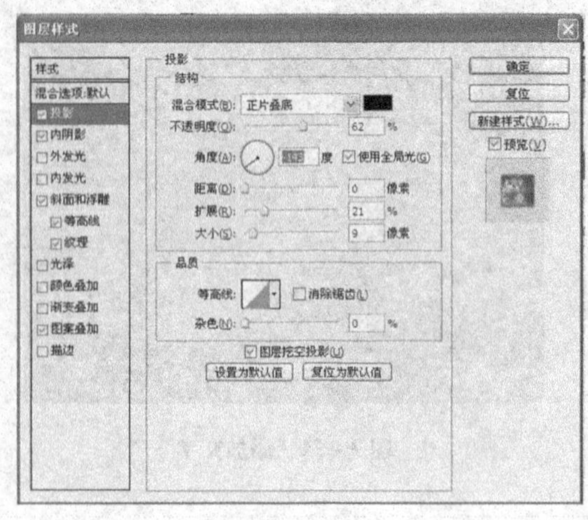

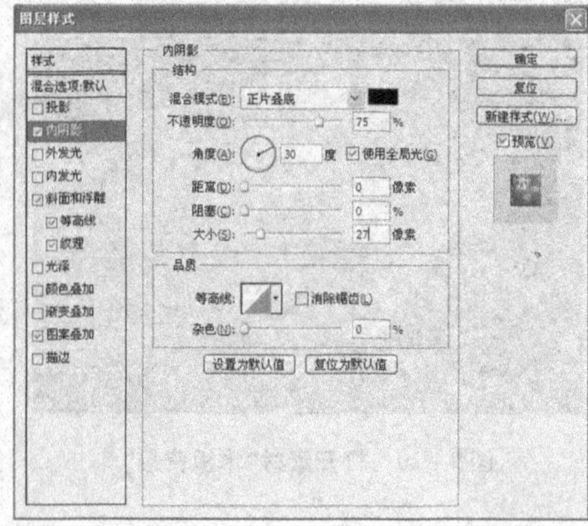

图 9－23　添加图层样式

图 9－24　图层样式效果

5. 选择画笔工具，执行“窗口”→“画笔”命令，打开“画笔”面板，设置画笔工具。如图9－25所示。

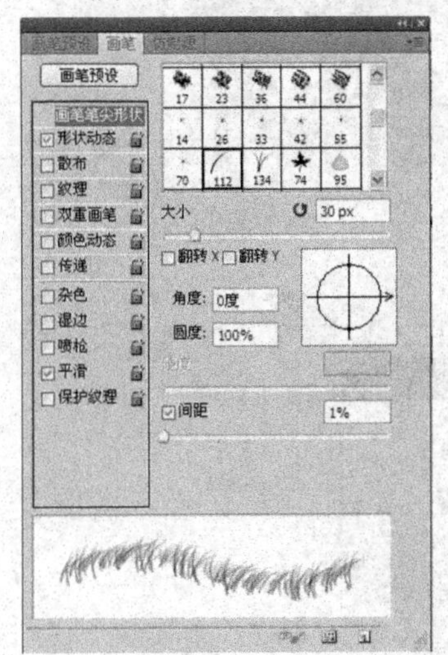

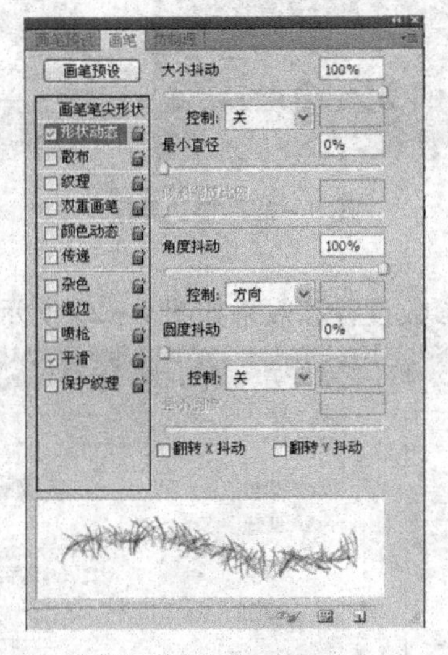

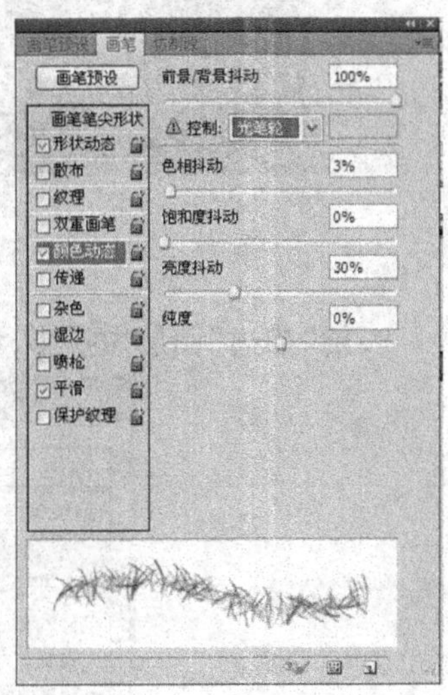

图 9－25　设置画笔

6. 右击字体图层执行“创建工作路径”命令，得到字体的路径。并在字体下面新建图层，并命名为“描边”，效果如图 9－26 所示。

图 9－26　文字路径描边

7. 为文字描边路径添加预设画笔。设置前景色为#f1f1f1，背景色为#a6a6a6，选择钢笔工具，右击字体，执行“描边路径”命令，添加预设画笔，效果如图 9－27 所示。

图 9-27　描边路径

8. 不停地重复执行“描边路径”命令 10 次，一直到如图 9-28 所示效果，右击字体，执行“删除路径”命令。将字体图层全部放在一个组 1 内，方便后面的操作，效果如图 9-28 所示。

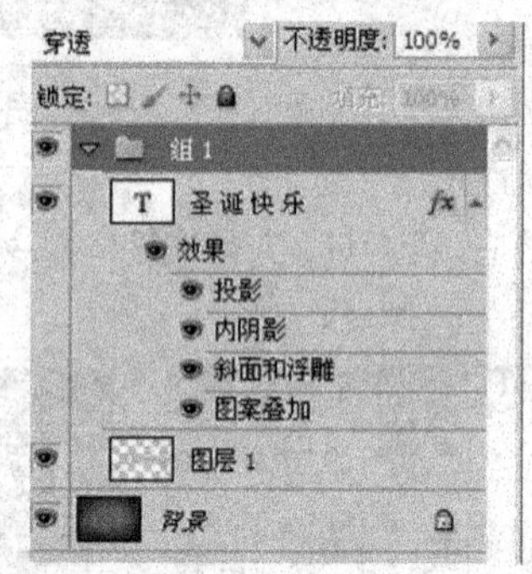

图 9-28　描边路径

9. 给“描边”图层做投影，参数设置和效果如图 9-29 所示。

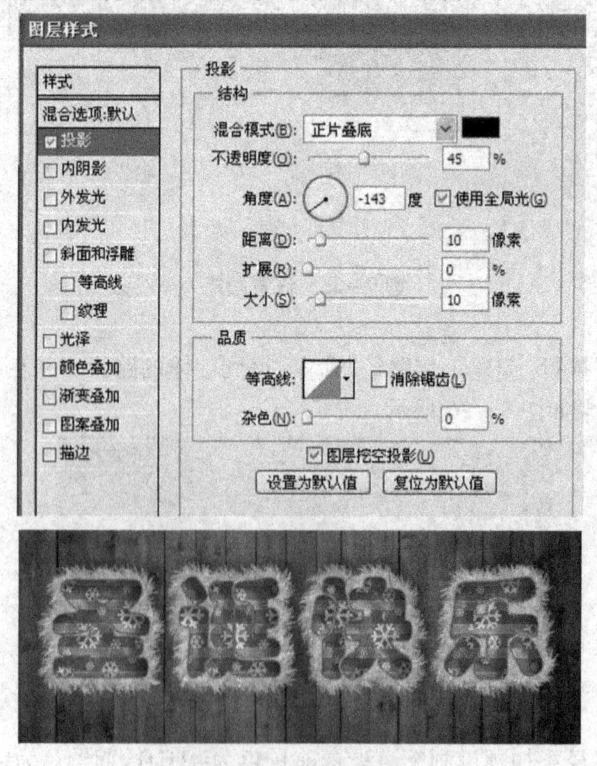

图 9-29　投影效果

10. 新建图层命名“形状”，用矩形工具画出如下矩形路径，并给该形状图层添加“图案叠加”和“投影”图层样式，设置如图 9－30、9－31、9－32 所示。

图 9－30　添加矩形形状

图 9－31　图层样式效果

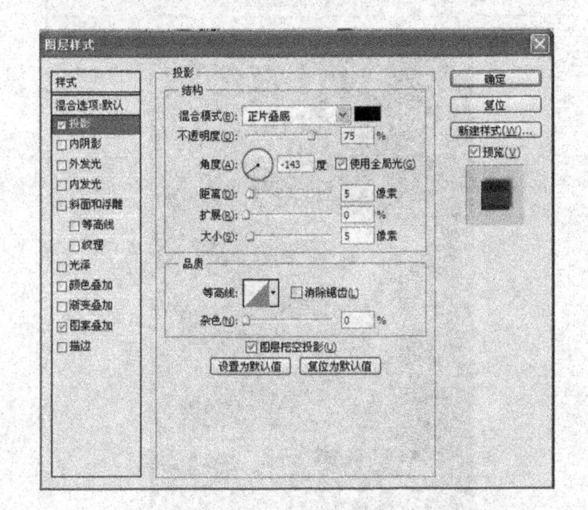

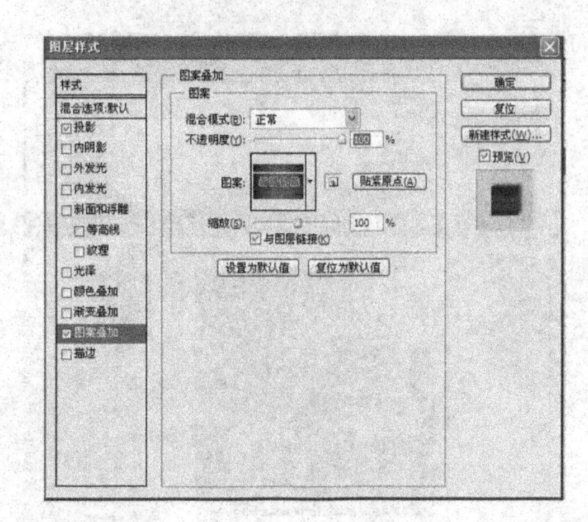

图 9－32　图层样式设置

11. 制作挂绳。选择椭圆工具，并填充白色，执行“选择”→“修改”→“收缩”命令，收缩量设置为 3 个像素，然后按【Delete】键，挖空中间选取，效果如图 9－33 所示。

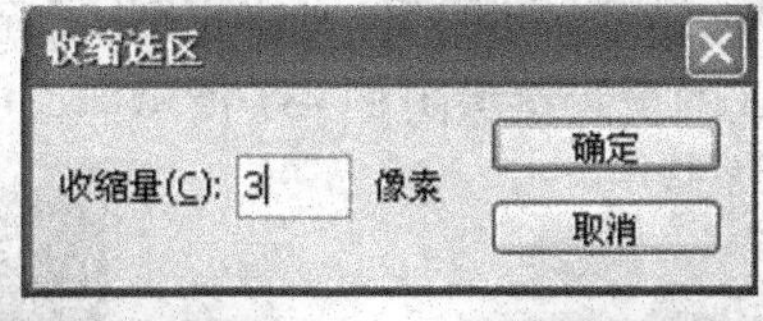

图 9－33　制作挂绳

12. 给挂绳添加图层样式,具体参数如图 9－34 所示。

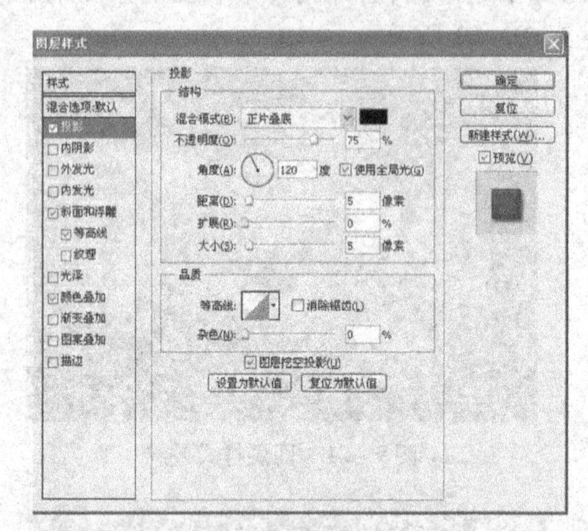

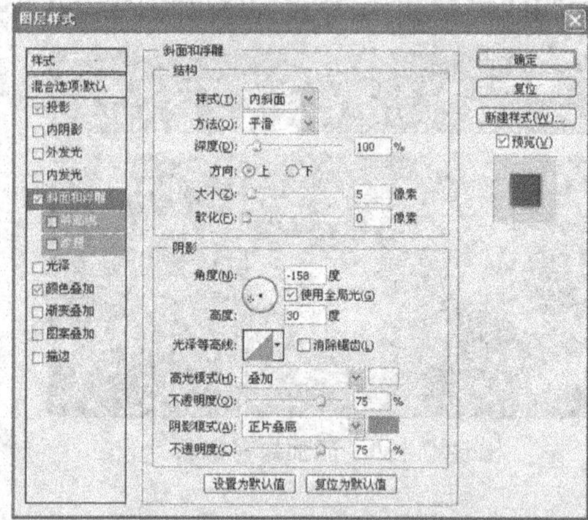

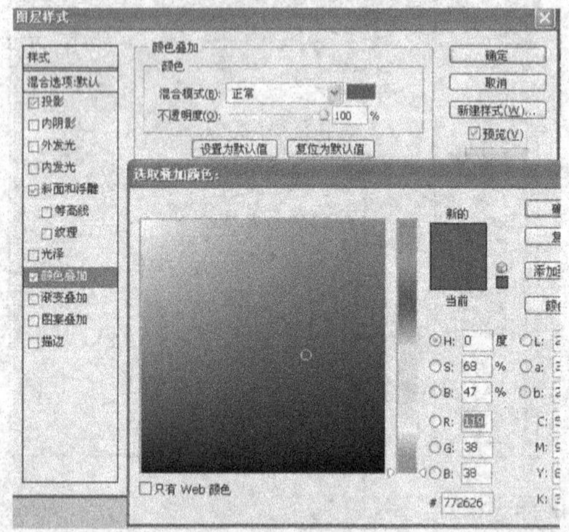

图 9－34　给挂绳添加图层样式

13. 制作钉子。用椭圆工具,结合【Shift】键,画出正圆,填充白色,并设置图层样式,如图 9－35、图 9－36 所示,图层样式的设置参考图 9－37 所示。

图 9－35　椭圆工具画正圆

图 9－36　图层样式效果

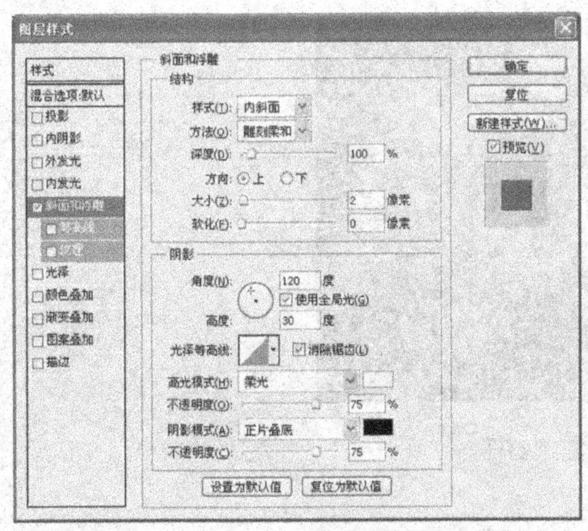

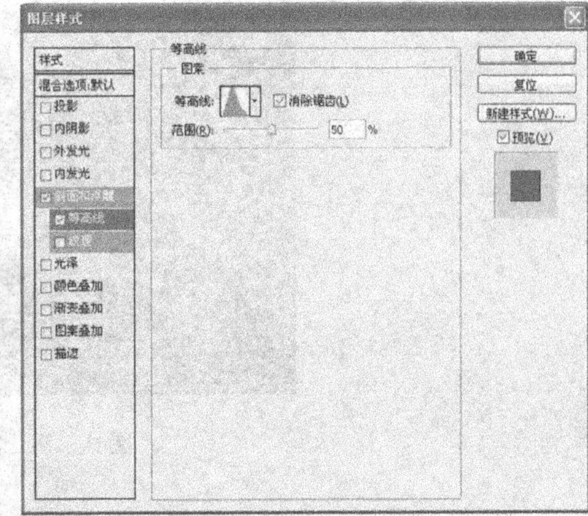

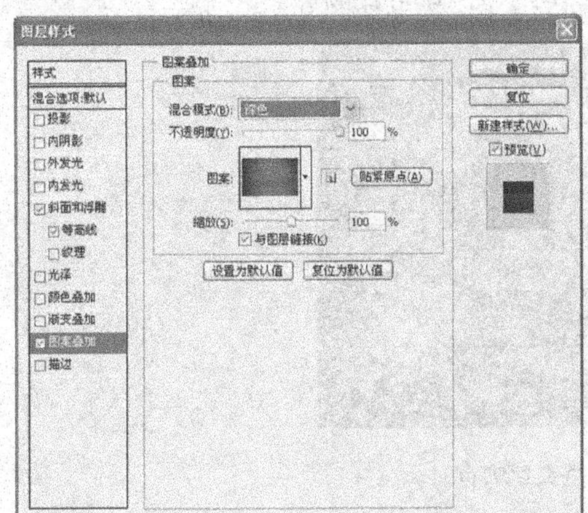

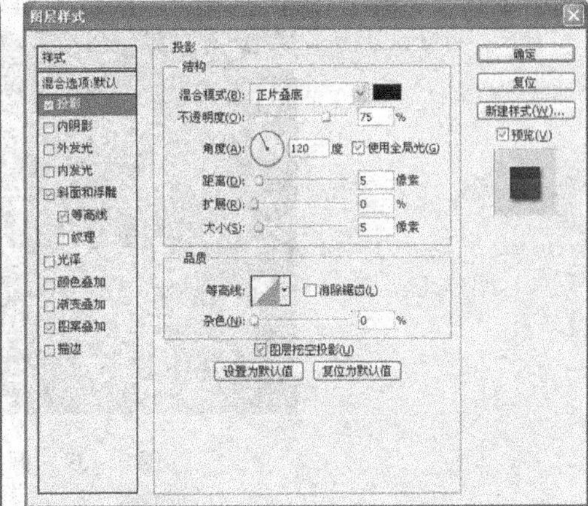

图 9－37　图层样式设置

14. 复制多个钉子。合并挂绳和钉子图层，并复制多个，调整位置和图层，效果如图 9－38所示。

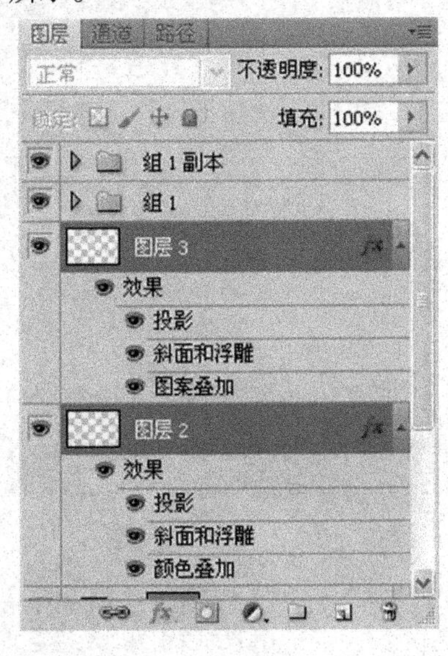

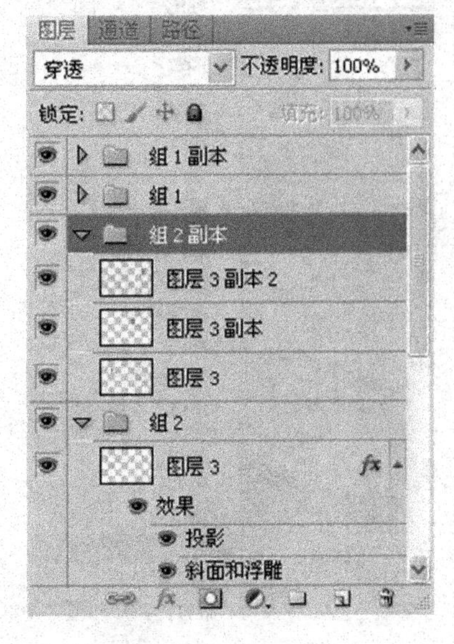

图 9－38　复制钉子

15. 选中文字图层，按住【Ctrl＋T】键，调整文字方向，效果如图 9－39 所示。

图 9－39　调整文字方向

16. 在所有图层最上面新建图层，单击“创建新的图层或调整图层”按钮，执行“渐变映射”命令，选择图层模式“柔光”，不透明度 10%，这样就完成了可爱的毛线字体设计，最终效果如图 9－40 所示。

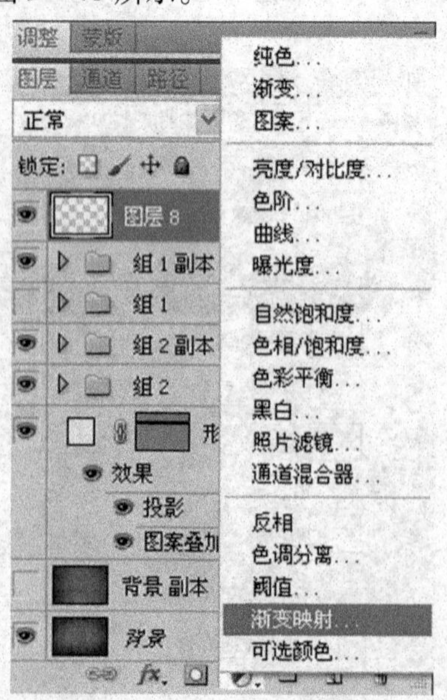

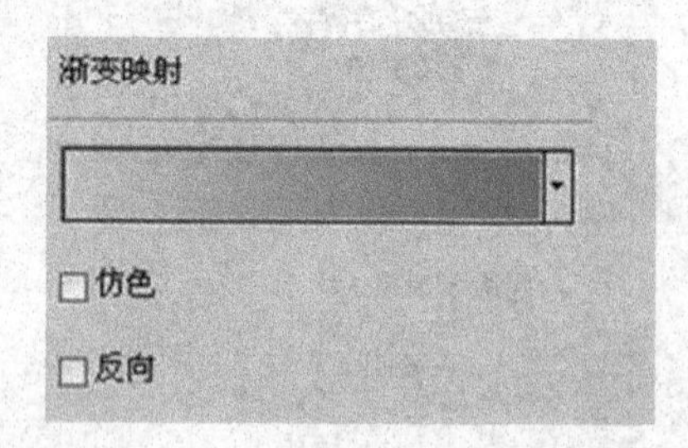

图 9－40　最终效果

相关知识与技能

画笔调板设定:按快捷键【F5】即可调出画笔调板进行详细的设定,例如“画笔笔尖形状”,除了设置画笔大小和边缘羽化程度之外,要注意画笔“间距”的作用效果,“间距”实际就是每两个图形的圆心距离,间距越大圆点之间的距离也越大。使用较大的笔刷的时候要适当降低间距。“角度”就是所选画笔的倾斜角,当圆度为 100% 时角度就没意义了,因为正圆无论怎么倾斜也还是一个样子。圆度是一个个百分比,代表椭圆长短直径的比例。100% 时是正圆,0% 时椭圆外形最扁平。

拓展与提高

创建新预设画笔(自定义新画笔):从面板菜单中选取“新建画笔预设”,输入预设画笔的名称,然后单击“确定”按钮。注:新的预设画笔存储在一个首选项文件中。如果此文件被删除或损坏,或者将画笔复位到默认库,则新的预设将丢失。要永久存储新的预设画笔,请将它们存储在库中。

思考与练习

调出画笔调板进行详细的设定,看看会有什么效果?

任务四　涂鸦字

任务描述

本任务要利用图层样式及形状制作涂鸦中带有冲击效果的立体字。先是制作绚丽的背景,然后添加文字并设置其图层样式,最后添加猫脚印的形状。

任务分析

涂鸦字效果制作,重点是文字纹理及边缘部分的制作。如图 9－41 所示。

图 9 – 41　涂鸦字效果图

方法与步骤

1. 启动 Photoshop CS5，选择“文件”→“新建”命令，或者按快捷键【Ctrl + N】新建一个大小为 700 像素 ×500 像素的图像，分辨率为 72 像素/英寸，颜色模式为 RGB，背景为白色。如图9 – 42所示。

2. 设置前景色为#6bd425，背景色为#559615。在图层面板新建“图层 1”。选择“渐变工具”，或者按快捷键【G】。使用渐变工具在“图层 1”从上往下填充渐变，效果如图 9 – 43 所示。

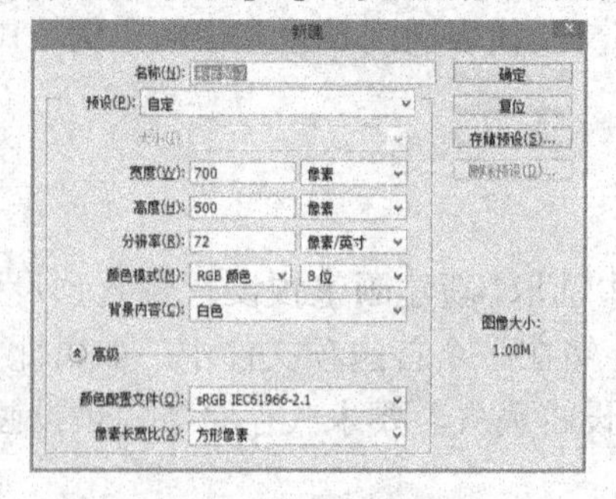

图 9 – 42　新建文件

图 9 – 43　填充背景

3. 新建图层 2，使用钢笔工具做如下图选区，并填充为白色，效果如图 9 – 44 所示。

4. 选择图层 2，按快捷键【Ctrl + J】拷贝出图层 2 的副本，图层分布如图 9 – 45 所示。

图 9 – 44　制作选区

图 9 – 45　复制图层

5. 选择“图层 2 副本”，按【Ctrl + T】键变形，把中心轴点拖动到下方，并旋转到一个合适的角度，按回车键确定，效果如图 9－46 所示。

6. 按快捷键【Ctrl + Alt + Shift + T】，复制出多个图层，效果如图 9－47 所示。

图 9－46　制作背景

图 9－47　制作背景

7. 合并图层，选中这些图层，按【Ctrl + E】键合并为一个图层。并把合并后的图层居中到画布的中间，透明度调为 30%，图层的类型为“叠加”，效果如图 9－48 所示。

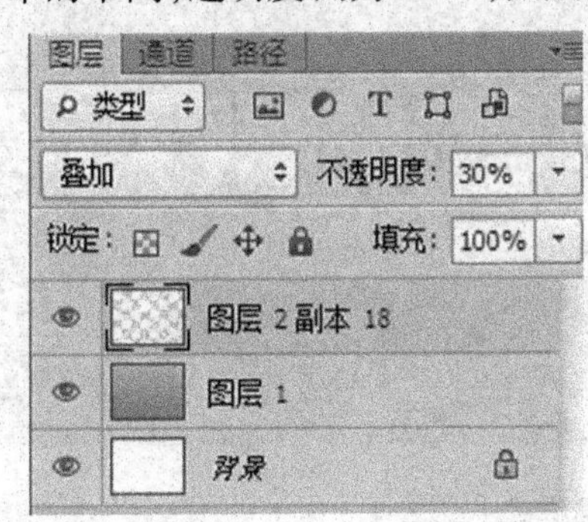

图 9－48　制作背景

8. 选择横排文字工具，输入“E－Commerce”，字体为 Showcard Gothic，文字大小为 100 点。颜色为#00c0ff，效果如图 9－49 所示。

图 9－49　添加文字

9. 添加图层样式。双击文字图层，按以下属性设置图层样式，效果如图 9－50 所示。

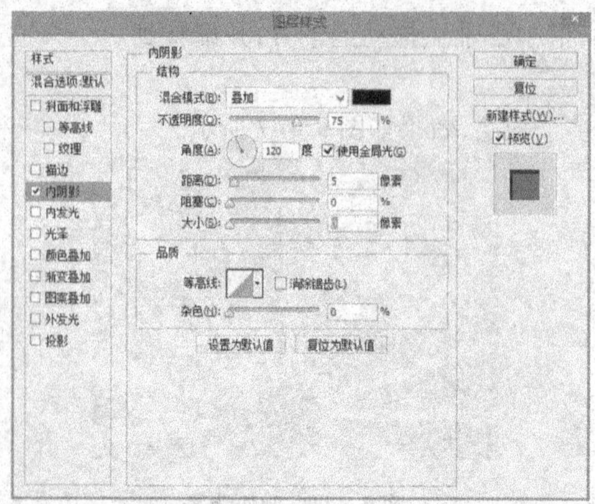

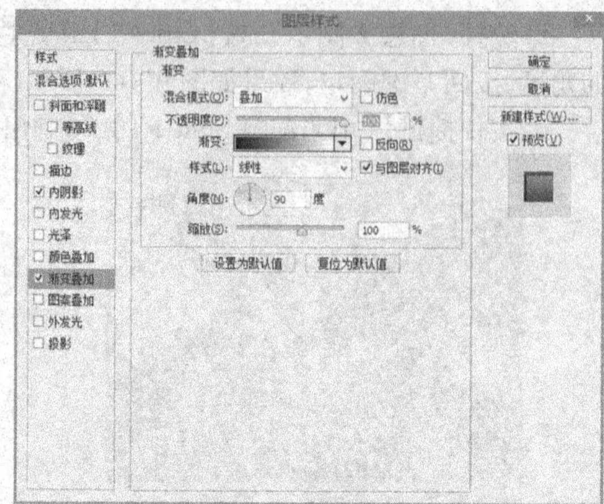

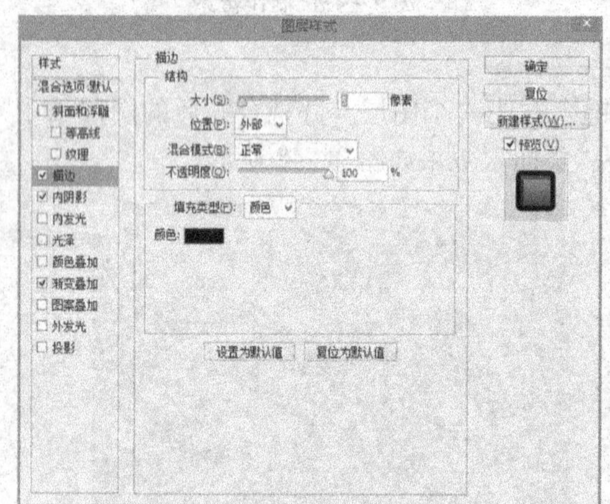

图 9－50　添加文字图层样式

10. 右击该文字图层，选择“转换为智能对象”命令，并双击该图层按以下属性设置图层样式，效果如图 9－51 所示。

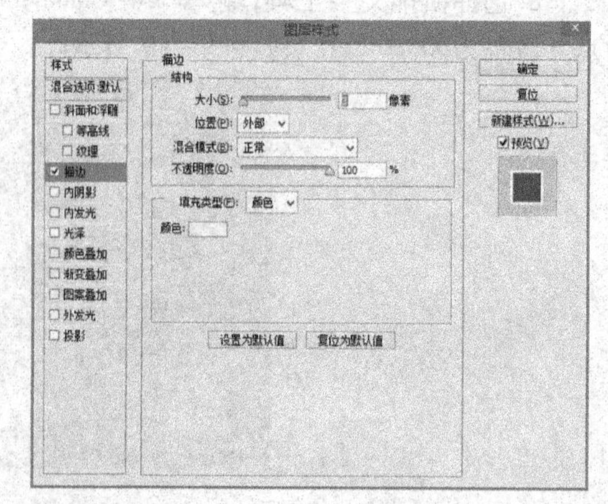

图 9－51 添加文字图层样式

11. 再次将该图层转换为智能对象，双击该图层，按以下属性设置图层样式，效果如图 9－52所示。

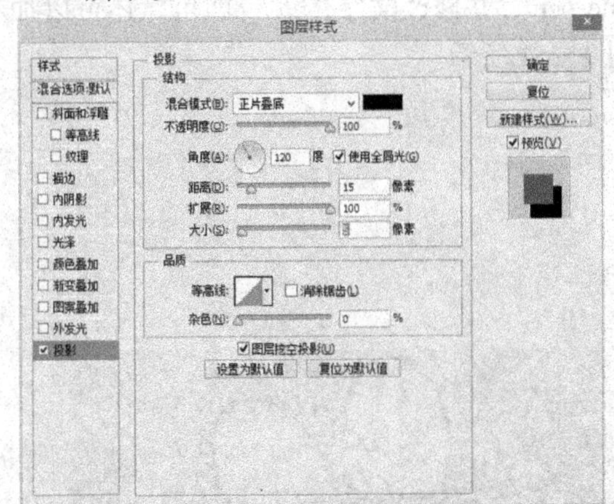

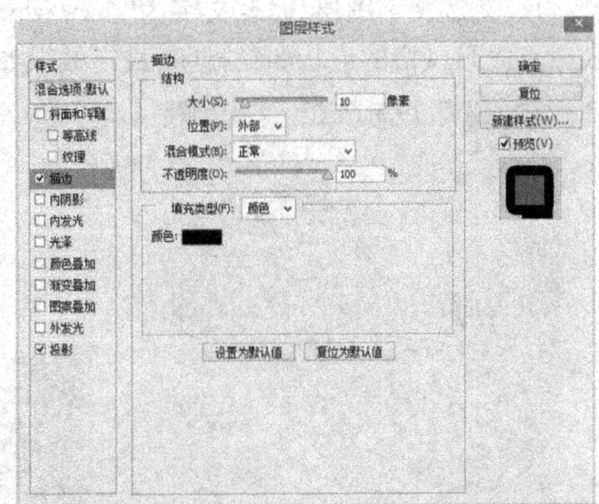

图 9－52 添加文字图层样式

12. 再次将该图层转换为智能对象，设置图层样式，效果如图 9－53 所示。

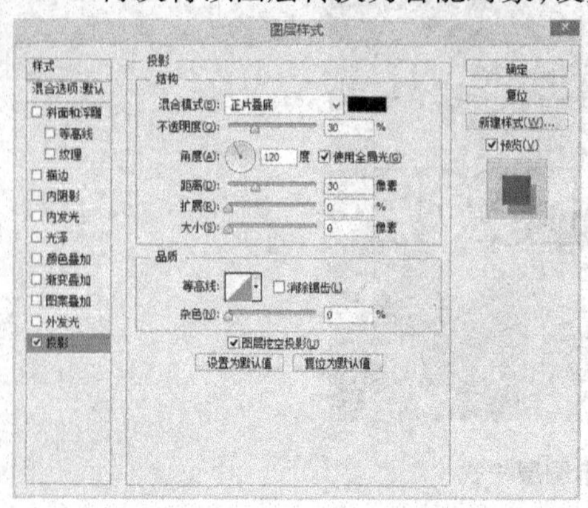

图 9－53　添加文字图层样式

13. 复制文字图层，修改文字为“www. zhyz. net. cn”，并修改文字的颜色即可。还可以加入一点漫画风格的形状如猫脚印，最终效果如图 9－54 所示。

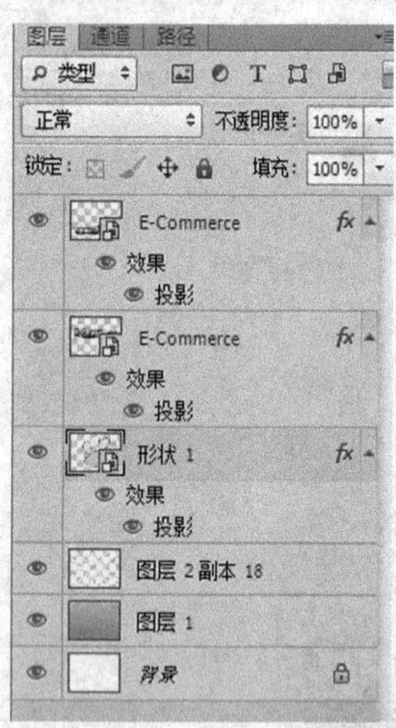

图 9－54　最终效果

相关知识与技能

智能对象是包含栅格化或矢量图像中的图像数据的图层。智能对象将保留图像的源内容及其所有原始特性，从而让用户能够对图层执行非破坏性编辑。可以利用智能对象执行以下操作：对图层进行缩放、旋转、斜切、扭曲、透视变换或使图层变形，而不会丢失原始图像数据或降低品质，因为变换不会影响原始数据。

拓展与提高

智能对象的非破坏性应用滤镜，可以随时编辑应用于智能对象的滤镜。注：当变换已应用于智能滤镜的智能对象时，Photoshop 会在执行变换时关闭滤镜效果。变换完成后，将重新应用滤镜效果。

思考与练习

给转换为智能对象的文字图层添加滤镜效果，看看会有什么效果？

项目实训　文字特效你也行

项目描述

以自己的名字(中英文名字不限)，根据学过的知识，设计一个文字特效。完成后，在下列表格中进行打分。

项目要求

要求能够使用文字工具图层样式、图层面板等工具进行设计，对文字的颜色、形状、版式有自己的个性。最后保存完整的 PSD 源文件和 JPG 文件。

项目提示

先考虑个人名字的文字适合的字体、形状、颜色和主题含义，根据这几点寻找选择或创造合适的素材进行设计。

项目实训评价表

	内　容		评　价		
	学习目标	评价项目	3	2	1
职业能力	能根据要求收集和处理素材	能合理处理素材			
	根据需要设置相应的图层样式效果	能设置图层样式			
		能设置各种样式特效效果			
	色调整体协调统一，主题鲜明，能凸显一定文字设计的艺术性、观赏性	能设置整体色调			
		能设置主题			
	项目制作完整，有主题，名字设计有个性	内容符合主题			
		内容有视觉冲击力			
	整体构图、色彩、创意完整、有自己的风格	内容具有整体感			
		内容具有自己的风格			

续表

	内容		评价		
	学习目标	评价项目	3	2	1
通用能力	交流表达能力	能准确说明设计意图			
	与人合作能力	能具有团队精神			
	设计能力	能具有独特的设计视角			
	色调协调能力	能协调整体色调			
	构图能力	能布局设计完整构图			
	解决问题的能力	能协调解决困难			
	自我提高的能力	能提升自我综合能力			
	革新、创新的能力	能在设计中学会创新思维			
综合评价					

项目十　我也有魔法棒——滤镜

项目描述

本项目是以滤镜效果为主要应用，选择最为经典的滤镜特效应用技巧进行介绍，使学习者多方位了解滤镜各种特效的一般应用和效果。

能力目标

通过本项目的学习，可以掌握几种工具在 Photoshop 中的综合应用：①在制作过程中应用到 Photoshop CS5 中的移动工具、选区工具、钢笔工具、涂抹工具；②变形、蒙版、收缩、羽化。③各种滤镜特效和图层样式的运用。

任务一　打造电击天猫

任务描述

本任务中我们要应用添加杂色、高斯模糊、径向模糊这三种滤镜打造毛骨悚然的电击天猫效果。先使用钢笔工具和选区工具制作天猫的外形，然后使用添加杂色、高斯模糊、径向模糊这三种滤镜打造天猫的粗糙而具扩张性的皮毛。

任务分析

电击天猫的滤镜特效效果如图 10－1 所示，重点在于滤镜效果添加，及用涂抹工具制作汗毛。

图 10－1　电击天猫的滤镜特效效果

方法与步骤

1. 启动 Photoshop CS5，选择“文件”→“新建”命令，或者按快捷键【Ctrl + N】新建一个大小为 800 像素 ×800 像素的图像，分辨率为 72 像素/英寸，颜色模式为 RGB，背景为白色，效果如图 10 – 2 所示。

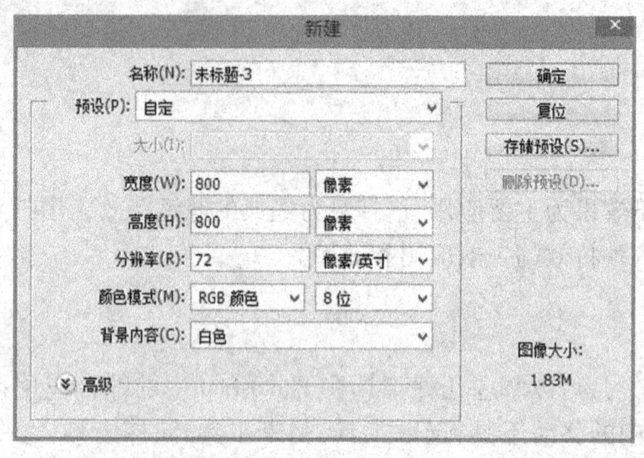

图 10 – 2　新建文件

2. 新建图层 1，使用钢笔工具勾勒出天猫的路径，按回车键变换为路径（也可以运用形状工具来制作），效果如图 10 – 3 所示。

3. 设置前景色为黑色，选中图层 1，按【Alt + Delete】键填充前景色，效果如图 10 – 4 所示。

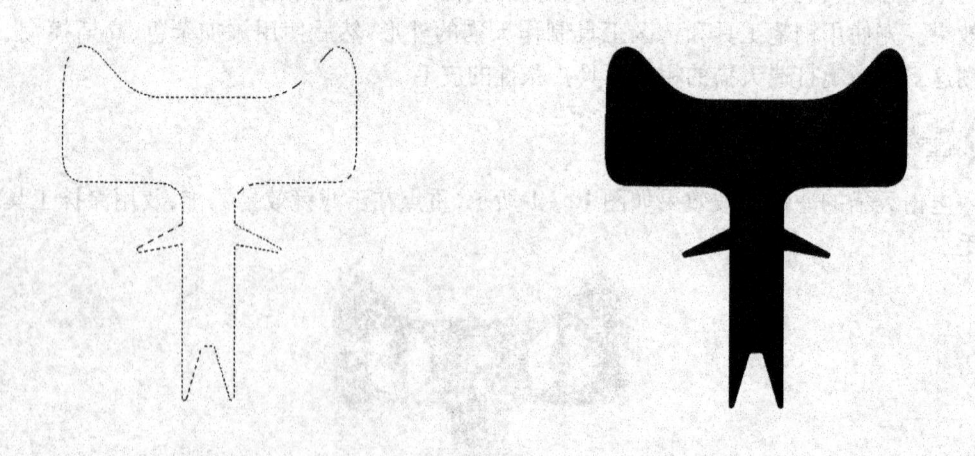

图 10 – 3　绘制天猫　　　　**图 10 – 4　绘制天猫**

4. 添加三种滤镜：“滤镜”→“杂色”→“添加杂色”；“滤镜”→“模糊”→“高斯模糊”；“滤镜”→“模糊”→“径向模糊”，效果如图 10 – 5 所示。

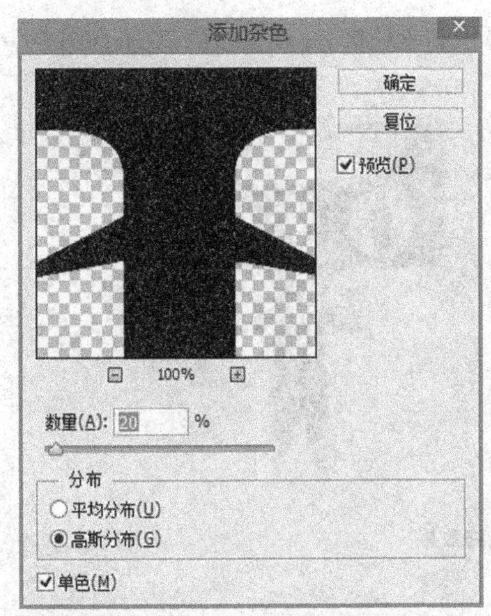

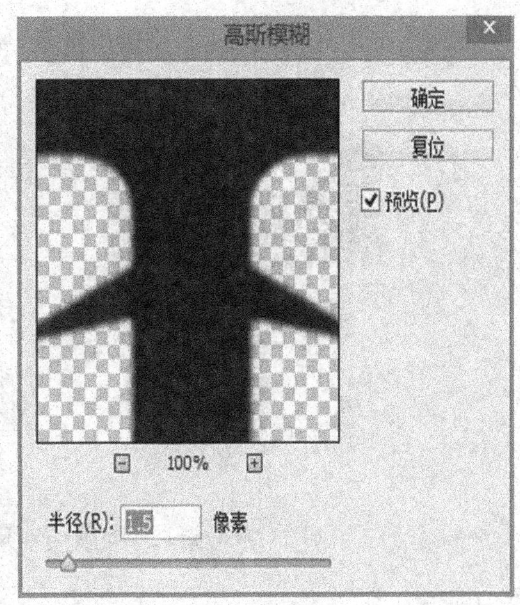

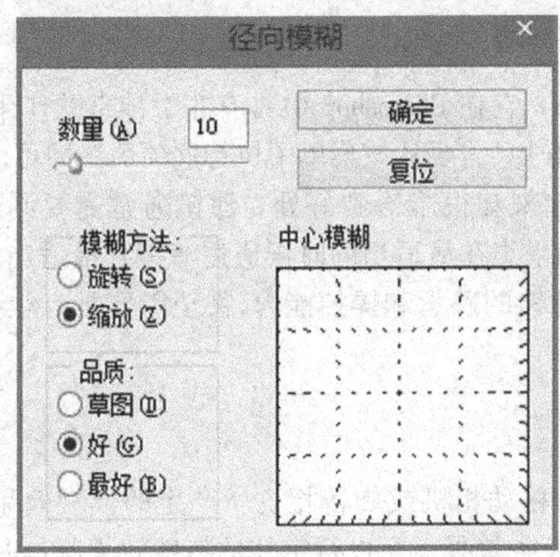

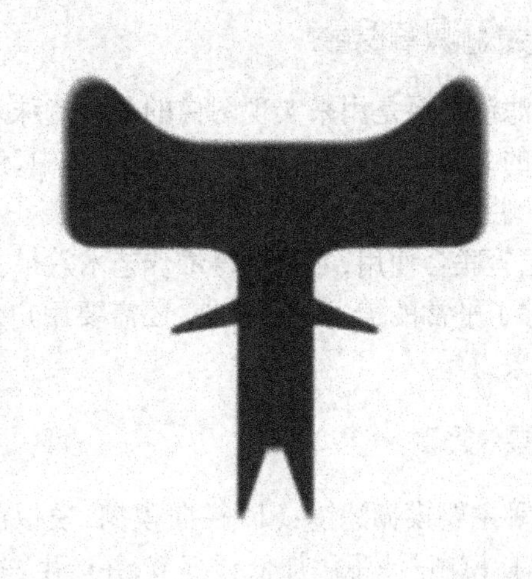

图 10－5　添加滤镜效果

5. 选择涂抹工具把边缘的毛发涂抹出来,效果如图 10－6 所示。

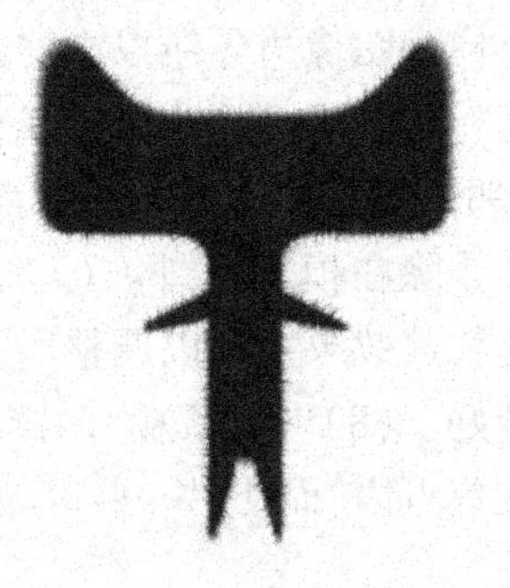

图 10－6　制作边缘毛发

6. 利用选框工具或钢笔工具绘制出眼睛、鼻子和嘴轮廓，并填充白色，效果如图 10－7 所示。

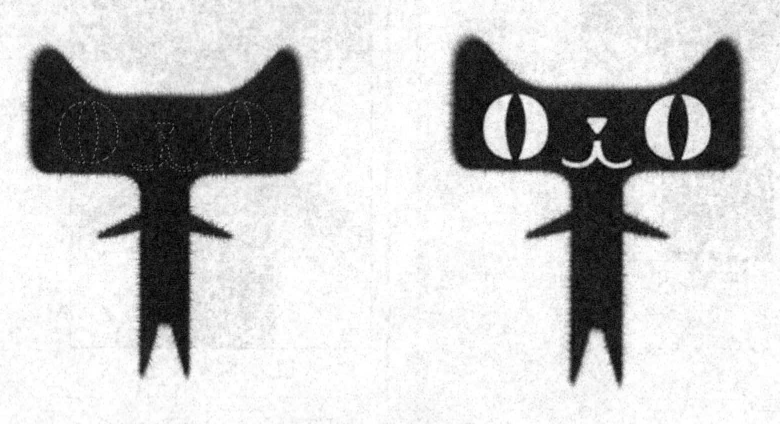

图 10－7　最终效果

相关知识与技能

1. 滤镜主要是用来实现图像的各种特殊效果。它在 Photoshop 中具有非常神奇的作用。所以有的 Photoshop 都按分类放置在菜单中，使用时只需要从该菜单中执行这项命令即可。

2. 滤镜的操作是非常简单的，但是真正用起来却很难恰到好处。滤镜通常需要同通道、图层等联合使用，才能取得最佳艺术效果。如果想在最适当的时候应用滤镜到最适当的位置，除了平常的美术功底之外，还需要用户对滤镜的熟悉和操控能力，甚至需要具有很丰富的想象力。

拓展与提高

八种主要模糊滤镜：(1) 径向模糊，模拟前后移动相机或旋转相机所产生的模糊效果。(2)“高斯模糊”滤镜添加低频细节，并产生一种朦胧效果。在进行字体的特殊效果制作时，在通道内经常应用此滤镜的效果。(3)“进一步模糊”滤镜生成的效果比“模糊”滤镜强三到四倍。(4) 动感模糊滤镜可以产生动态模糊的效果，此滤镜的效果类似于以固定的曝光时间给一个移动的对象拍照。(5) 特殊模糊滤镜可以产生一种清晰边界的模糊。该滤镜能够找到图像边缘并只模糊图像边界线以内的区域。(6) 表面模糊，在保留边缘的同时模糊图像。此滤镜用于创建特殊效果并消除杂色或粒度。“半径”选项指定模糊取样区域的大小。“阈值”选项控制相邻像素色调值与中心像素值相差多大时才能成为模糊的一部分，色调值差小于阈值的像素被排除在模糊之外。(7) 方框模糊基于相邻像素的平均颜色值来模糊图像。此滤镜用于创建特殊效果。可以调整用于计算给定像素的平均值的区域大小；半径越大，产生的模糊效果越好。(8) 镜头模糊，向图像中添加模糊以产生更窄的景深效果，以便使图像中的一些对象在焦点内，而使另一些区域变模糊。

思考与练习

1. 给天猫添加其他几种模糊滤镜，看看会有什么效果？

任务二　绚丽的帷幕

任务描述

本任务中要应用光照效果、动感模糊、纤维这三种滤镜打造绚丽的舞台帷幕效果。先用动感模糊、纤维滤镜制作垂直厚重的质感帷幕，再“变形”制作弯曲帷幕，最后使用光照效果滤镜，为舞台帷幕打上舞台光照。

任务分析

舞台帷幕的滤镜特效效果如图 10－8 所示，重点在于光照效果、动感模糊、纤维滤镜效果应用。

图 10－8　绚丽帷幕的滤镜特效效果

方法与步骤

1. 启动 Photoshop CS5，选择“文件”→“新建”命令，或者按快捷键【Ctrl＋N】新建一个大小为 674 像素 ×485 像素的图像，分辨率为 72 像素/英寸，颜色模式为 RGB，填充背景颜色为蓝色，参数如图 10－9 所示。

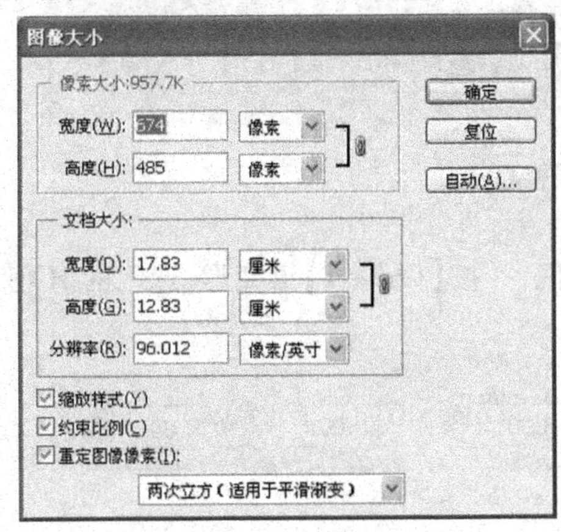

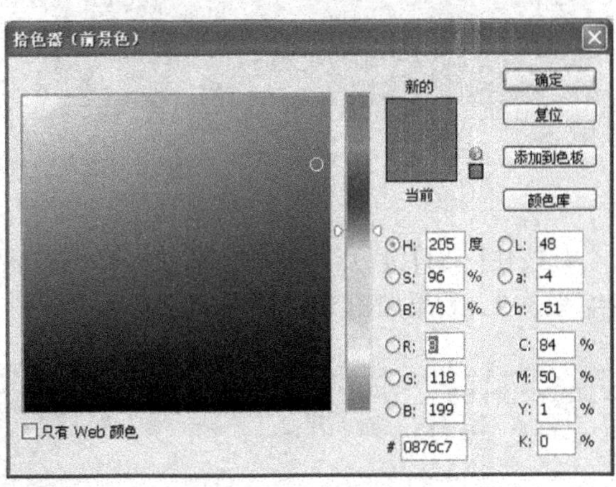

图 10－9　新建文件

2. 为背景图层添加纤维滤镜和动感模糊滤镜效果，选择“滤镜”→“渲染”→“纤维”命令添加纤维滤镜，选择“滤镜”→“模糊”→“动感模糊”命令添加动感模糊，参数如图 10－10、10－11所示。

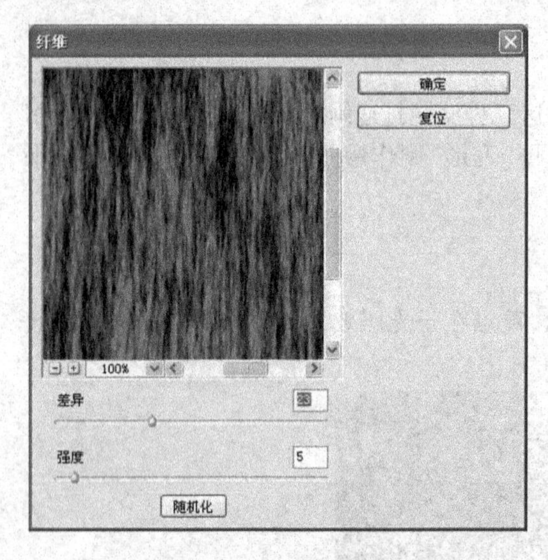

图 10－10　纤维滤镜

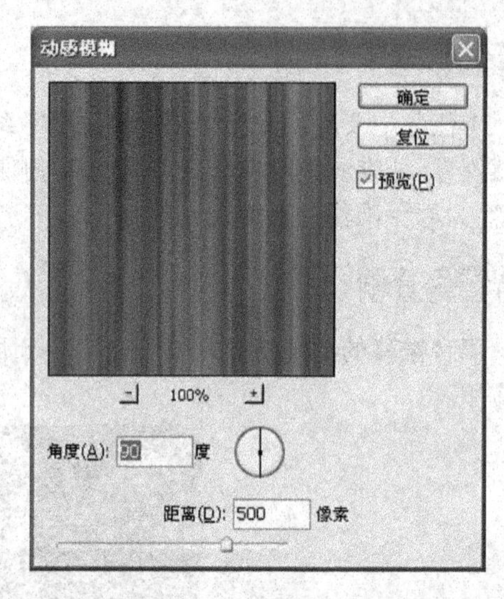

图 10－11　动感模糊滤镜

3. 使用矩形选框工具截取一部分添加滤镜效果之后的图层，按【Ctrl＋J】键复制得到新图层，效果如图 10－12 所示。

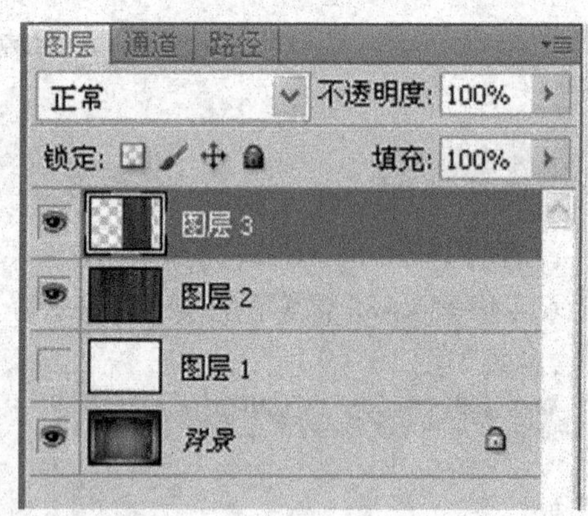

图 10－12　制作弧线帷幕

4. 按住【Ctrl】键，点击截取的图层缩略图载入选区，并按【Ctrl＋T】键变形，选区的 H 值收缩为 30%，效果如图 10－13 所示。

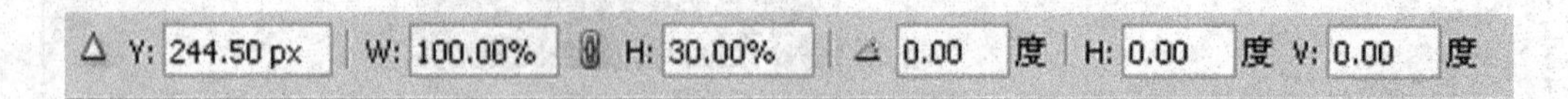

图 10－13 制作弧线帷幕

5. 按住组合键【Ctrl + D】取消选区，按【Ctrl + T】变形快捷键，单击鼠标右键，选择“变形”命令进行适当变形弯曲，效果如图 10－14 所示。

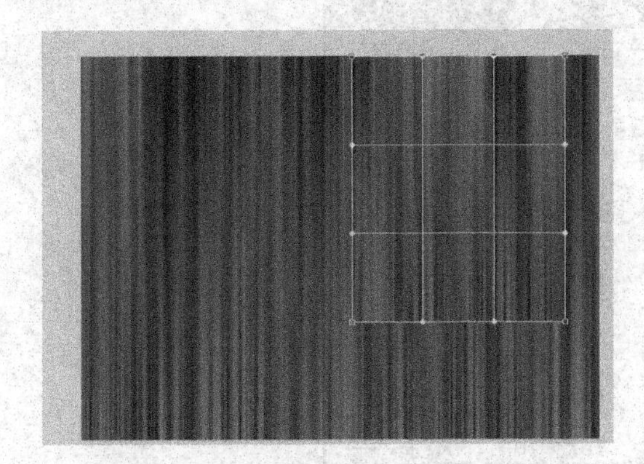

图 10－14 制作弧线帷幕

6. 添加弧线帷幕图层并添加图层样式，效果如图 10－15 所示。

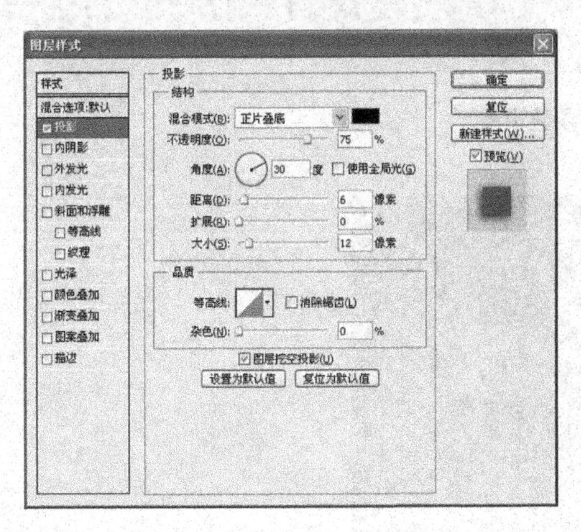

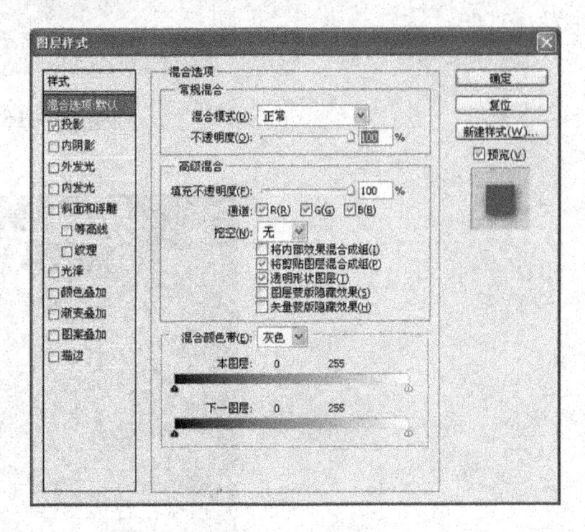

图 10－15　制作弧线帷幕

7. 添加背景帷幕的光照效果，执行“滤镜”→“渲染”→“光照效果”命令，参数设置如图 10－16，效果如图 10－17 所示。

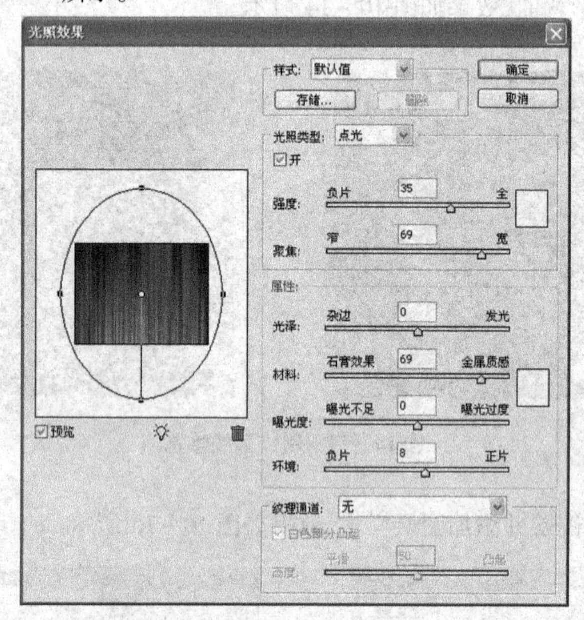

图 10－16　参数设置

图 10－17　光照滤镜效果

8. 复制曲线帷幕图层，将复制图层的帷幕向下移动，效果如图 10－18 所示。

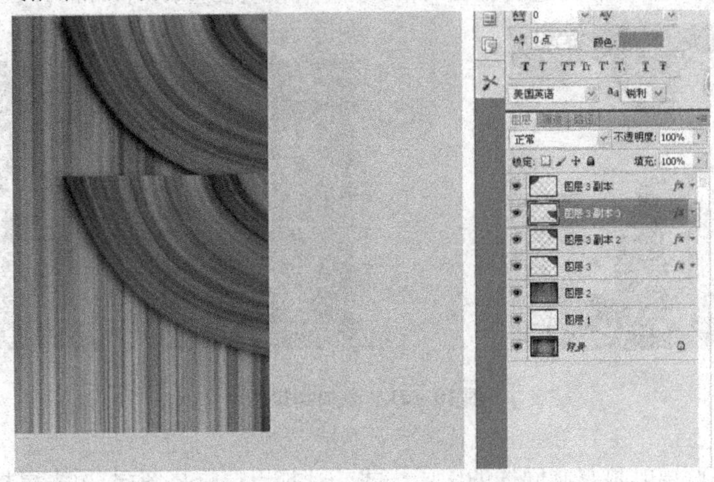

图 10－18　复制曲线帷幕图层

9. 按住【Ctrl＋T】键进行适当旋转和变形，效果如图 10－19 所示。

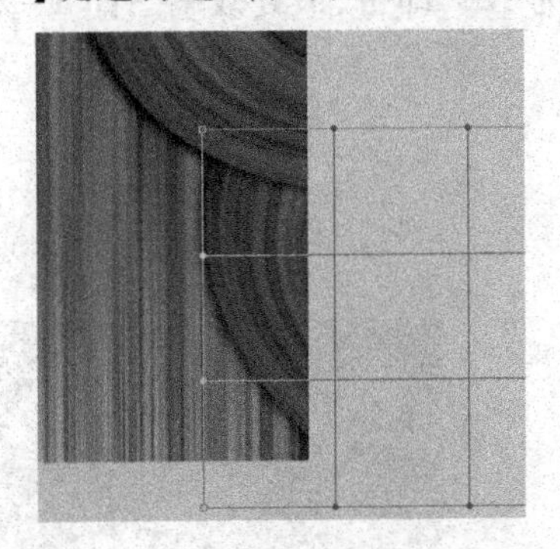

图 10－19　变形曲线帷幕

10. 同样的方法制作帷幕最下面一层，效果图如 10－20 所示。

图 10－20　曲线帷幕

11. 打开素材“蝴蝶结”并进行抠图，然后放置到相应位置，效果如图 10－21 所示。

图 10－21 添加蝴蝶结

12. 为中、下两层帷幕复制同样的图层样式。选择上层帷幕图层，单击鼠标右键选择“复制图层样式”命令，然后为中、下两层帷幕粘贴同样的图层样式，效果如图 10－22 所示。

13. 选中上、中、下 3 层曲线帷幕图层和蝴蝶结图层并进行复制至左边，注意修改左边帷幕图层样式中的阴影效果的角度由 30°改为 120°即可，最终效果图如 3－23 所示。

图 10－22 复制图层样式

图 10－23 最终效果

相关知识与技能

光照效果滤镜是一个比较复杂的滤镜，但是用这个滤镜却可以创造出许多奇妙的灯光纹理效果。使用户可以通过改变 17 种光照样式、3 种光照类型和 4 套光照属性，在 RGB 图像上产生无数种光照效果。还可以使用灰度文件的纹理（称为凹凸图）产生类似 3D 的效果，并存储用户自己的样式方便以后在其他图像中使用。

拓展与提高

光照效果滤镜的相关属性设置：

(1)光照类型:选择一种光源类型。其中点光投射长椭圆形的光;全光源向所有方向投射光线,就像光源在图像上方一样;平行光沿某一直线方向投射光线。

(2)颜色方块:表示光源的颜色。

(3)聚焦:该项只有选择“点光”时才有效,用它来控制椭圆内光线的范围。

(4)光泽:确定图像的反光程度,可以从粗糙变化到光滑。

(5)曝光度: 可以使照射光线变亮或者变暗。

(6)环境:控制光线与图像中的环境光混合的效果。底片表示照射光线的效果较强;正片表示环境光线的作用较强。

(7)材质:控制光线照射到图像上以后图像反射光线的性质。石膏效果照射光线的颜色;金属质感反射图像原有的颜色。

思考与练习

尝试更改光照效果滤镜属性中“颜色方块”的色彩,给蓝色帷幕添加红、绿、蓝光照,并设置不同的光照类型,看看会有什么效果?

任务三　打造梦幻的星球

任务描述

本任务中应用球面化、旋转扭曲这两种滤镜打造梦幻的星球效果。先用球面化滤镜制作星球的基本球体,再用旋转扭曲滤镜制作球面,最后使用图层蒙版,使球体和球面过渡自然。

任务分析

梦幻星球的滤镜特效效果如图 10 – 24 所示,重点是球面化、旋转扭曲滤镜效果应用。

图 10 – 24　梦幻星球的滤镜特效效果

方法与步骤

1. 启动 Photoshop CS5,按【Ctrl + O】键打开星球背景图,效果如图 10 – 25 所示。

图 10－25　打开背景

2. 选择矩形选框工具，在背景图层选中一块较为适合制作星球表面外观的背景。

图 10－26　选择星球背景

3. 使用快捷键【Ctrl＋J】复制选区，得到一个新的图层并命名为“球体”，按【Ctrl＋D】键取消选区，效果如图 10－27 所示。

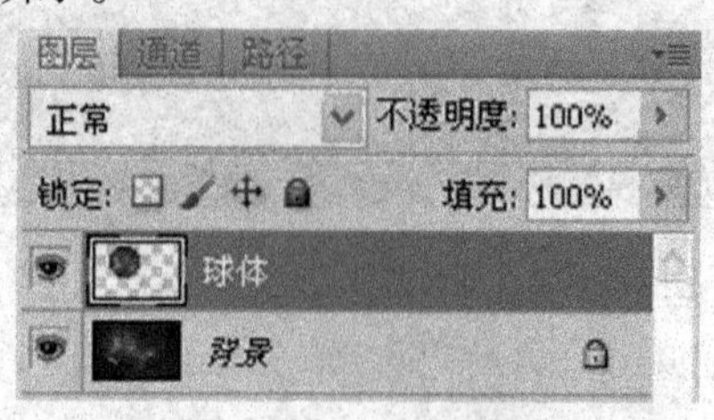

图 10－27　复制图层

4. 调出选区。按住【Ctrl】键的同时单击“球体”图层缩略图调出选区，效果如图 10－28 所示。

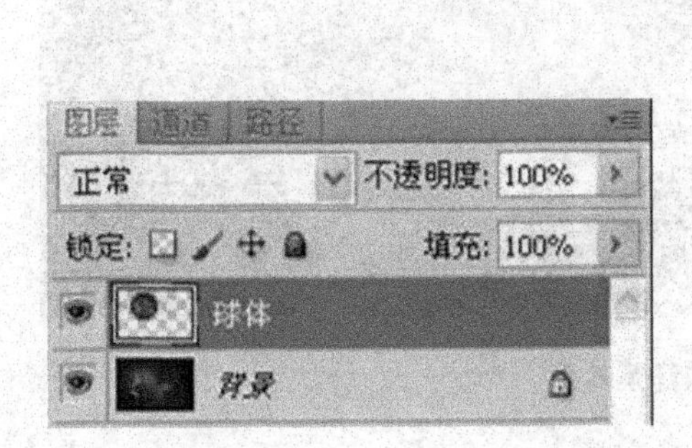

图 10－28　调出选区

5. 执行“滤镜”→“扭曲”→“球面化”命令，使“球体”有立体感，效果如图 10－29 所示。

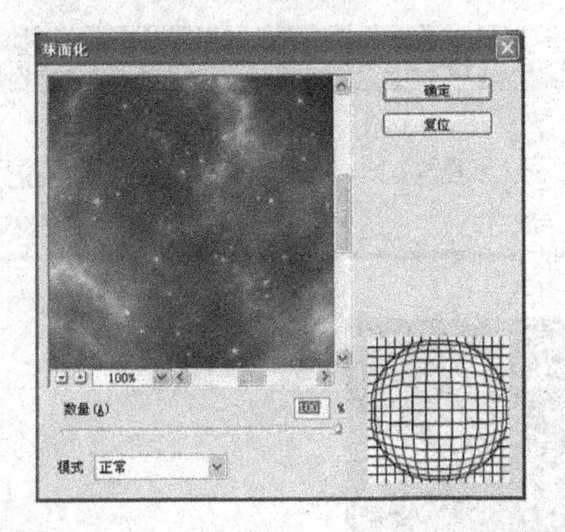

图 10－29　制作立体星球

6. 按【Ctrl＋J】键复制“球体”图层，并命名为“边缘”，按【Ctrl】键的同时单击“边缘”图层缩略图调出选区，效果如图 10－30 所示。

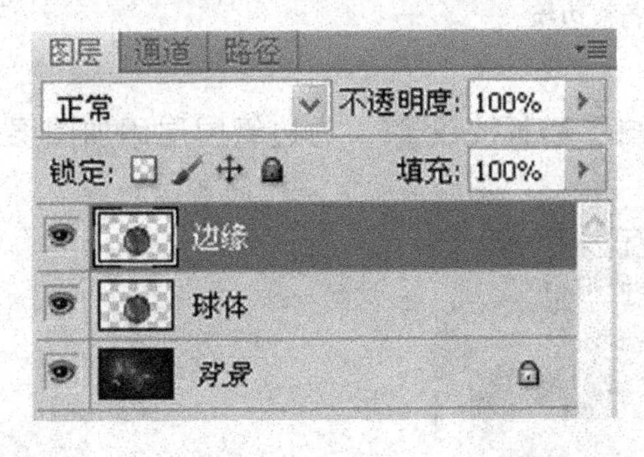

图 10－30　制作星球边缘

7. 为星球的“边缘”图层添加滤镜效果，执行“滤镜”→“扭曲”→“旋转扭曲”命令，参数和效果如图 10－31 所示。

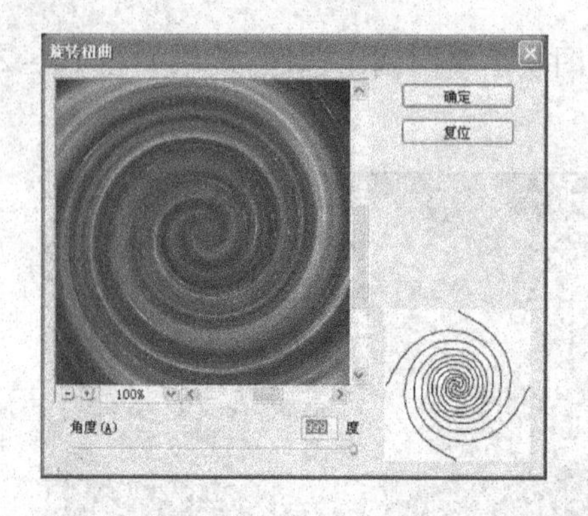

图 10-31　添加滤镜效果

8. 调整选区。执行"选择"→"修改"→"收缩"命令,收缩 7 个像素,然后执行"选择"→"修改"→"羽化"命令,羽化半径设置为 8,或使用快捷键【Shift + F6】进行羽化设置,效果如图 10-32 所示。

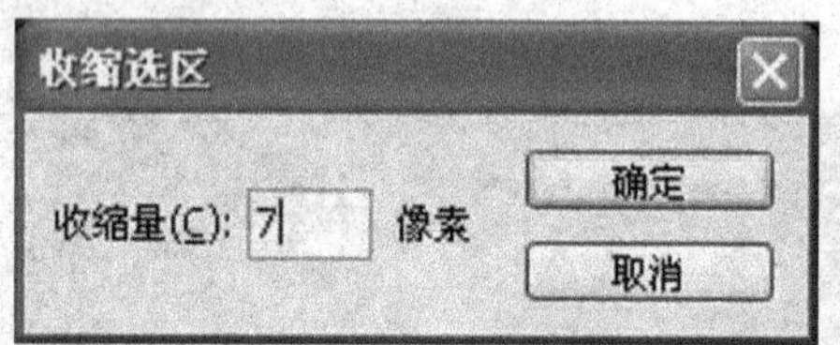

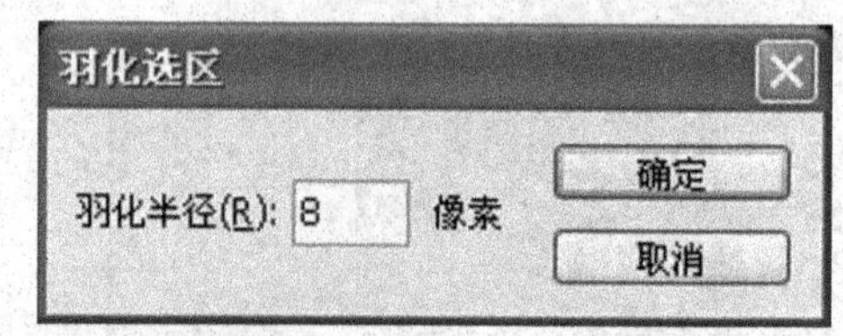

图 10-32　调整边缘

9. 为"边缘"图层添加图层蒙版,单击添加图层蒙版按钮 ,为边缘图层添加图层蒙版,图层效果如图 10-33 所示。

图 10-33　添加图层蒙版

10. 单击“边缘”图层的图层蒙版，按【Ctrl + I】键反向，使星球边缘过渡自然，最终效果如图 10 - 34 所示。

图 10 - 34　最终效果

相关知识与技能

1. 球面化滤镜，可以使选区中心的图像产生凸出或凹陷的球体效果，类似挤压滤镜的效果。其调节参数：

(1) 数量：控制图像变形的强度，正值产生凸出效果，负值产生凹陷效果，范围是 -100% 到 100%。

(2) 正常：在水平和垂直方向上共同变形。

(3) 水平优先：只在水平方向上变形。

(4) 垂直优先：只在垂直方向上变形。

2. 旋转扭曲滤镜，能使图像产生旋转扭曲的效果。其调节参数角度：调节旋转的角度，范围是 -999 度到 999 度。

拓展与提高

扭曲滤镜(Distort)是 Photoshop“滤镜”菜单下的一组滤镜，共 12 种，其中包括本任务中球面滤镜和旋转扭曲滤镜。这一系列滤镜都是用几何学的原理来把一幅图像变形，以创造出三维效果或其他的整体变化。每一个滤镜都能产生一种或数种特殊效果，但都离不开一个特点：对影像中所选择的区域进行变形、扭曲。

思考与练习

1. 尝试更改球面化滤镜属性中“数量”的数值，看看会有什么效果？

2. 尝试更改旋转扭曲滤镜属性中“角度”的数值，看看会有什么效果？

项目实训　滤镜特效你也行

项目描述

根据素材所给的项目十实训滤镜素材，参考本项目所学的滤镜特效模仿制作一个与项目十实训滤镜素材类似的效果。完成后，在下列表格中进行打分。

项目要求

要求能够使用所学过的滤镜特效进行制作，制作出超酷的气体保护球。最后保存完整的 PSD 源文件和 JPG 文件。

项目提示

先处理切割好素材，设置图层样式，逐步添加效果完善的特效制作。

项目实训评价表

	内　容		评　价		
	学习目标	评价项目	3	2	1
职业能力	人物素材处理得当	能合理处理素材			
	根据需要使用相应滤镜并能设置相应的参数	能选用合适滤镜特效			
		能设置各种滤镜特效的参数			
	色调整体协调统一，主题鲜明，能凸显一定的艺术性、观赏性	能设置整体色调			
		能设置主题			
	项目制作完整，有主题，有铁锈效果	内容符合主题			
		内容有气体保护球			
	整体构图、色彩、创意完整、有自己的风格	内容具体整体感			
		内容具有自己的风格			
通用能力	交流表达能力	能准确说明设计意图			
	与人合作能力	能具有团队精神			
	设计能力	能具有独特的设计视角			
	色调协调能力	能协调整体色调			
	构图能力	能布局设计完整构图			
	解决问题的能力	能协调解决困难			
	自我提高的能力	能提升自我综合能力			
	革新、创新的能力	能在设计中学会创新思维			
综合评价					

项目十一 我也做动画——动画特效

项目描述

Photoshop 作为一款计算机辅助设计软件在动画场景制作过程中起着举足轻重的作用，尤其在改变以往动画场景制作的复杂、枯燥过程中起着至关重要的作用。本项目将详细讲解使用 Photoshop 软件制作简单的 GIF 动画。

能力目标

动画是不同内容的图片不断的替换，我们且称之为“帧”。主流动画片制作普遍采用每秒 12 帧，每秒替换的帧越多所展现的动作越细腻和逼真。制作动画过程中，要反复推敲每帧间隔时间的合理性，以期制作出流畅、优美的动画效果。

对于“神奇的盒子”这一项目，首先要给动画内容定位；其次分析动画中各个元素（即角色）的播放顺序和位置变换，以及相应的动画效果（动画剧本）；最后在计算机上实现、测试。其实，好的动画是从纸上编写动画剧本开始的。

任务 神奇的盒子

任务描述

本任务要使用 Photoshop 软件制作 GIF 格式动画。GIF 格式只保存最多 256 色的 RGB 色阶，广泛用于因特网 HTML 网页文档中，支持透明背景，存储空间小、加载速度快。

任务分析

在开始任务之前，先明确目标，任务效果如图 11－1 所示。通过盒子的下落，魔术师的弹出，青蛙跳跃动作以及烟雾的效果，营造出轻松、活泼的氛围。

图 11－1 神奇的盒子效果图

方法与步骤

1. 启动 Photoshop CS5，选择“文件”→“新建”命令，新建文件 415×309 像素。

2. 使用钢笔工具 绘制路径，转换为选区，填充颜色为 RGB：505050。如图 11－2、11－3所示。

图 11－2　绘制路径

图 11－3　填充选区

3. 新建图层，填充为黑色，使用移动工具 ，将图层向上移动。如图 11－4 所示。

图 11－4　填充移动选区

图 11－5　绘制其他路径

4. 使用钢笔工具绘制路径，如图 11－5 所示。填充颜色，绘制其他。如图 11－6 所示。

图 11－6　填充颜色及其他

5. 新建 724 × 1024 像素的文件，使用钢笔工具 绘制路径，转换为选区，填充颜色RGB：63bc3e、85c226。如图 11－7、11－8、11－9、11－10 所示。

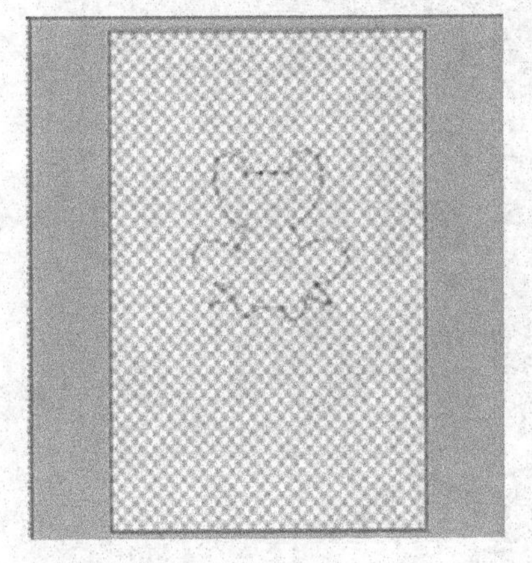

图 11－7　绘制路径一

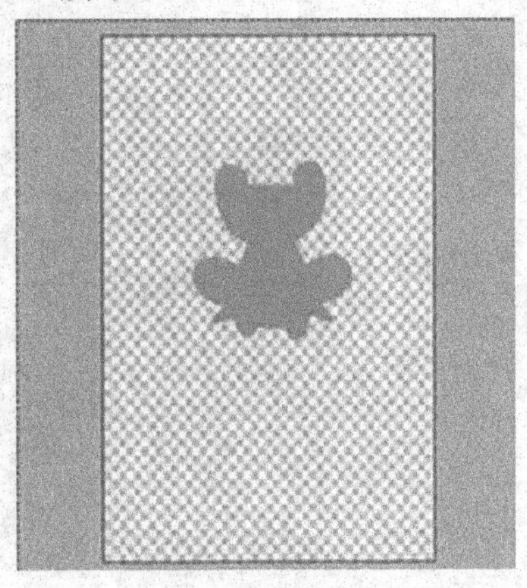

图 11－8　填充路径一

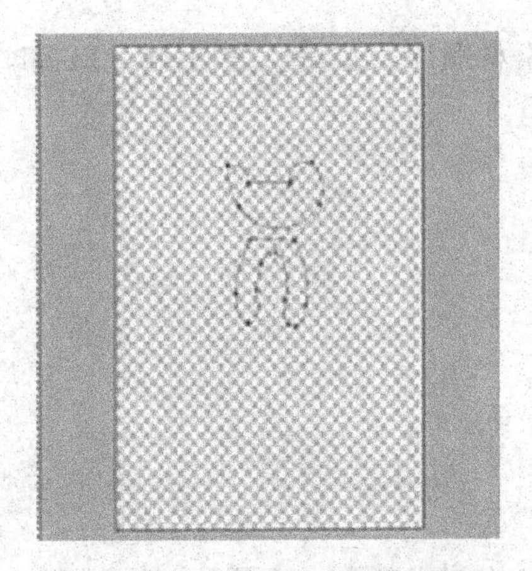

图 11－9　绘制路径二

图 11－10　填充路径二

6. 添加眼睛及肚皮，合并图层。如图 11－11 所示。

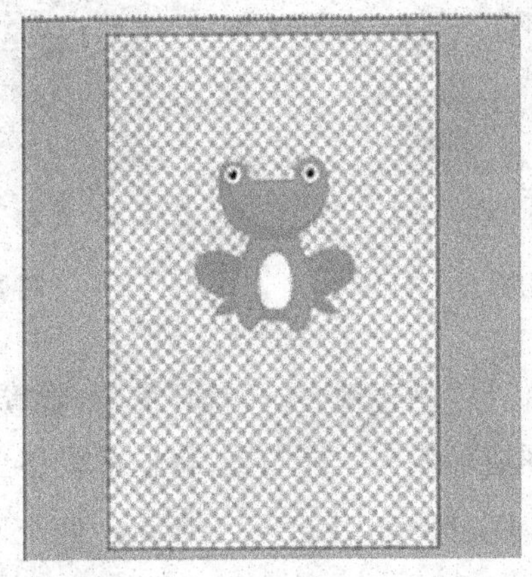

图 11－11　青蛙效果图

7. 执行“文件”→“新建”命令，新建文件 800 × 600 像素，建立辅助线。如图 11 – 12 所示。

图 11 – 12　辅助线布局

8. 复制素材盒子、帽子、青蛙和魔术师，调整素材顺序及位置。如图 11 – 13、11 – 14 所示。

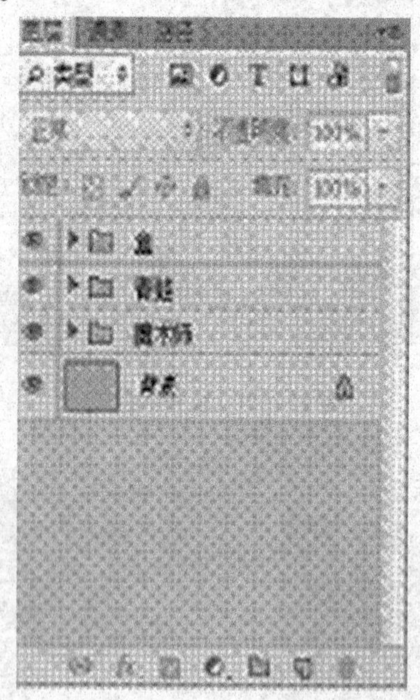

图 11 – 13　素材顺序

图 11 – 14　素材位置

9. 执行“窗口”→“时间轴”→“创建视频时间轴”命令，隐藏盒子以外的所有图层。

10. 选择盒子、盒盖两个图层转换为智能图层，将指示线移至第 15f 点 图标添加关键帧，移动指示线，单击 图标。如图 11 – 15 所示。两个图层分别在 0f、3f、4f、6f、10f、15f 添加关键帧，调整每帧图像的位置。如图 11 – 16 至 11 – 18 所示。

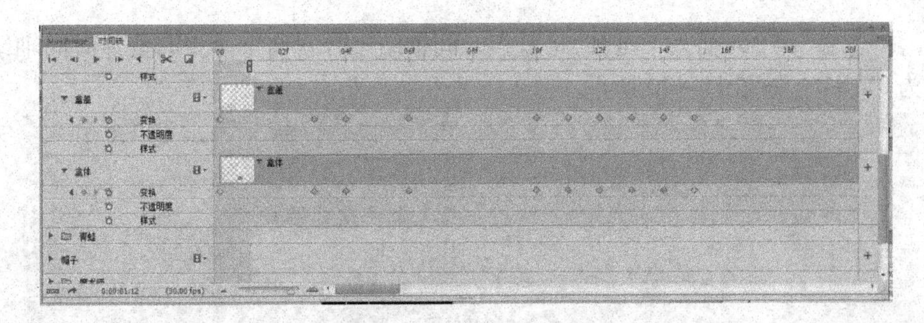

图 11－15　盒盖、盒体关键帧

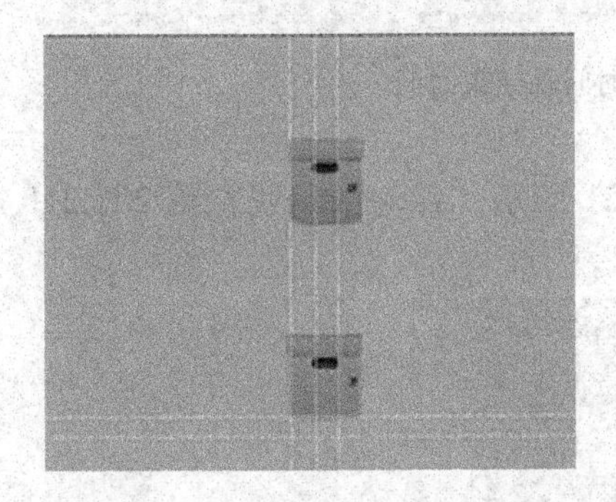

图 11－16　第 0f、3f 图像位置

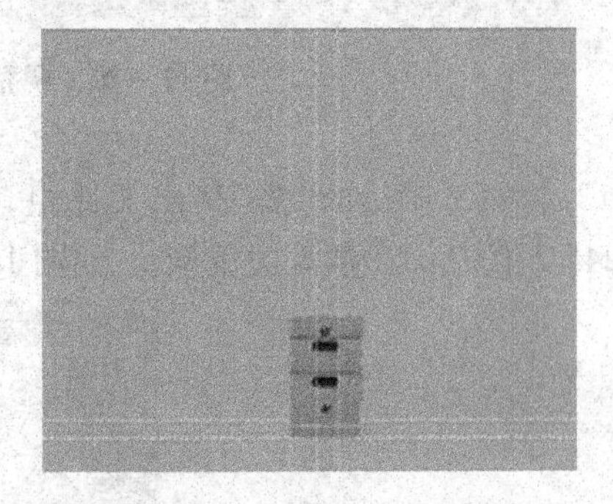

图 11－17　第 4f、6f 图像位置

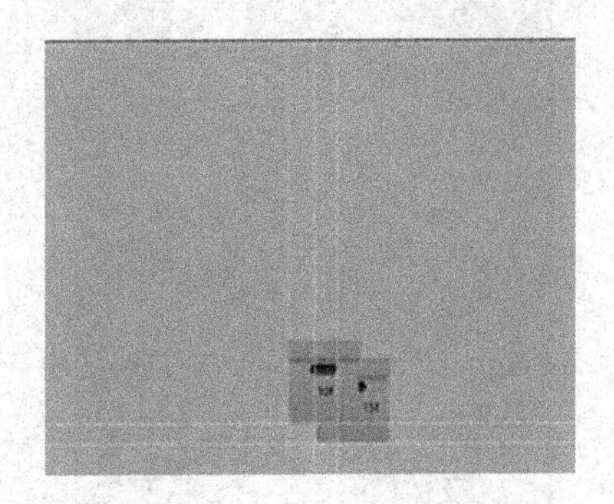

图 11－18　第 10f、15f 图像位置

11. 在第 11f、12f、13f、14f 分别添加关键帧，微调图像位置。如图 11－19 所示。

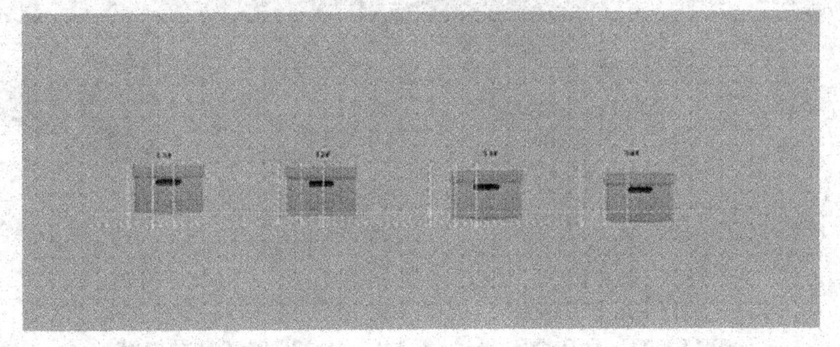

图 11－19　第 11f、12f、13f、14f 图像位置

12. 在"盒盖"第 16f 插入关键帧，将盒盖时间轴结束时间调整为 28f，盒体时间轴结束时间调整为 01:04f。如图 11－20 所示。

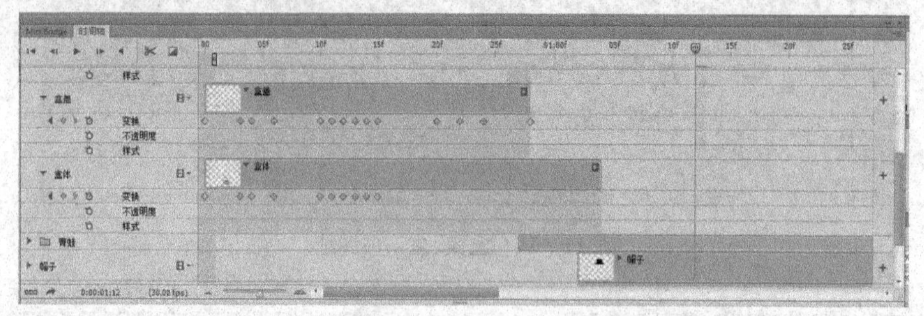

图 11－20　调整盒盖、盒体时间轴结束时间

13. 将魔术师组的"头"移出文件组，如图 11－21 所示。移动指示线在第 20f、21f、22f、23f、24f、27f、01:02f 插入关键帧 。如图 11－22 所示。

图 11－21　调整"头"图层顺序

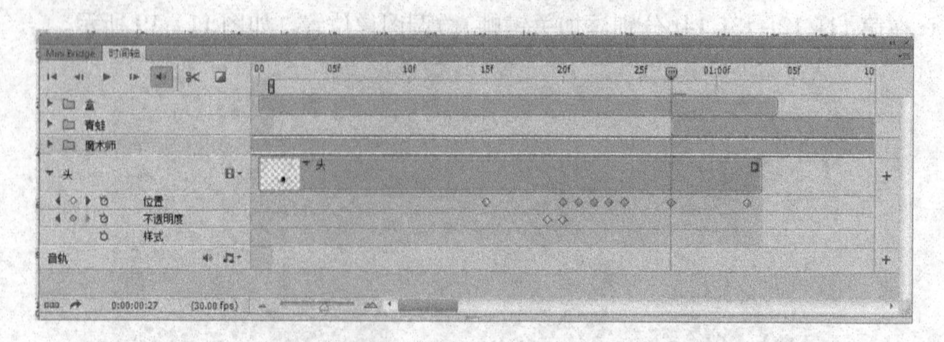

图 11－22　插入 20f、21f、22f、23f、24f、27f、01:02f 关键帧

14. 调整每帧头的位置,并确定头的位置与盒盖的位置相匹配,如图 11 – 23 所示,将 19f 不透明度改为 0,第 20f 不透明度改为 100%,头时间轴结束时间调整为 01:02f。

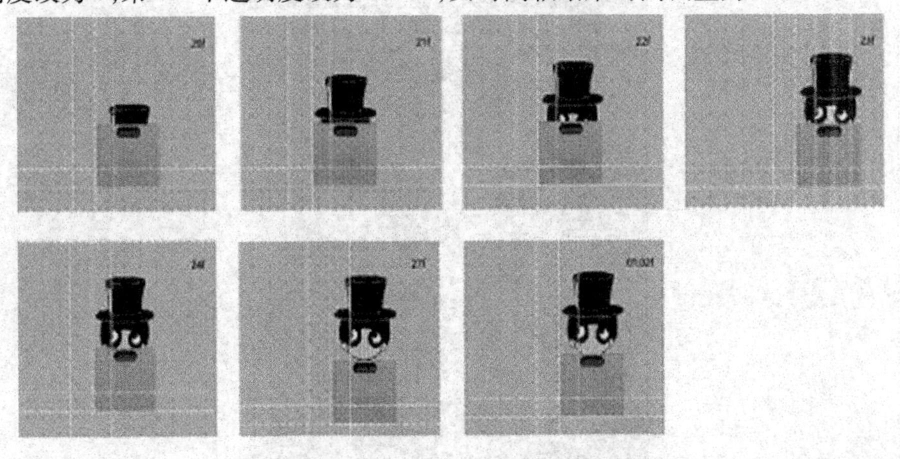

图 11 – 23　第 20f、21f、22f、23f、24f、27f、01:02f 位置

15. 在"盒盖"第 20f、22f、24f、28f 添加关键帧,调整每帧位置。如图 11 – 24 所示。

图 11 – 24　第 20f、22f、24f、28f 位置

16. "魔术师组"时间轴开始时间调为 01:03f,结束时间调为 02:20f。移动指示线分别在其"魔术师组"内所有图层 01:02f、01:07f、01:12f、01:17f、01:20f、01:24f、02:13f、02:20f 插入关键帧,调整每帧位置。如图 11 – 25 所示。

图 11 – 25　魔术师跳跃动作

17. 将魔术师组中的“帽子”移至上一层文件。如图 11－26 所示。

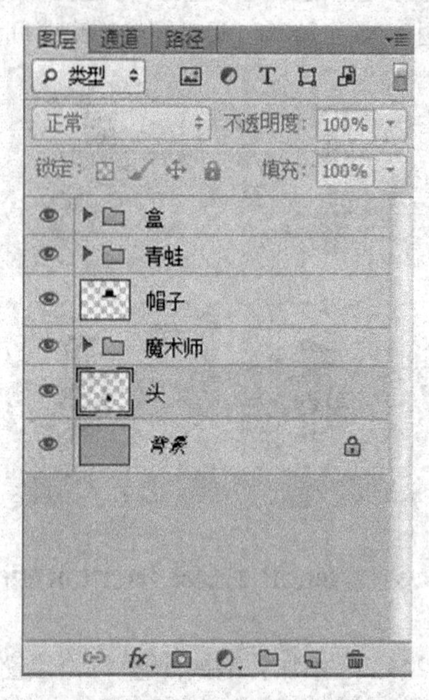

图 11－26　调整帽子顺序

18. 移动指示线。在“帽子”第 02:24f、02:28f、03:02f、03:06f 处插入关键帧，制作帽子下落效果，方法与盒子降落方法相同。

19. 将“青蛙”时间轴开始时间调为 27f，移动指示线在第 03:22f、03:24f、03:26f、03:28f 处添加关键帧，如图 11－27 所示。调整每帧位置，注意与“帽子”位置协调。如图 11－28 所示。

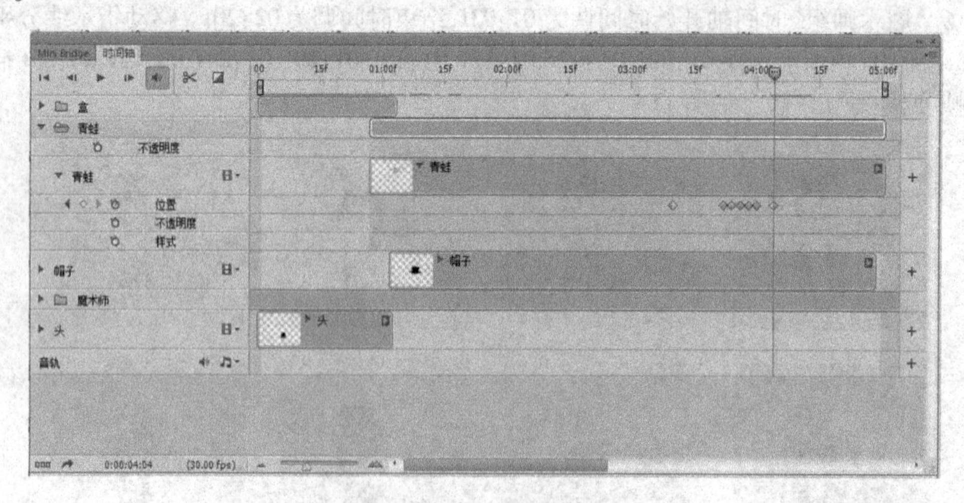

图 11－27　添加“青蛙”关键帧

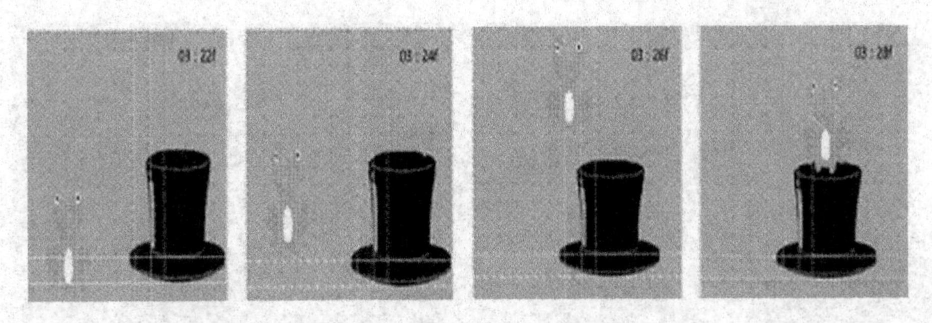

图 11－28　调整 3:22f、03:24f、03:26f、03:28f 位置

20. 在“青蛙”和“帽子”所在图层第 04:00f 和 04:04f 处插入关键帧。如图 11－29 所示。调整第 04:00f、04:04f 处青蛙和帽子的位置。如图 11－30 所示。

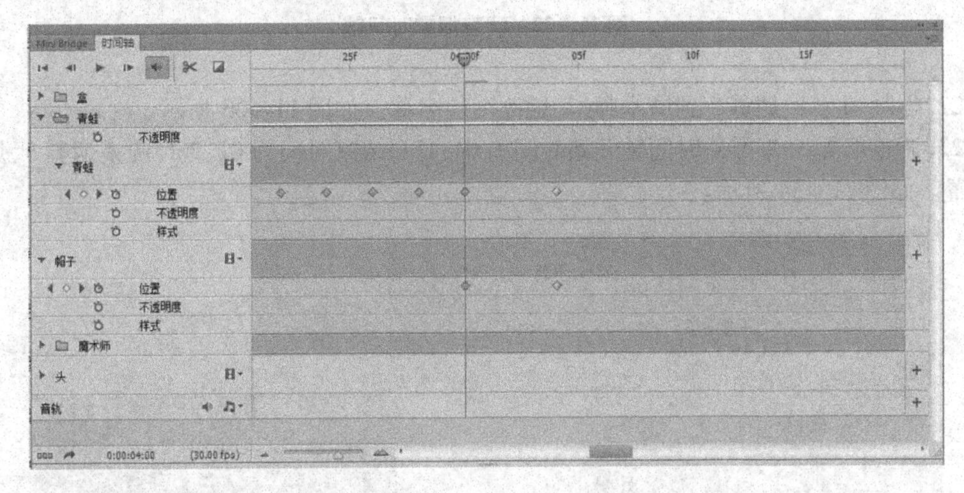

图 11－29　插入关键帧

图 11－30　第 04:00f 和 04:04f 的位置

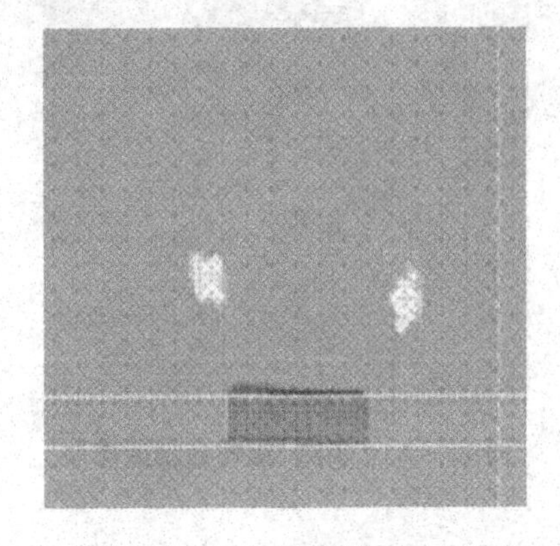

图 11－31　绘制烟雾

21. 在“盒”组新建图层烟雾 1、烟雾 2，使用画笔工具绘制烟雾。如图 11－31 所示。调整烟雾 1、烟雾 2 时间轴开始时间为 26f，结束时间为 28f。如图 11－32 所示。

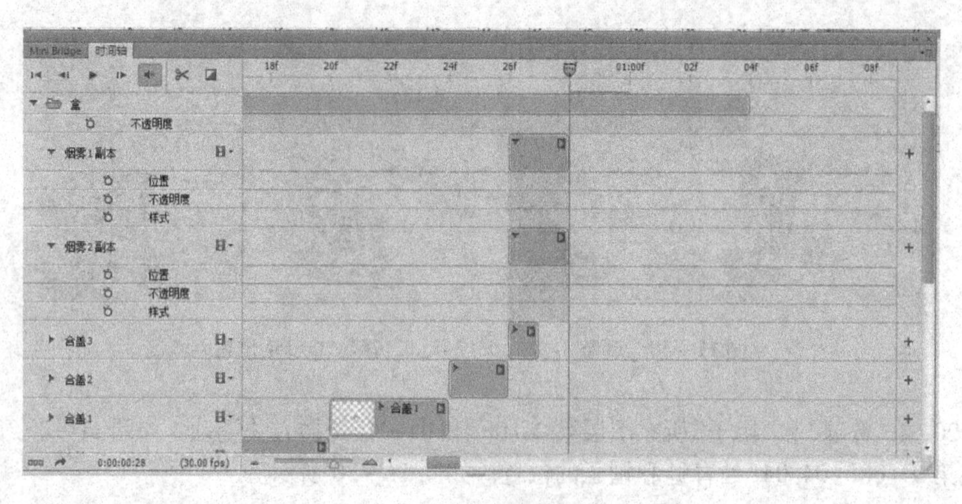

图 11 –32　调整烟雾时间轴

22. 复制烟雾 1、烟雾 2 到魔术师组，更改图层名称。如图 11 –33 所示。

23. 调整烟雾 3、烟雾 4 时间轴开始时间为 01：17f，结束时间为 01：26f，调整烟雾 3、烟雾 4 位置。如图 11 –34 所示。

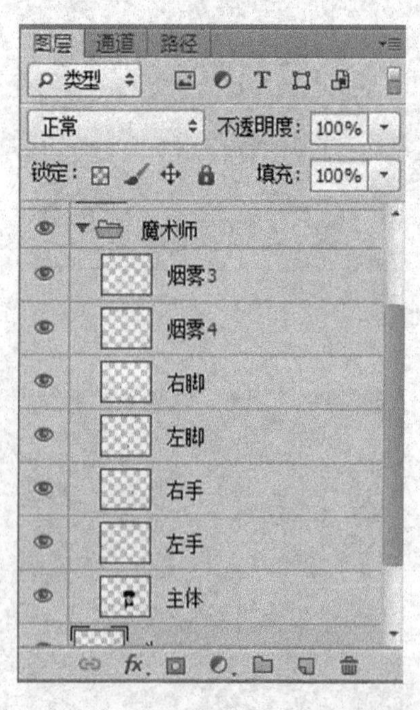

图 11 –33　复制、重命名烟雾图层

图 11 –34　调整烟雾 3、烟雾 4 位置

24. 导出动画，执行“文件”→“存储为 web 和设置所有格式”命令，选择 GIF 格式即可。

项目十二　变幻莫测的世界——图层样式

项目描述

图层样式是 Photoshop 中一项图层处理功能,是制作图片效果的重要手段之一。利用图层样式功能,可以简单快捷地制作出各种立体投影,各种质感以及光影效果的图像特效,从而创建出立体感或浮雕效果,将图像变形成阴刻或阳刻形态。本项目将通过对照片和字体进行图层样式的调整做出艺术化的效果,制作过程虽然简单,但却能得到比较理想的效果。

能力目标

本项目有两个任务,任务一除了简单的图层样式以外还结合了滤镜、色彩范围命令,因此可以考查同学各种 Photoshop 功能的综合使用。任务二是纯粹的图层样式叠加使用,参数的细微变化都会让效果大相径庭,因此要求学生在制作过程中尽量不要对着书本上的参数输入,而是要自己在制作的时候自行慢慢调节滑标,直至出现理想的效果,从而训练同学们观察能力,以适应以后不同类型的效果制作。

任务一　个性木刻画——我的照片我做主

任务描述

家里面的挂画是不是都是些千篇一律的、没什么特色的油画或者是在影楼拍的艺术照?现在可以使用自己拍的任何照片,利用 Photoshop 做成木刻效果悬挂在墙上了,既有个性,又具有唯一性。在 Photoshop 的滤镜库里虽然有叫"木刻画"的滤镜效果,但是该效果过于粗犷,人物的特征、脸部表情基本上无法还原出来,因此跟实际的木刻效果有一定的距离。所以,本任务使用其他方法把木刻效果制作出来。

任务分析

在了解了本任务的调整目标后,观察对比原图和效果图应该想到的第一步是需要先把人物的轮廓表现出来,再对轮廓进行浮雕效果制作。素材和效果如图 12 - 1 和图 12 - 2 所示。

图 12－1　素材

图 12－2　效果图

方法与步骤

1. 打开素材，执行“文件”→“打开”命令，在弹出的“打开”对话框中选择本任务的图像文件，此时的图像效果和图层面板如图 12－3 和图 12－4 所示。

图 12－3　素材图层

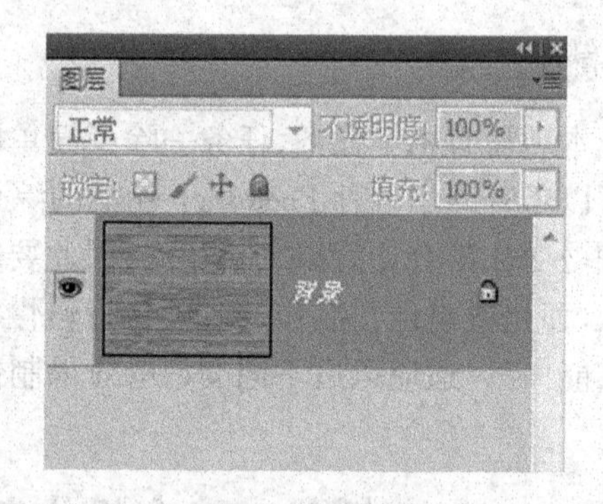

图 12－4　木纹素材

2. 复制背景副本。选择人物照片，将“背景”图层拖动至“图层”面板上的“创建新图层”按钮上，得到“图层 1”图层。如图 12－5 所示。

3. 滤镜查找边缘。执行“滤镜”→“风格化”→“查找边缘”命令。如图 12－6 所示。

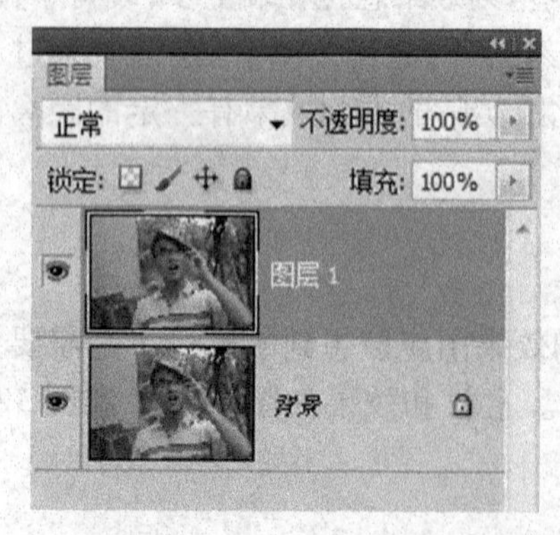

图 12－5　复制图层

图 12－6　查找边缘

4. 色彩范围。执行“选择”→“色彩范围”命令，弹出窗口设置参数，吸管放置于图示中的红点处，如图 12－7 所示。

5. 将人物抽出。将“色彩范围”所选的选区执行反向命令（快捷键为【Ctrl＋I】），将选区复制出来（快捷键【Ctrl＋J】），得到“图层 2”。如图 12－8 所示。

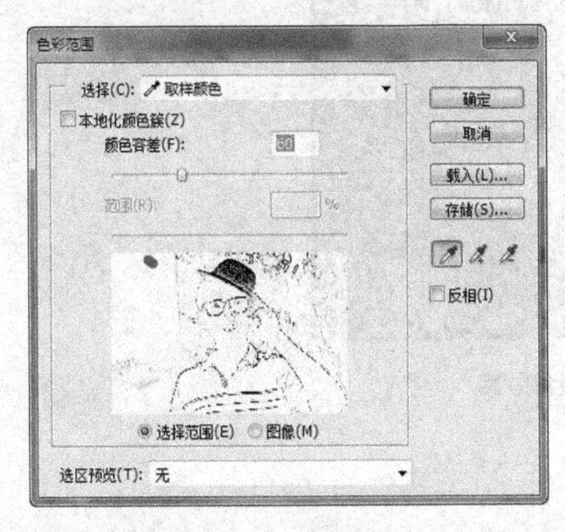

图 12－7　色彩范围

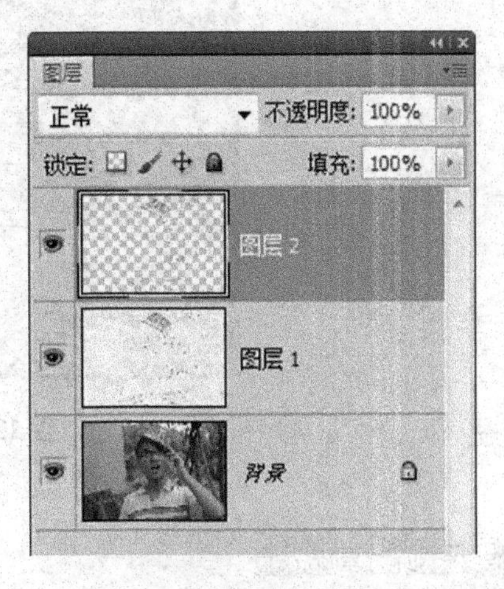

图 12－8　复制选区

6. 设置“斜面和浮雕”。将“图层 2”拖动到“木纹理”图像上，单击“图层”面板上的“添加图层样式”按钮，在弹出的下拉菜单中选择“斜面和浮雕”选项，弹出窗口设置参数，设置图层填充为“50%”。如图 12－9 和图 12－10 所示。

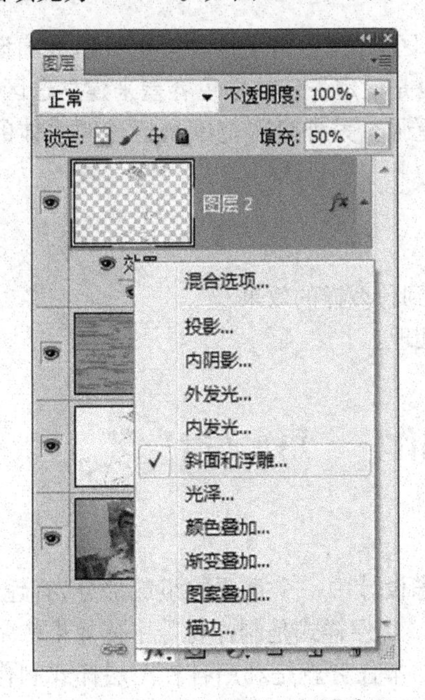

图 12－9　选择“斜面与浮雕”选项

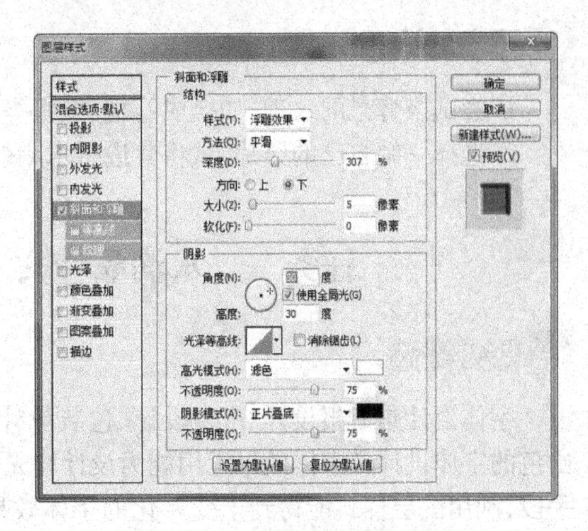

图 12－10　斜面与浮雕参数设置

7. 完成设置后得到了想要的木刻效果。

图 12－11　最终效果

相关知识与技能

斜面和浮雕(Bevel and Emboss)可以说是 Photoshop 层样样式中最复杂的,其中包括内斜面、外斜面、浮雕、枕形浮雕和描边浮雕,虽然每一项中包含的设置选项都是一样的,但是制作出来的效果却大相径庭。

拓展与提高

色彩范围是一种通过指定颜色或灰度来创建选区的工具,由于这种指定可以准确设定颜色和容差,使得选区的范围较易控制。虽然魔棒也是设定一定的颜色容差来建立选区,但色彩范围提供了更多的控制选项,更为灵活,功能更强。另外色彩范围是抠透明主体的好工具。

思考与练习

1. 尝试换背景的纹理,如换成石材、纸张等会得到什么样的效果?
2. 选择一幅自己的照片,试将其进行木刻效果处理。

任务二　水滴晶莹文字制作——用水写字

任务描述

字体设计是海报设计、广告设计、包装设计、标志设计中一个重要的组成部分,有趣的、出色的字体设计及字体效果运用能为设计增光添彩。图层样式是制作特殊字体效果的常用手段,利用图层样式能得到千变万化的字体效果。而本任务就是利用各种图层样式制作具有童趣的水滴晶莹文字。

任务分析

从效果图中能看到水滴效果的一个很重要的因素是原始字体本身的造型，为了模拟水滴的形状，首先需要找一种笔画比较圆润、饱满的字体作为基础字体。其次，在字体效果上，字体高光、阴影、反光灯素描关系的表现是水滴字体是否成功的关键。最后是颜色的选择，背景色与字体的色调虽然一致，但却有饱和度和明度上的区别，让字体效果更突出。

图 12－12　效果图

方法与步骤

1. 选择“文件”→“新建”命令，打开“新建”对话框或者按【Ctrl + N】键，名称为：液体字体制作，宽度为 800 像素，高度为 600 像素，分辨率为 72 像素/英寸，模式为 RGB 颜色的文档。如图 12－13 所示。

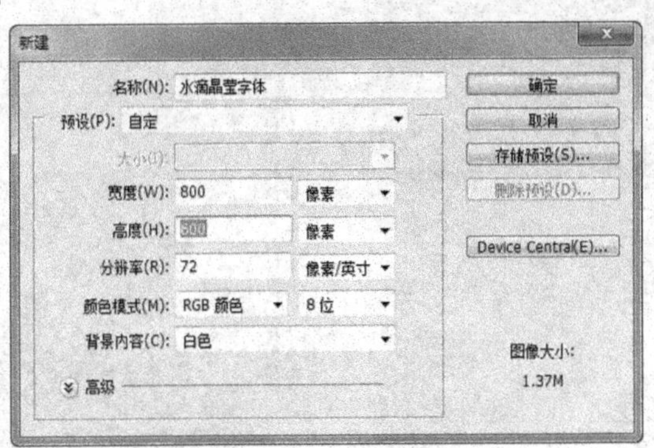

图 12－13　新建文档

2. 在图层控制面板中单击“新建图层”按钮，新建一个图层 1，选择工具箱中渐变工具（快捷键【G】），在工具选项栏中设置为线性渐变，然后单击颜色框编辑渐变，弹出渐变编辑器。双击如图 12－14 中的 A 处，设置色彩 RGB 分别为 252、252、232。再双击图 12－15 中所示的 B 处，设置色彩 RGB 分别为 225、219、184。接着按住【Shift】键不放，结合鼠标从上到下拉下，填充渐变效果。如图 12－15 所示。

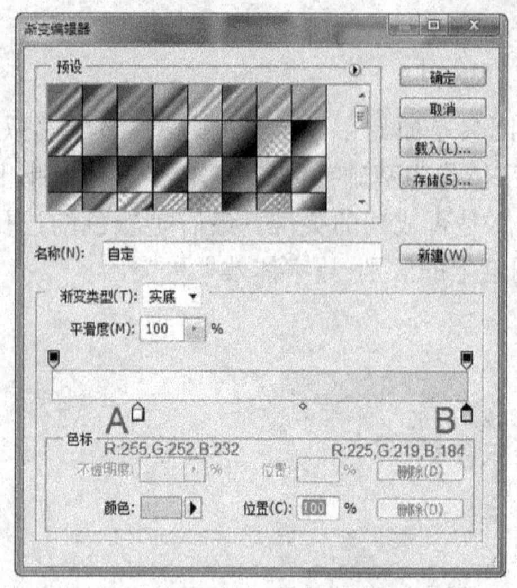
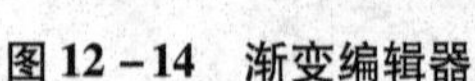

图 12－14　渐变编辑器

图 12－15　填充渐变背景

3. 在工具箱中选择横排文字工具，在画面中单击，出现一个输入文字光标，在光标后输入“pop”，在工具选项栏中设置字体为“CroissantD”（需提前安装素材中的 CroissantD. ttf 字体），设置字体大小为“240 点”，设置消除锯齿为“锐利”，设置字体颜色为白色，单击创建文字变形，弹出变形文字对话框，设置样式为：扇形，勾选水平，弯曲为－10%，水平扭曲为 0%，垂直扭曲为 0%。如图 12－16 所示。

4. 双击 pop 图层进入到图层样式，分别勾选投影、内阴影、外发光、内发光、斜面和浮雕、颜色叠加、光泽、描边选项。效果如图 12－17 所示。

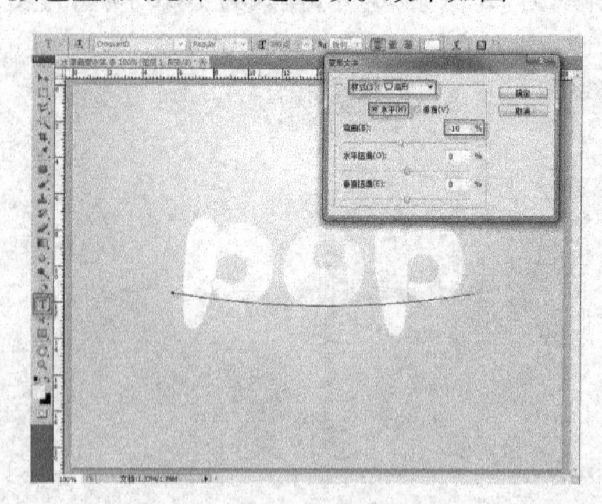

图 12－16　输入文字

图 12－17　图层样式使用展示

5. 勾选投影，设置混合模式为正常，颜色为暗红色，设置蓝色 RGB 值分别为 71、23、0，不透明度为 100%，角度为 90 度，距离为 2 像素，扩展为 0%，大小为 0 像素。如图 12－18 所示。

6. 勾选内阴影，设置内阴影混合模式为正片叠底，单击色标处，阴影颜色设置为黑色，不透明度为 18%，角度为－90，距离为 3 像素，阻塞为 21%，大小为 0 像素。如图 12－19 所示。

图 12－18　投影参数设置

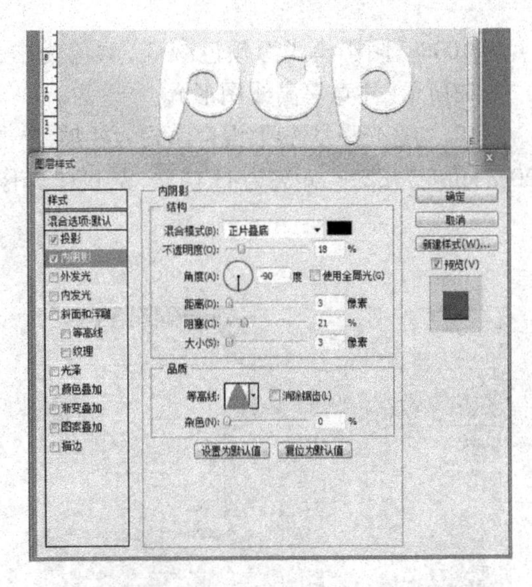

图 12－19　内阴影参数设置

7. 勾选外发光选项，设置投影混合模式为正片叠底，不透明度为 20%，单击点按可编辑渐变，设置前景色到透明的渐变，颜色为暗红色到白色，方法为柔和，扩展为 0%，大小为 10 像素，范围为 50%。如图 12－20 所示。

8. 勾选内发光选项，设置投影混合模式为正片叠底，不透明度为 100%，杂色为 0%，单击点按可编辑渐变，设置前景色到透明的渐变，颜色为暗红色到透明，方法为柔和，源为居中，阻塞为 3%，大小为 16 像素，范围为 50%，其他设置参考图如图 12－21 所示。

图 12－20　外发光参数设置

图 12－21　内发光参数设置

9. 勾选斜面和浮雕复选项，样式为内斜面，方法为平滑，深度为 72%，方向为上，大小为 15 像素，软化为 0 像素，角度为 90，高度为 70 度，高光模式为线性减淡，颜色为白色，不透明度为 100%，阴影模式为颜色减淡，颜色为白色，不透明度为 75%，其他设置值参考图如图 12－22所示（注意等高线图形）。

10. 勾选光泽复选项，混合模式为叠加，单击色标处，设置光泽颜色为白色，设置不透明度为 30%，角度为 82 度，距离为 11 像素，大小为 35 像素，勾选消除锯齿和反相，如图 12－23 所示。

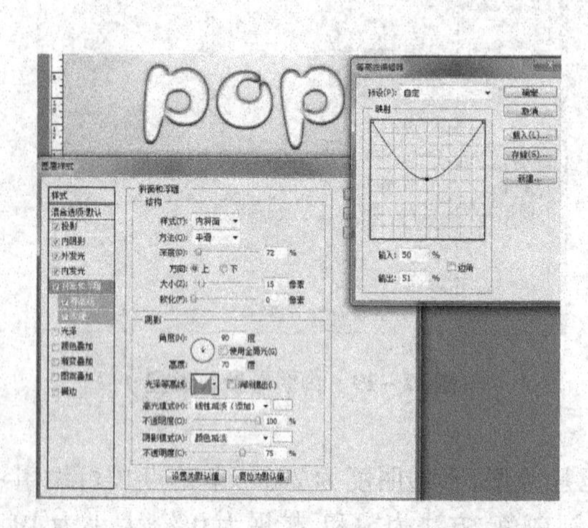

图 12－22　斜面和浮雕参数设置

图 12－23　光泽参数设置

11. 勾选颜色叠加选项，混合模式为正常，单击色标处，设置光泽颜色为橘黄色，设置颜色 RGB 值为 243、124、4，设置不透明度为 100%。如图 12－24 所示。

12. 勾选描边选项，设置描边大小为 1 像素，位置为内部，混合模式为正常，不透明度为 100%，填充类型为渐变，样式为线性，勾选与图层对齐，角度为 90 度，缩放为 100%，单击渐变弹出渐变编辑器，双击如图 12－25 中的 A 处，设置色彩 RGB 分别为 92、0、0。再双击图 12－25 中所示的 B 处，设置 RGB 分别为 134、2、0。如图 12－25 所示。

图 12－24　颜色叠加参数设置

图 12－25　描边参数设置

13. 选择“pop 图层”，复制一个“pop 图层”得到“pop 副本”图层，填充为 0%，双击“pop 副本”图层进入到图层样式，分别勾选投影、内阴影、斜面和浮雕选项。如图 12－26 所示。

14. 仿照步骤 3 输入文字“design”，选择“pop 图层”，通过复制“pop 图层”的图层样式粘贴到“design 图层”中，得到相似的文字效果。后期还可以自己在文字周边添加水滴效果，如图 12－27 所示。应该注意的是，当文字字号发生改变时，为了得到理想的效果，图层样式的数值应有所调整。

图 12－26　复制“pop 图层”

图 12－27　拷贝图层样式得到最终效果

相关知识与技能

在大家使用 Photoshop 处理图片或制作特效时，经常需要将图层进行相同样式的多次重复处理，对此如果只是重复的进行操作，会显得麻烦，因此可以使用拷贝图层样式的方式完成相同图层样式的制作。在拷贝时，鼠标应该右击图层缩略图以外的区域才能出现“拷贝图层样式”的命令显示，单击图层缩略图将无法出现选项。

拓展与提高

在图层样式的参数设置中很多时候都涉及“角度”的选择，为了让某一个图层样式的角度设置不影响其他图层样式的角度设置，应该把“使用全局光”前面的“√”去掉，因为默认情况下是打“√”的。

另外，在图层样式的参数设置中，大量出现混合模式的选择，因此为了能得到理想中的图层样式效果，必须熟悉每个混合模式的属性，并理解其中的规律。在初学阶段，可多尝试不同的混合模式，总结经验。

思考与练习

1. 使用其他字母或者图形，制作水滴水晶效果，参数需要如何设置？

2. 在文字周边添加另外一些有趣的图形，通过复制图层样式的方式完成，看看结果如何？

项目实训　水晶羽毛制作

根据素材文件夹提供的效果图，仿照效果图制作水晶羽毛效果，完成后，根据下列表格进行打分。

项目描述

项目没有素材，效果完全手工制作。

项目要求

1. 羽毛轮廓平滑。
2. 大小羽毛比例协调。
3. 注意添加倒影效果。

项目提示

1. 先制作一个羽毛效果，再通过复制变换的方式制作另外两个形状颜色一样但大小不一样的羽毛。

2. 一个羽毛分成两部分绘制，并通过拷贝图层样式的方式得到，过程中只需改变一下其中的填充颜色参数即可。

项目实训评价表

	内　容		评　价		
	学习目标	评价项目	3	2	1
职业能力	能够根据要求处理素材	能处理素材			
		能结合素材			
		能搭配素材			
	根据需要设置相应的文字字形和特效效果	能设置整体文字的形状			
		能设置各种文字样式和特效			
	色调整体协调统一，主题鲜明，能突显字体的设计感	能设置整体色调			
		能设置主题			
	项目制作完整，有自己的风格和一定的艺术性、观赏性	内容符合主题			
		内容有新意			
	整体构图、色彩、创意完整	内容具有整体感			
		内容具有自己的风格			

续表

	内　　容		评　　价		
	学习目标	评价项目	3	2	1
通用能力	交流表达能力	能准确说明设计意图			
	与人合作能力	能具有团队精神			
	设计能力	能具有独特的设计视角			
	色调协调能力	能协调整体色调			
	构图能力	能布局设计完整构图			
	解决问题的能力	能协调解决困难			
	自我提高的能力	能提升自我综合能力			
	革新、创新的能力	能在设计中学会创新思维			
综合评价					

第五单元

初级设计篇

Photoshop

项目十三 我也会用钢笔——钢笔工具

项目描述

在 Photoshop 中,钢笔工具的主要功能就是用于绘图和选取对象。用它绘图时,可以精准的绘制出直线、曲线和复杂的矢量图形,如果将绘制的图案路径转换为选区,那么就可以精确地选择对象了。本项目展示了钢笔工具绘画的基本操作方式,让大家能充分利用这个强大的绘制功能。

能力目标

通过本项目的制作学习,可以掌握钢笔工具的主要用途:1. 认识钢笔工具和自由钢笔工具;2. 能够熟练运用钢笔工具进行路径调整;3. 学会如何将路径转换成选区。

任务 钢笔工具——基本用法

任务描述

本任务通过使用钢笔工具绘制一个简单的矢量图形,除了最基本的绘制功能外,还将学习如何编辑锚点,这样能让绘制的图形更加准确地表现出来,最后,将绘制好的路径转换成选区。整个制作流程能让同学们对钢笔工具有更深的认识。

任务分析

钢笔工具可以绘制出直线、曲线、还能编辑一些复杂的图形路径。如图 13 – 1 所示。

图 13 – 1 钢笔绘制路径

方法与步骤

1. 启动 Photoshop CS5，执行“文件”→“新建”命令，或者按快捷键【Ctrl + N】新建一个大小为 420×580 像素的图像文件，分辨率为 300 像素/英寸，颜色模式为 RGB，背景为白色，图像文件名称为“矢量图形”。新建文件后选择钢笔工具，在工具栏单击路径按钮。把光标移到画面里出现，这时就可以开始绘制图形了，单击创建锚点。如图 13－2 所示。

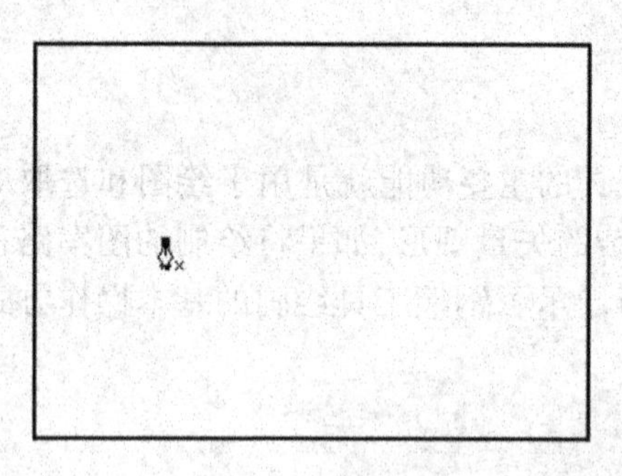

图 13－2　创建锚点

2. 创建完第一个锚点后，把光标移动到下一个位置单击，这样两个锚点间会出现一条直线路径，我们可根据图形需要来进行绘制。如图 13－3、13－4 所示。

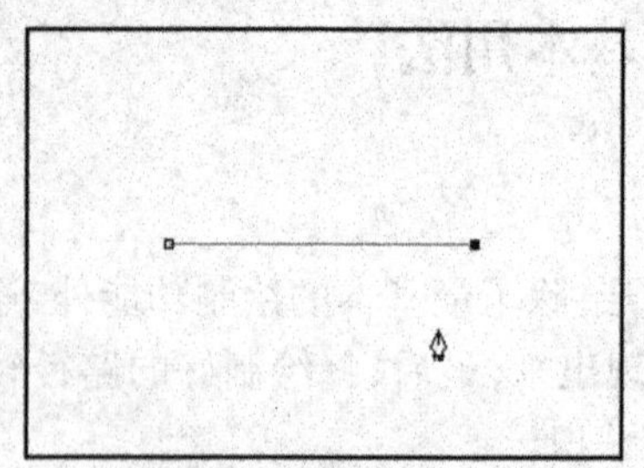

图 13－3　绘制直线路径

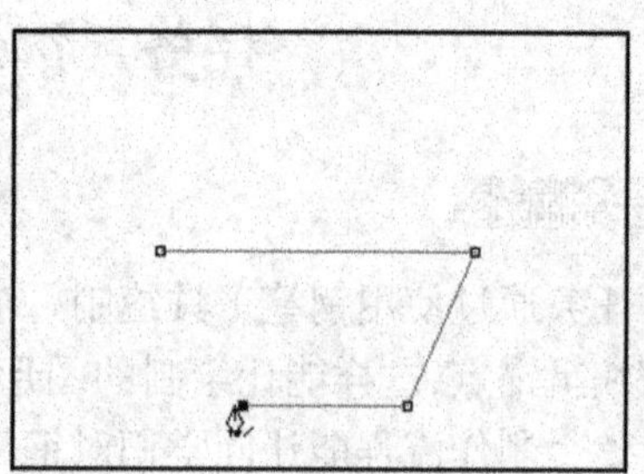

图 13－4　绘制直线路径

3. 画完要关闭路径时，需将光标放在路径的起点处，当光标变为时，单击就可封闭路径。如图 13－5 所示。

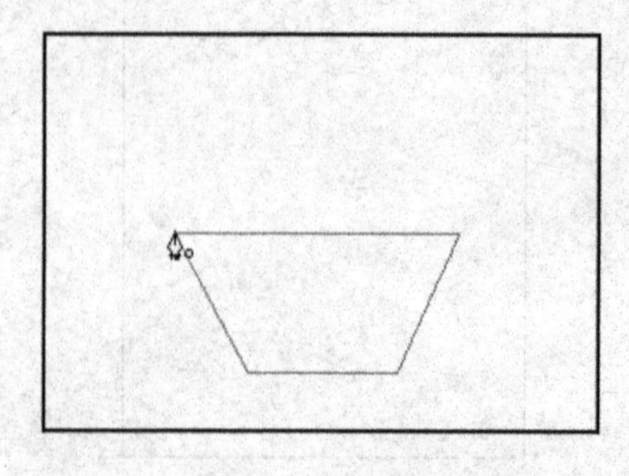

图 13－5　封闭路径

4. 接下来需要绘制曲线，创建新的锚点，在单击的时候可以拖动点两侧的控制柄，它能改变线段的方向和长度。如图 13－6、13－7、13－8 所示。

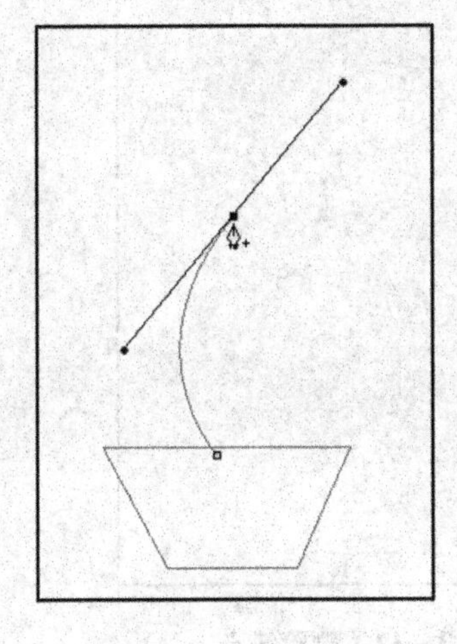

图 13－6　绘制曲线

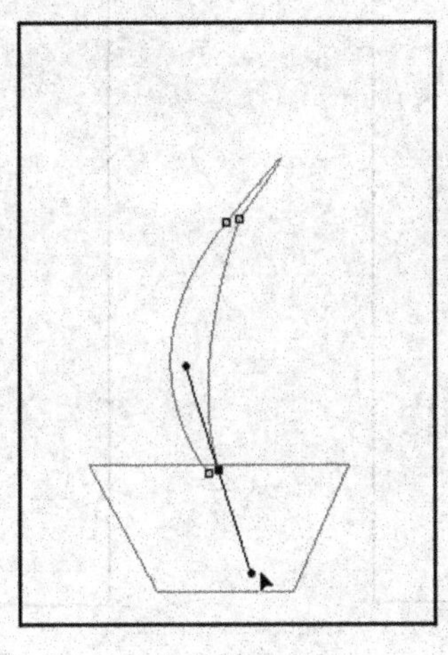

图 13－7　绘制曲线

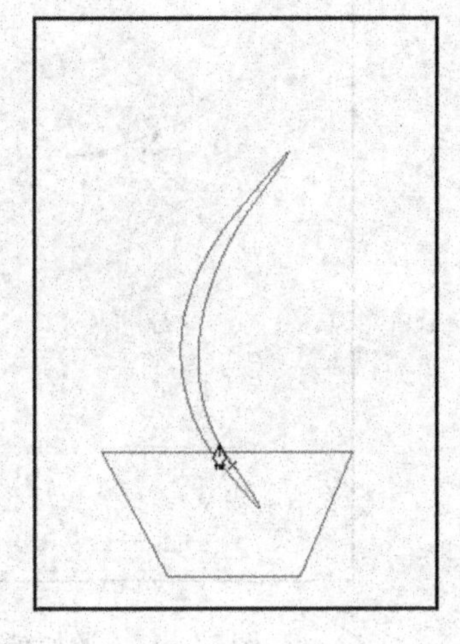

图 13－8　闭合路径

注意：要绘制出理想的曲线路径，需要控制好锚点两侧的方向控制柄。

5. 接下来用钢笔工具绘制出一朵花的大概形状，需要调整好锚点及曲线。如图 13－9、13－10、13－11 所示。

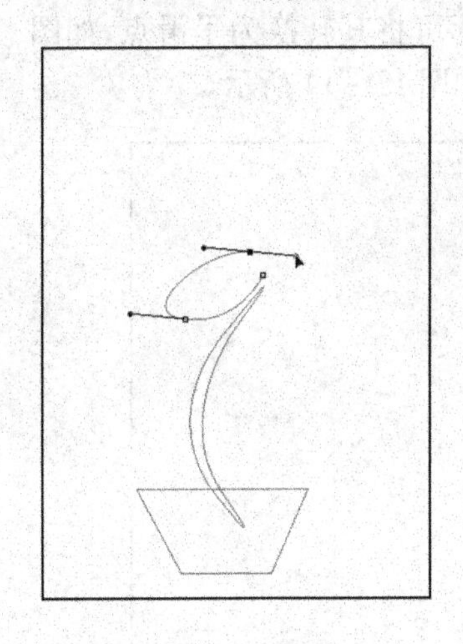

图 13－9　绘制路径

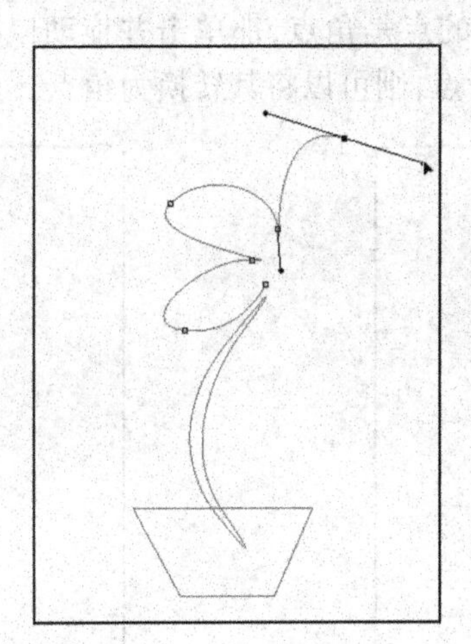

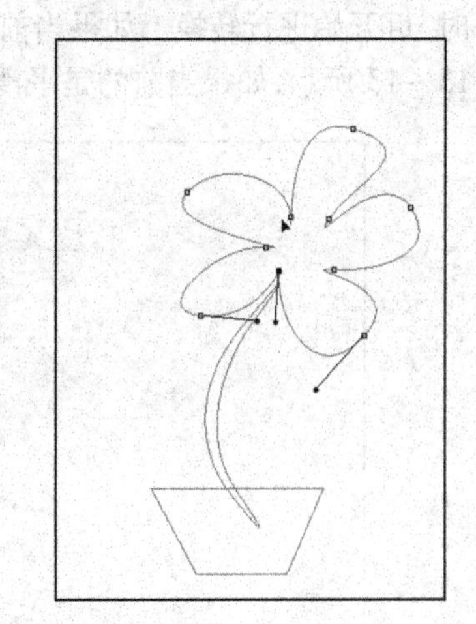

图 13－10　绘制路径

6. 完成后可以对锚点进行编辑，选择添加锚点工具 ，把光标放在刚才完成的路径上，当光标变成 时单击就可添加新的锚点，如图 13－11 所示。同样，选择删除锚点工具 ，把光标放在已画好的锚点上，当光标变为 时，就可以删除这个锚点。如图 13－12 所示。

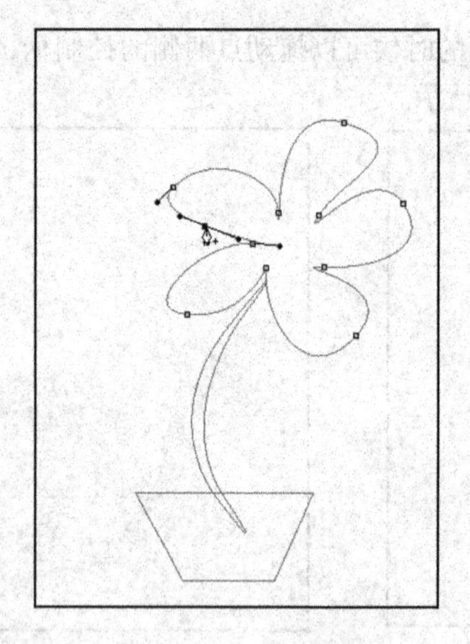

图 13 - 11　添加锚点

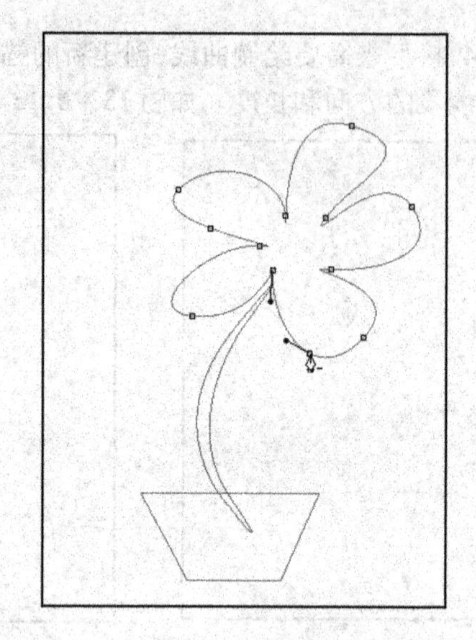

图 13 - 12　删除锚点

注意:添加和删除锚点是为了让路径达到更符合理想的效果,如果对自己画的路径已经很满意了,就不需要再进行这步操作了。

7. 转换锚点,单击转换点工具，把光标放在已经绘制好的锚点上,当光标变成时,可开始进行转换。如果当前的点是角点,那单击并拖动鼠标可将其转换为平滑点,如图 13 - 13 所示,如果当前的是平滑点,则可以将其转换为角点。如图 13 - 14 所示。

图 13 - 13　角点转换平滑点

图 13 - 14　平滑点转换角点

8. 最后调整后的效果如图 13 - 15 所示。

图 13－15　最终绘制完成路径

9. 将绘制好的路径转换成选区，执行“窗口”→“路径”命令，打开“路径”面板，然后单击“路径”面板中所绘制的路径图层，如图 13－16 所示，右击该图层，执行“建立选区”命令。如图 13－17 所示。

图 13－16　单击路径图层

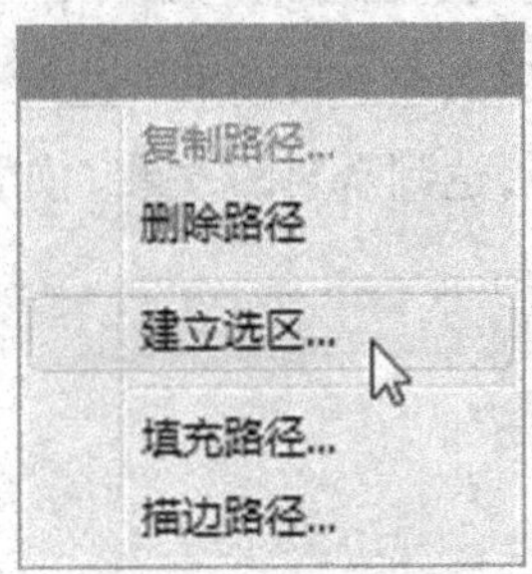

图 13－17　建立选区

10. 现在选择不同的路径部分，转变为选区后编辑相应的颜色进行填充，最终效果参考图 13－18。

图 13－18　填充颜色后的效果

相关知识与技能

1. 在使用钢笔工具时，如果要绘制垂直线、水平线等可按住【Shift】键进行操作；

2. 如果需要绘制开放式路径则按【Esc】键就可结束绘制；

3. 用钢笔工具绘制出的曲线是贝塞尔曲线，它是通过锚点两边的控制柄来进行调节，无论调整哪一边的控制柄，另一端都是与它在一条直线上，并和曲线保持相切状态。

拓展与提高

1. 自由钢笔工具

除了之前用的钢笔工具外，在 Photoshop 中还有一个自由钢笔工具，它可以比较随意的绘制图形，把光标放在画面上，任意拖动就能绘制路径。Photoshop 会根据光标的运动轨迹来建立锚点。

2. 磁性钢笔工具

在使用自由钢笔工具时，在上方的工具栏中对一个"磁性的"选项打钩 ☑磁性的 。这样就转换成了磁性钢笔工具，此工具的使用方法与磁性套索工具相近，只要单击放开鼠标拖动，那么它会自动沿着边缘创建路径。还可展开上方工具栏的按钮，对里面的参数进行调节，达到需要的效果。如图 13－19 所示。

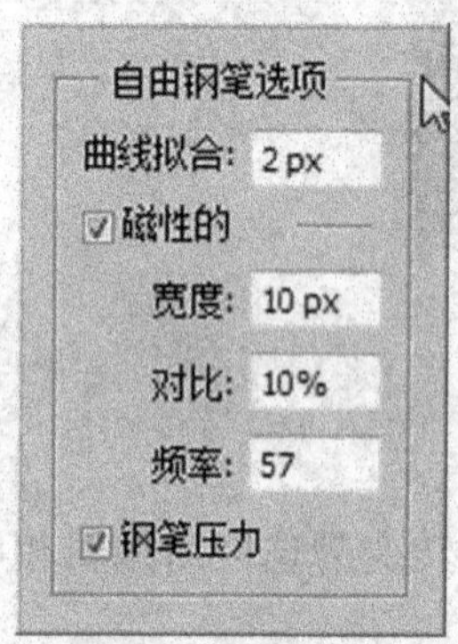

图 13－19　自由钢笔设置

思考与练习

1. 钢笔工具有哪些用途？

2. 熟练掌握钢笔工具操作方法及快捷键的使用。

项目实训　用钢笔工具绘制路径

根据素材所提供的照片绘制出路径，照片见下图，完成后，在下列表格中进行打分。

项目描述

根据已有图片描绘路径是常用到的抠图、绘画形式，只要熟练使用钢笔工具，那么就可以轻松的绘制出各种图形。本项目就是训练大家对钢笔工具的掌握程度。

项目要求

1. 用所给图片为原始素材；
2. 路径描绘细致；
3. 最后进行路径描边。

项目提示

1. 使用钢笔工具绘制路径时可以用到增减锚点；
2. 给绘制好的路径填充颜色；
3. 要注意保留高光部分。

项目实训评价表

	内容		评价		
	学习目标	评价项目	3	2	1
职业能力	领会钢笔工具的基本功能	能绘制直线			
		能绘制曲线			
		能绘制矢量图形			
	根据需要准确选取素材	能合理选取素材			
	根据需要绘制图形	能根据需要添加锚点			
		能根据需要删减锚点			
	对快捷键进行熟练使用	工具切换快捷键			
		图形绘制的一些基本快捷键			
	项目制作完整，准确无误	绘制图形符合要求			
		路径转换成选区			
	创意绘制练习	内容具体整体感			
		画出自己的风格			

续表

	内　容		评　价		
	学 习 目 标	评 价 项 目	3	2	1
通用能力	交流表达能力	能准确说明设计意图			
	与人合作能力	能具有团队精神			
	设计能力	能具有独特的设计视角			
	绘图能力	能精准绘制图形			
	选取能力	能将路径转选区			
	解决问题的能力	能协调解决困难			
	自我提高的能力	能提升自我综合能力			
	革新、创新的能力	能在设计中学会创新思维			
综 合 评 价					

项目十四　掌握马良的画笔——画笔工具

项目描述

在当今数码盛行的时代,许多人用 Photoshop 中的画笔工具进行数码绘画。此画笔工具不仅能用来绘画,还能用来修改像素。本项目介绍了常用的画笔设置、笔刷种类以及笔刷大小等,更好地为绘画做准备,如果能配合数位板的使用,那将能达到更好的效果。

能力目标

通过画笔工具项目的学习,可以掌握画笔的基本设置及用法:1. 画笔面板的设置;2. 掌握画笔工具的使用;这样可以根据自己的需求对画面进行添加和绘画。

任务一　画笔工具——基本设置

任务描述

本任务主要了解画笔工具面板设置,然后用画笔绘制出烟火的效果,并复制图层制作出烟花在水中的倒影效果。

任务分析

绚烂的节日效果如图 14 - 1 所示,主要突出烟花的效果,通过对笔刷的调节来达到最好的绘制效果。

图 14 - 1　绚烂的节日

方法与步骤

1. 启动 Photoshop CS5，按【Ctrl + O】键打开“夜景”素材图片。如图 14 – 2 所示。

图 14 – 2　打开“夜景”素材

2. 单击画笔工具，在上方工具栏中单击“画笔面板设置”按钮，然后选择需要的画笔并对其参数进行设置，如图 14 – 3、14 – 4 所示。

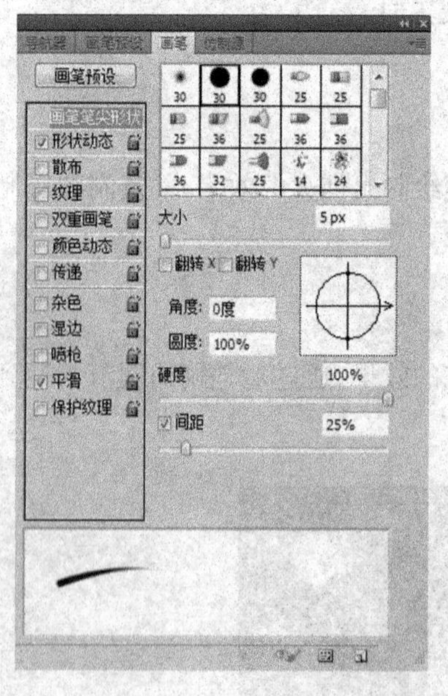

图 14 – 3　选择画笔

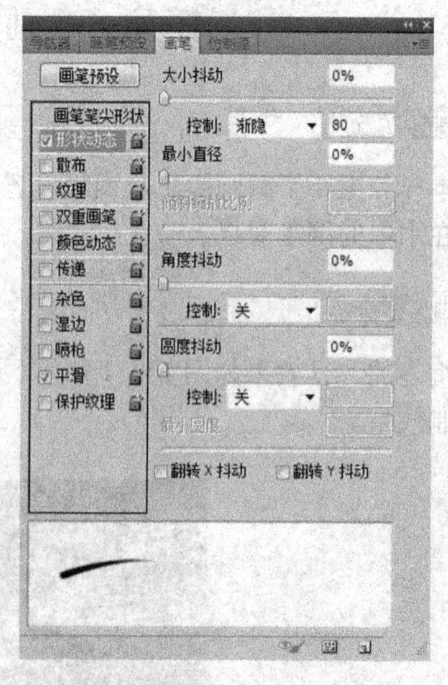

图 14 – 4　参数设置

3. 把画笔颜色调节成橘色，然后在图层面板中单击“新建图层”按钮，单击此新建图层，开始进行烟花的绘制。如图 14 – 5 所示。

4. 单击画好一笔的烟花图层，按【Ctrl + J】键复制此图层，并按【Ctrl + T】键进行自由变换，将烟花调节到适当的角度和位置。如图 14 – 6 所示。

图 14－5　烟花绘制

图 14－6　调整烟花

注意：烟花花瓣的间隔尽量摆放均匀，按照此方法操作，直到摆出一朵烟花的形状即可。

5. 最后再用鼠标单击画笔工具，绘制一条烟花的拖尾。如图 14－7 所示。

6. 右击烟花图层，单击向下合并命令，把所有烟花花瓣合并成一个图，双击此图层，弹出图层样式窗口，勾选“外发光”和“内发光”选项，为烟花添加特效。如图 14－8 所示。

图 14－7　绘制完成

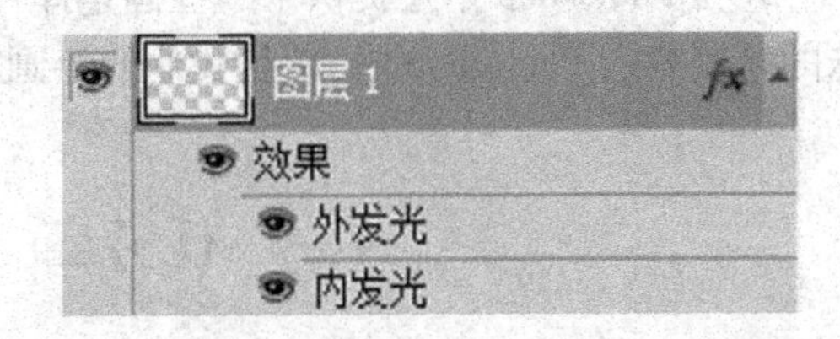

图 14－8　图层特效

7. 添加烟花特效后。如图 14－9 所示。

8. 按【Ctrl＋J】键复制烟花图层，然后按【Ctrl＋T】键进行自由变换改变烟花的大小、位置、方向等，做出满天烟花的喜庆效果。如图 14－10 所示。

图 14－9　烟花效果

图 14－10　满天烟花

9. 同样的方法用复制图层和自由变换两个命令做出烟花的倒影效果，调整好图层和位置后,将倒影图层的不透明度改为25%。如图14-11所示。

10. 调整完毕后,最终效果,如图14-12所示。

图14-11 调节倒影

图14-12 最终效果

这样,绚烂的节日效果图就制作完成了,你是否已掌握好画笔工具呢,你自己可以试试,看看画笔工具还有哪些其他用法?

相关知识与技能

1. 在进行绘画前,要调整好画笔的大小、角度、圆度、硬度和间距等,达到最佳绘画效果;

2. 掌握画笔调节的快捷键,【I】键缩小画笔,【J】键放大画笔,按住【Shift】键可绘制直线;

3. 在Photoshop中还提供了一些画笔库可以载入使用,我们也可自行在网上下载一些特殊的笔刷载入Photoshop中,满足我们的绘画需要。

任务二　丝巾制作

任务描述

本任务主要让同学们进一步了解画笔的各项参数设置和作用,然后通过画笔和路径的结合来绘制出丝巾的效果。

任务分析

丝巾效果如图14-13所示,主要是使用两次不同造型的路径,一次是为了定义画笔形状,一次是为了制作具体的丝巾的外形。

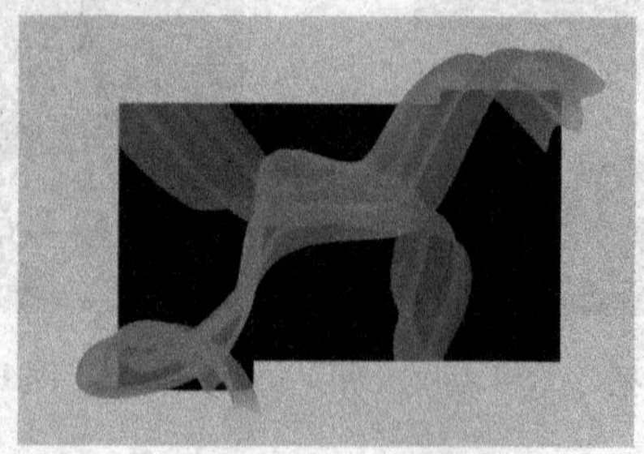

图14-13 丝巾效果

方法与步骤

1. 在 Photoshop 中新建文件，文件名为“丝巾制作”。如图 14－14 所示。

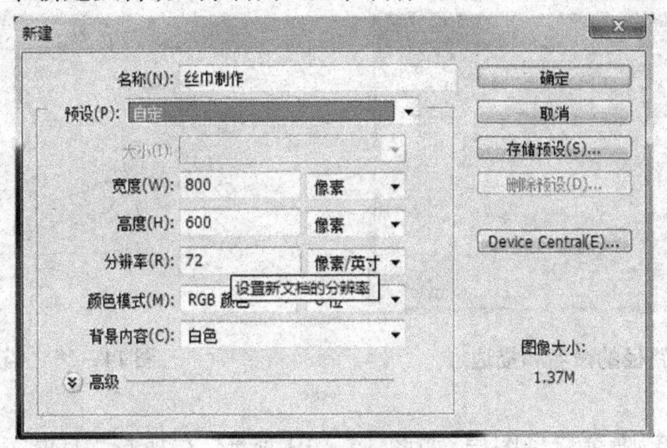

图 14－14　新建文件

2. 选择前景色为浅粉色，填充背景图层。如图 14－15 所示。

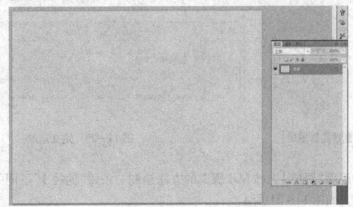

图 14－15　修改背景颜色

3. 用钢笔工具绘制一条有弯曲的、不太长的路径，用来定义画笔。

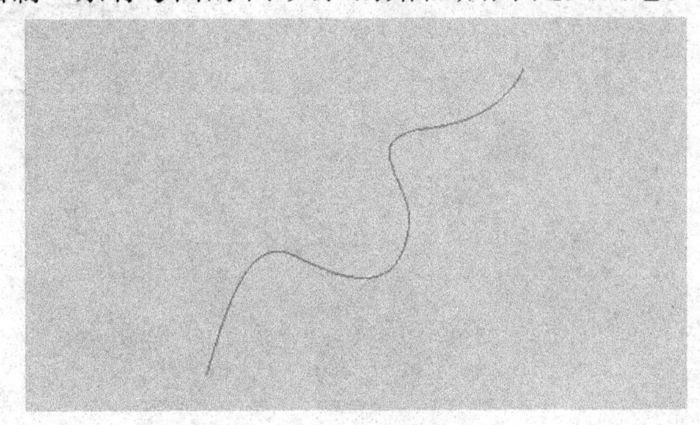

图 14－16　绘制路径

4. 新建“图层 1”，在图层面板中选择路径标签，将路径命名为“路径 1”。选择画笔工具，将画笔大小调整为 3 像素，硬度为 100%，将前景色改为黑色。在路径面板中单击“用画笔描边”按钮，如图 14－17 所示，描边后的效果如图 14－18 所示。

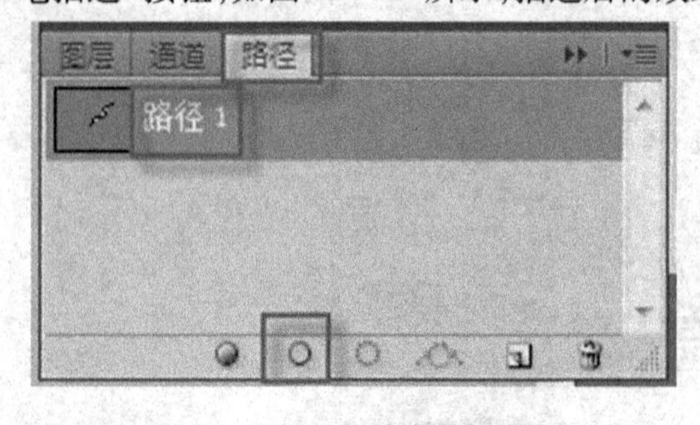

图 14－17　路径的命名和描边

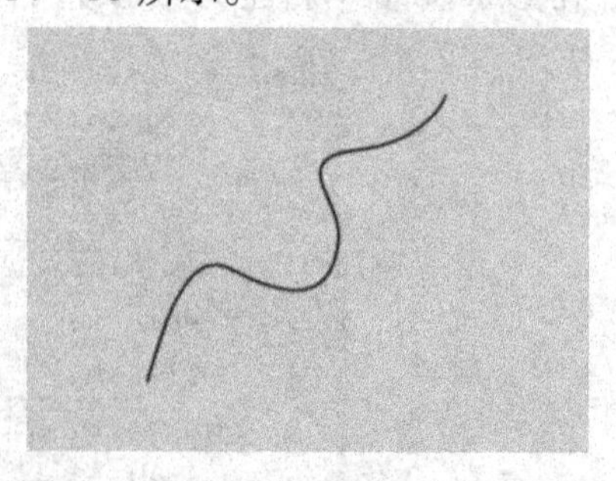

图 14－18　描边效果

5. 回到图层面板，隐藏背景图层，如图 14－19 所示，在执行“编辑”→“定义画笔预设”命令，在弹出的窗口中将画笔命名为“丝巾笔触”，单击“确定”按钮。如图 14－20 所示。

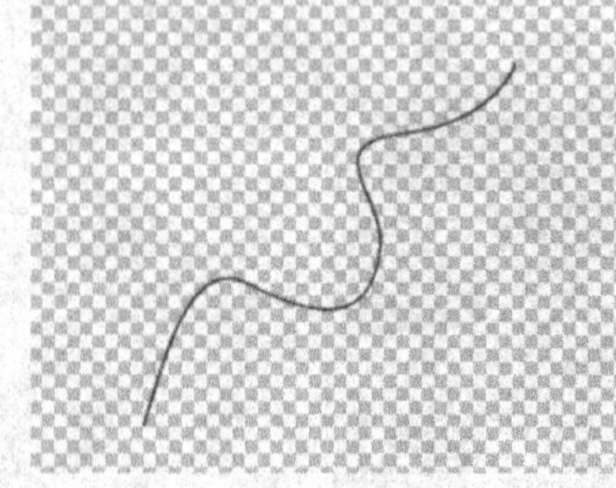

图 14－19　隐藏背景图层

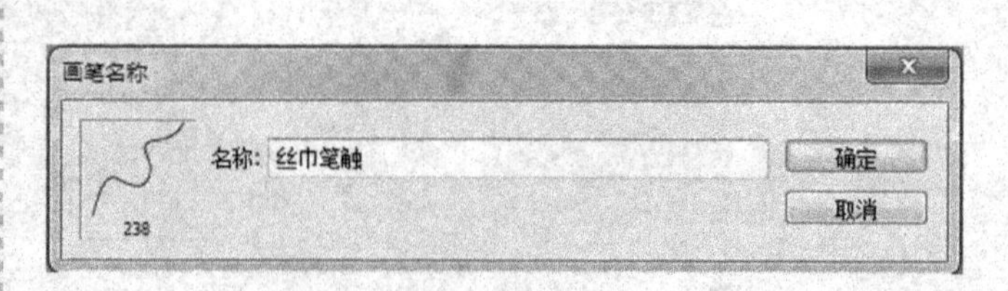

图 14－20　定义笔触

6. 隐藏或者删除“图层 1”，按照步骤 3 的方法绘制一条跟“路径 1”不同的路径，并将其命名为“路径 2”。如图 14－21 所示。

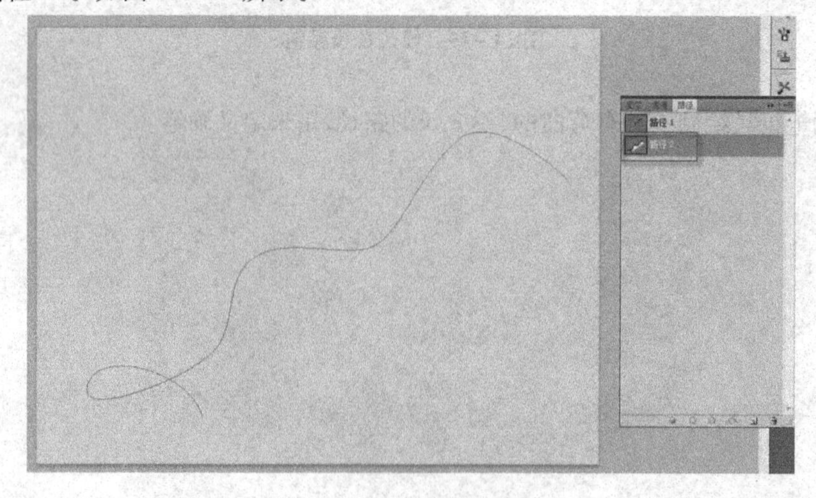

图 14－21　绘制“路径 2”

7. 将前景色设置为自己喜欢的颜色，在工具箱中选择画笔工具，此时画笔的形状应该是刚才定义的笔触造型，在“画笔预设”面板中调整画笔各个参数，数值如图 14－22 所示。

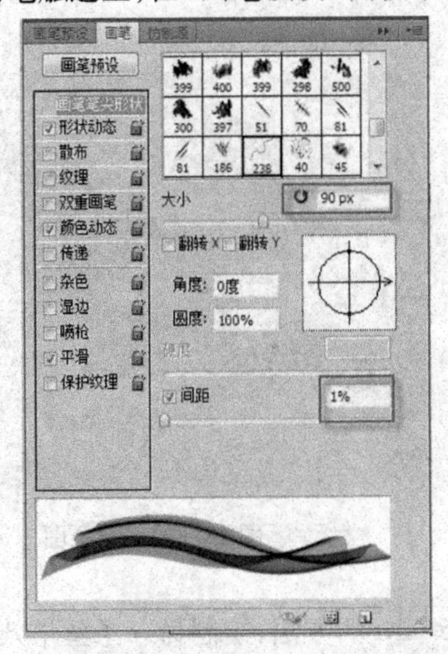

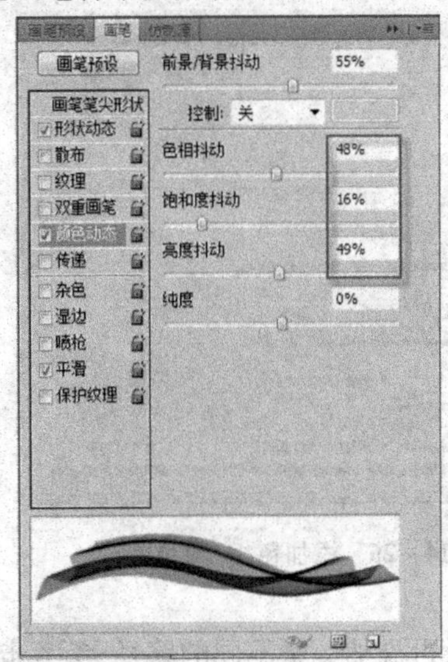

图 14－22　设置画笔参数

8. 新建“图层 2”，在路径面板中单击“用画笔描边”按钮，如图 14－23 所示，在路径面板空白处单击一下，可以隐藏“路径 2”的显示。

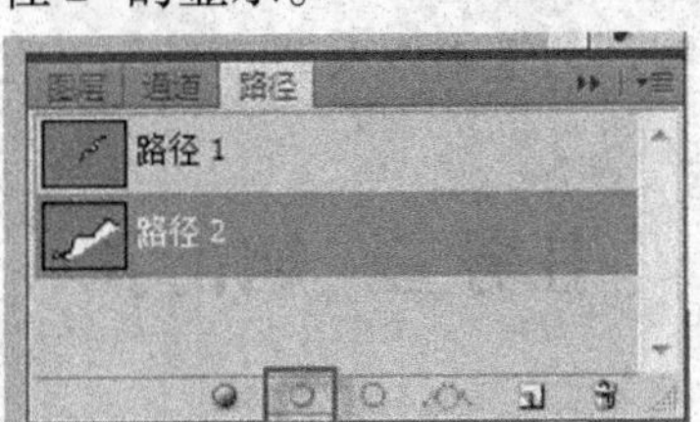

图 14－23　描边第二条路径

9. 执行“滤镜”→“杂色”→“蒙尘与划痕”命令，参数设置如图 14－24 所示，效果如图 14－25所示。

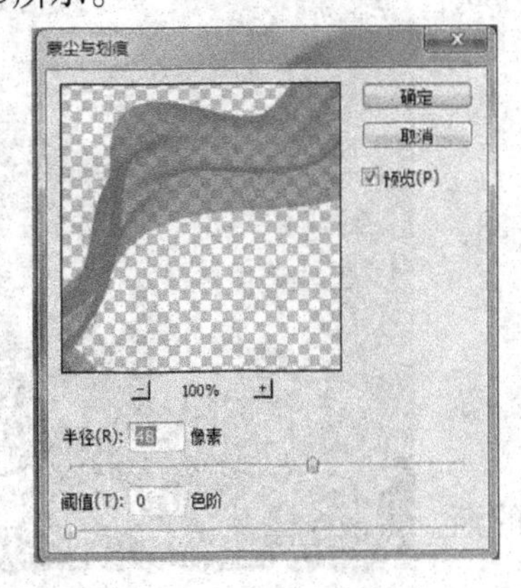

图 14－24　蒙尘与划痕

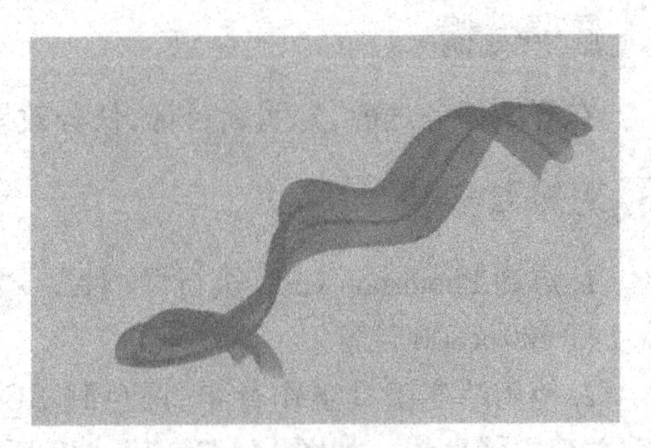

图 14－25　效果图

10. 执行"图像"→"调整"→"色相和饱和度"命令，参数设置如图 14－26 所示，效果如图 14－27 所示。

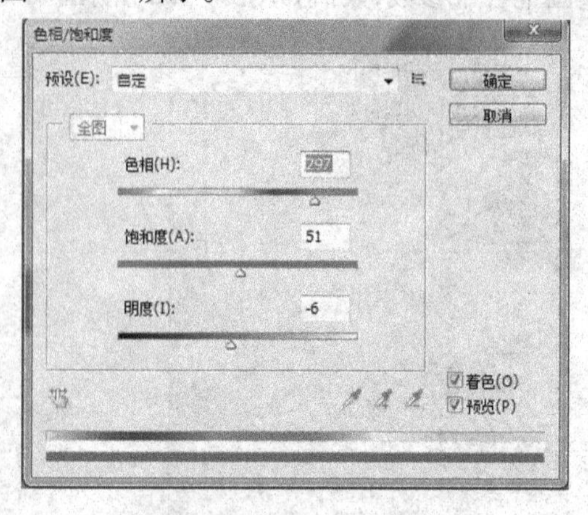

图 14－26　添加色相/饱和度

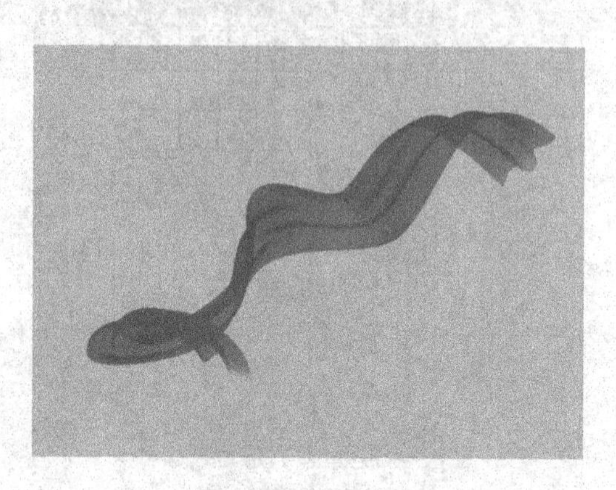

图 14－27　效果图

11. 最后再添加一条不同的路径，参考步骤 6～10 的方法，绘制另一条丝巾效果，然后添加一些背景，至此效果制作完成。

思考与练习

1. 熟练掌握 Photoshop 中笔刷的部分快捷键。

2. 自己可以在网上下载一些新的笔刷载入 Photoshop 中进行绘画。

任务三　烟花字

任务描述

烟花字和烟花的艺术效果一般多用于重大传统节日庆祝的活动中，拍摄这样的照片往往由于条件限制和外在因素干扰难以得到理想的素材，本任务要使用 Photoshop 制作烟花字和烟花的效果。

图 14－28　烟花字效果图

任务分析

在开始任务之前，先明确目标，任务效果如图 14－28。

方法与步骤

1. 启动 Photoshop CS5，执行"文件"→"新建"命令，新建文件 600×800 像素。

2. 使用渐变工具制作背景，黑色到 RGB：066392 的渐变，并建立辅助线。如图 14－29、14－30 所示。

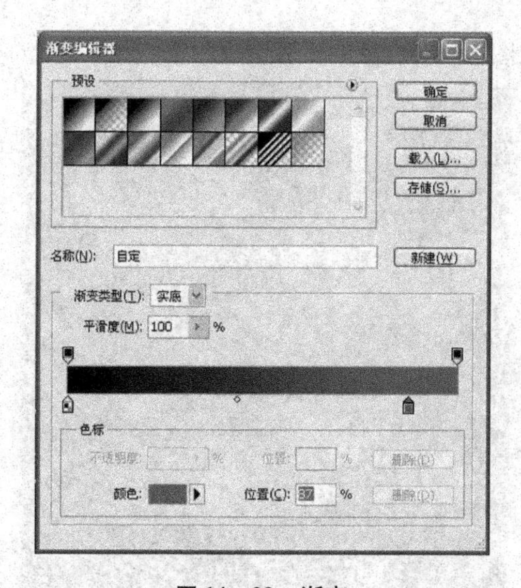

图 14－29　渐变

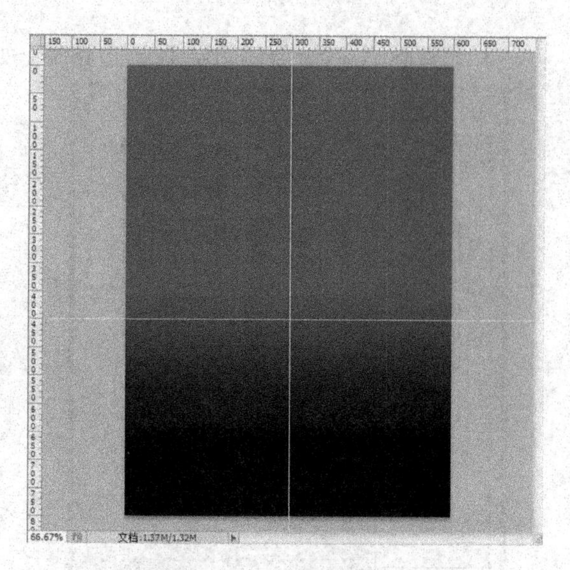

图 14－30　辅助线建立

3. 插入文字，字号为 168，字体为 Arial Rounded，颜色为白色。如图 14－31 所示。

图 14－31　插入文字

图 14－32　建立选区

4. 按住【Ctrl】键单击图像所在图层，建立选区如图 14－32 所示，在路径面板中选择生成路径。如图 14－33 所示。

图 14－33　生成路径

5. 调整画笔参数,新建图层 1,描边路径。如图 14－34、14－35 所示。

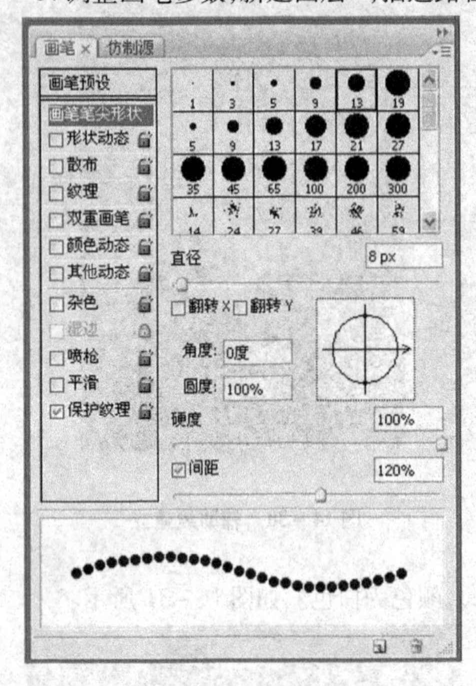

图 14－34　设置画笔

图 14－35　画笔描边

6. 执行“滤镜”→“扭曲”→“极坐标”命令。如图 14－36、14－37 所示。

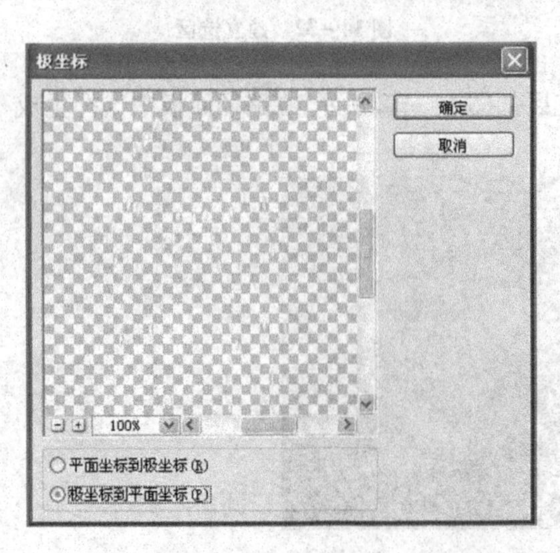

图 14－36　极坐标参数

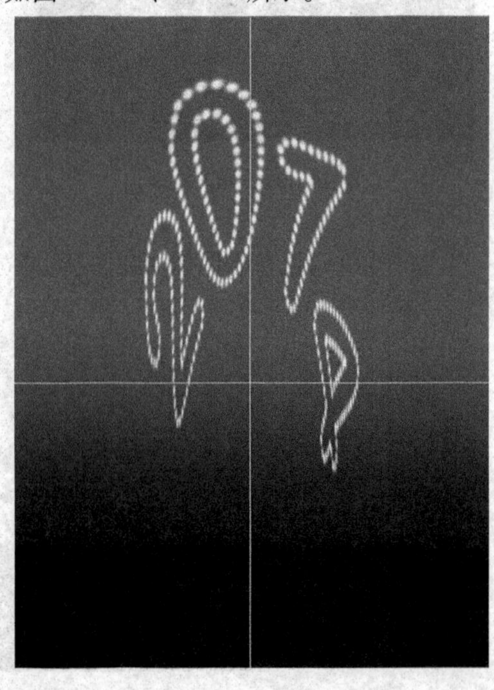

图 14－37　极坐标效果

7. 执行"编辑"→"变换"→"顺时针旋转 90 度"命令。如图 14－38 所示。

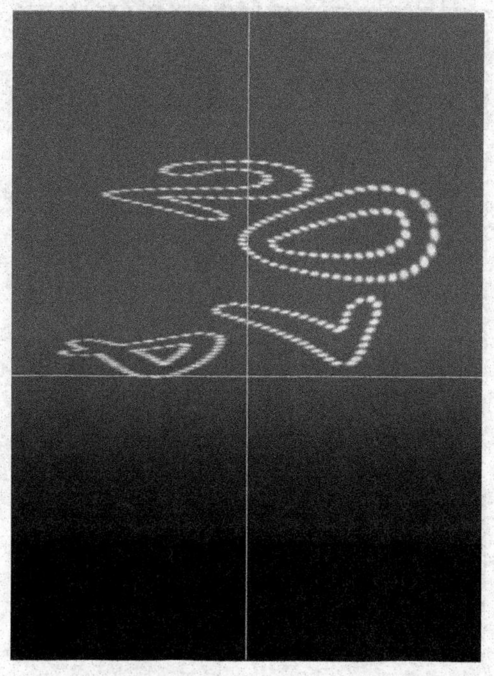

图 14－38　顺时针旋转

8. 执行"选择"→"滤镜"→"风格化"→"风"命令，为了加强效果，可以用【Ctrl＋F】快捷键重复滤镜效果。如图 14－39、14－40 所示。

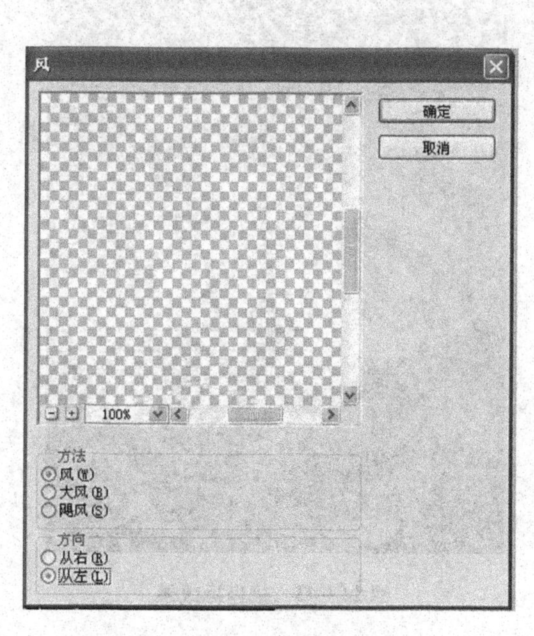

图 14－39　滤镜参数

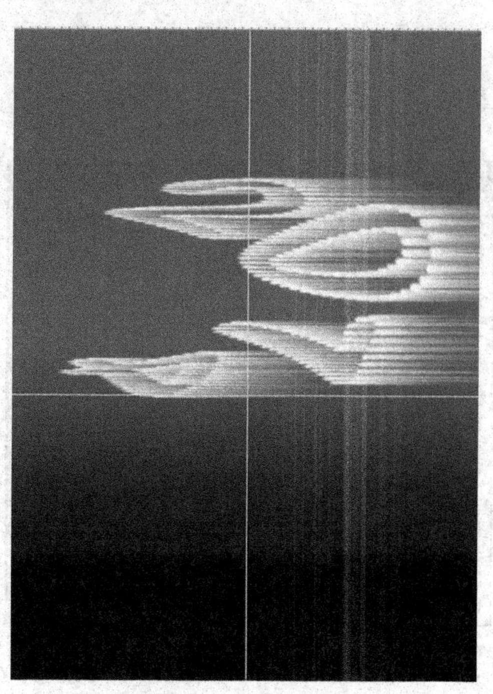

图 14－40　风格化效果

9. 执行“编辑”→“变换”→“逆时针旋转 90 度”命令。如图 14－41 所示。

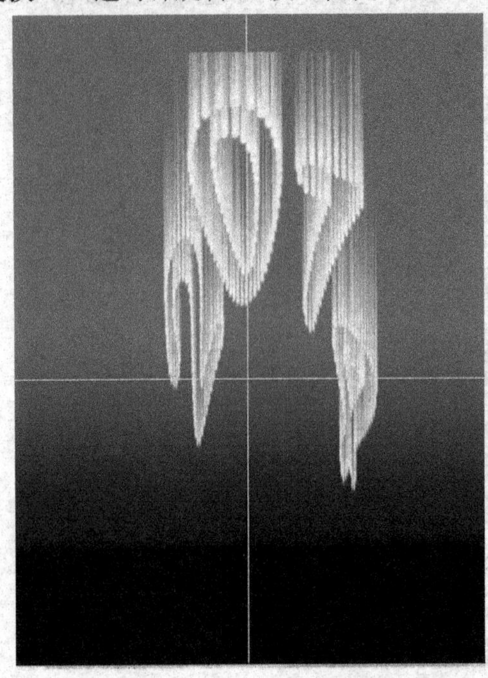

图 14－41　逆时针旋转

10. 执行“滤镜”→“扭曲”→“极坐标”命令。如图 14－42、图 14－43 所示。

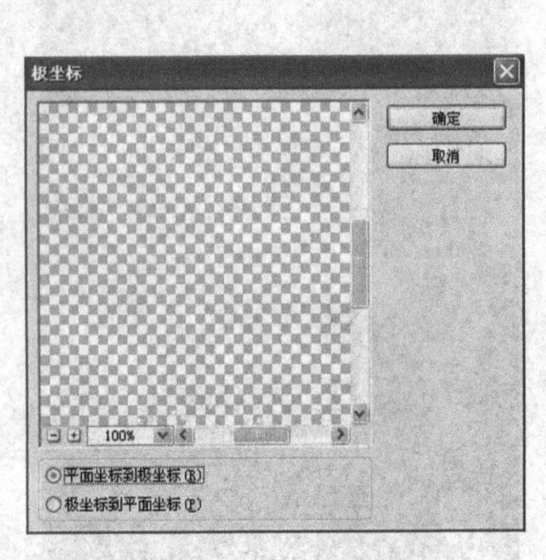

图 14－42　极坐标参数

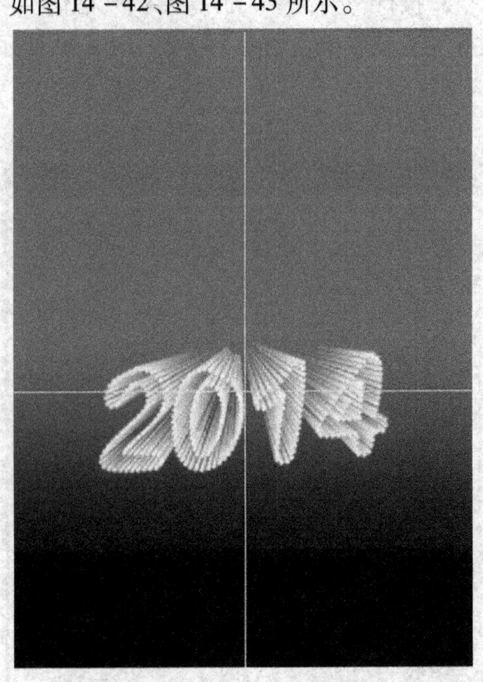

图 14－43　极坐标效果

11. 新建图层，改名为“烟花一”，设置画笔工具如图 14 - 44 所示，绘制图形如图 14 - 45 所示，复制“烟花一”图层改名为“烟花二”。

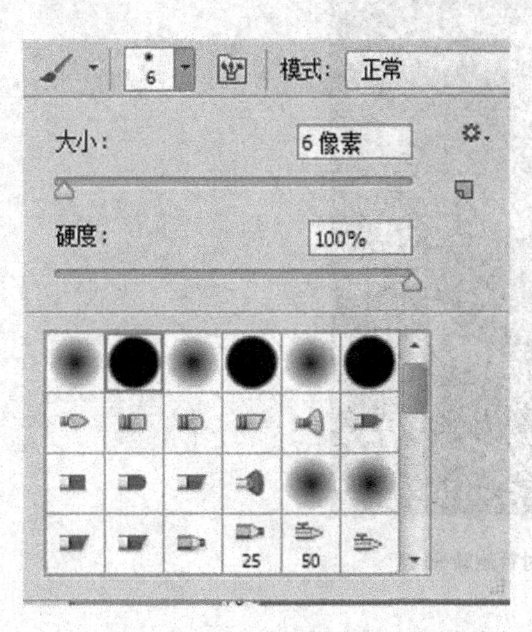

图 14 - 44　设置画笔

图 14 - 45　绘制图形

12. 执行“滤镜”→“扭曲”→“极坐标”命令。如图 14 - 46、14 - 47 所示。

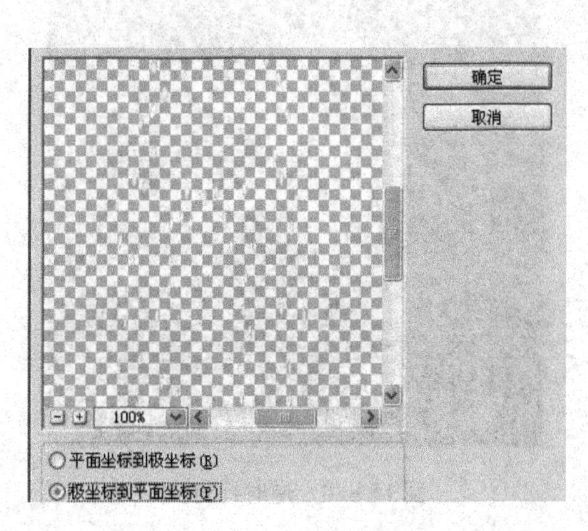

图 14 - 46　极坐标参数

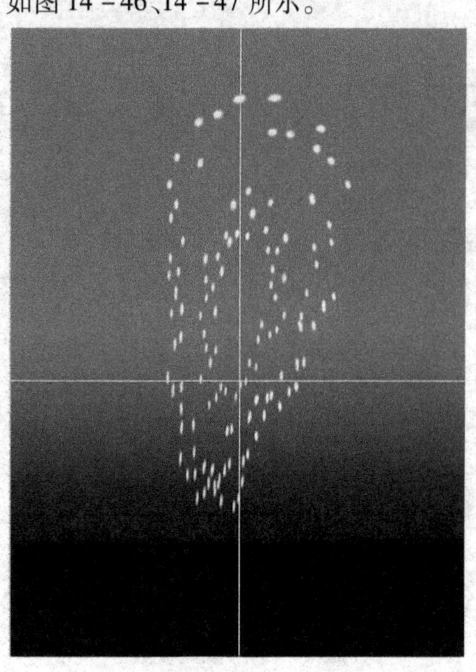

图 14 - 47　极坐标效果

13. 执行"编辑"→"变换"→"顺时针旋转 90 度"命令。如图 14－48 所示。

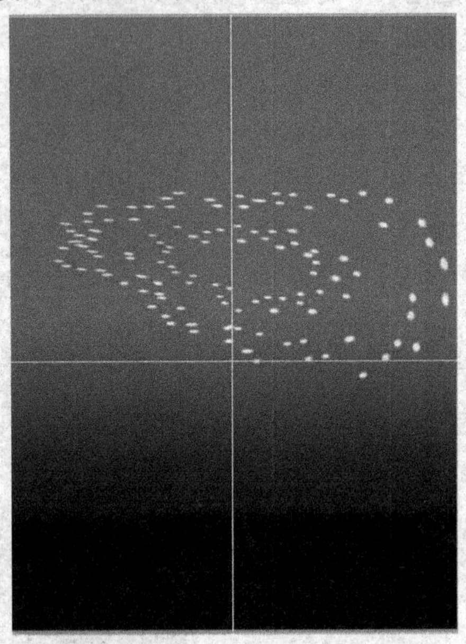

图 14－48　顺时针旋转 90 度

14. 执行"选择"→"滤镜"→"风格化"→"风"命令，为了加强效果可以用【Ctrl＋F】键重复滤镜效果，然后再逆时针旋转 90 度。如图 14－49、14－50 所示。

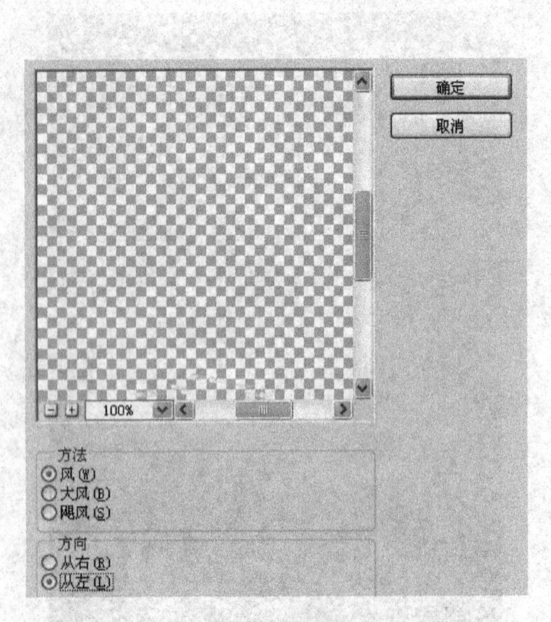

图 14－49　滤镜参数

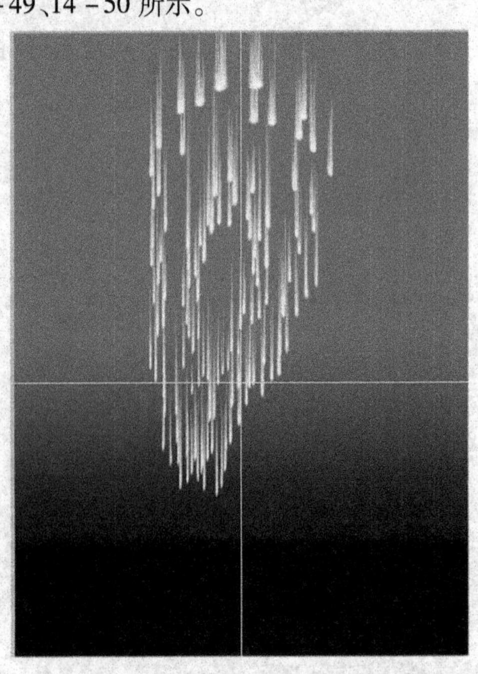

图 14－50　逆时针旋转

15. 执行“滤镜”→“扭曲”→“极坐标”命令。如图 14－51、14－52 所示。

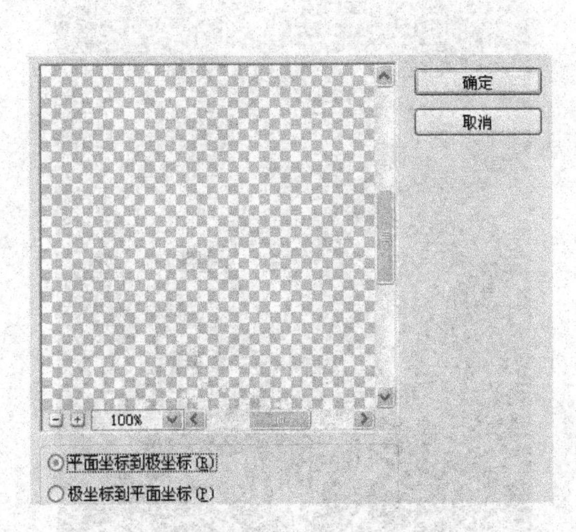

图 14－51　极坐标参数

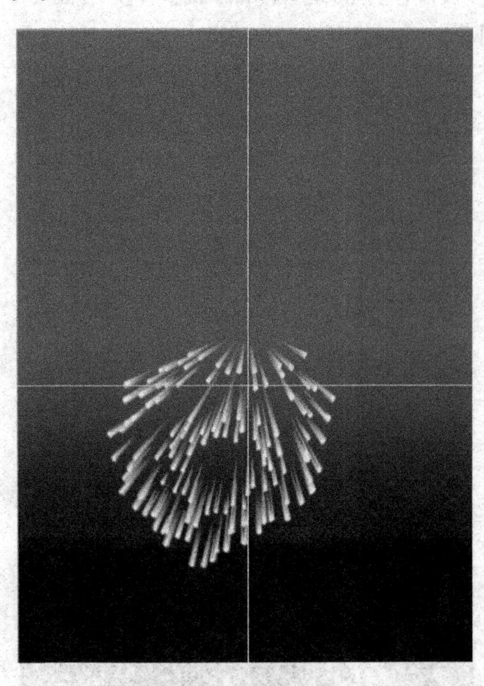

图 14－52　极坐标效果

16. 移动“烟花二”的位置，使用同样的方法，制作“烟花二”，复制“烟花二”改名为“烟花三”，按【Ctrl + T】键进行缩放。如图 14－53、14－54 所示。

图 14－53　“烟花二”位置

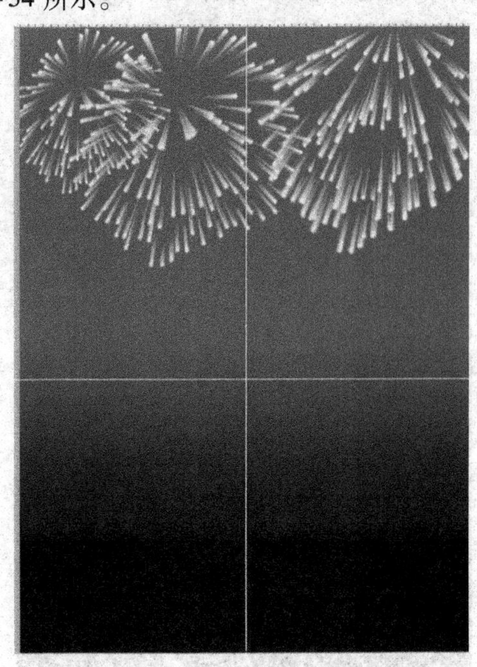

图 14－54　烟花效果

17. 新建图层“底部烟花”，使用画笔，绘制图形如图 14－55、14－56 所示，制作底部烟花。

图 14－55　底部烟花图形

图 14－56　底部烟花效果

18. 新建“图层 2”，将图层模式改为“颜色”，建立选区，使用渐变工具制作烟花效果。如图 14－57、14－58 所示。

图 14－57　底部烟花效果

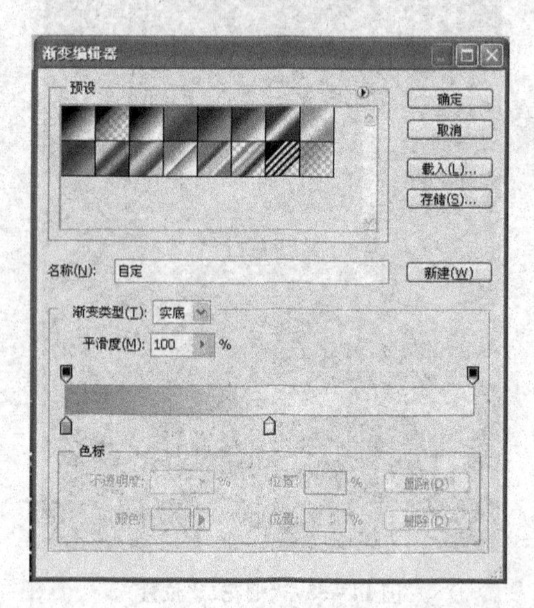

图 14－58　渐变设置

19. 添加“烟花一”的图层样式，RGB 为 f5f805。如图 14－59 所示。

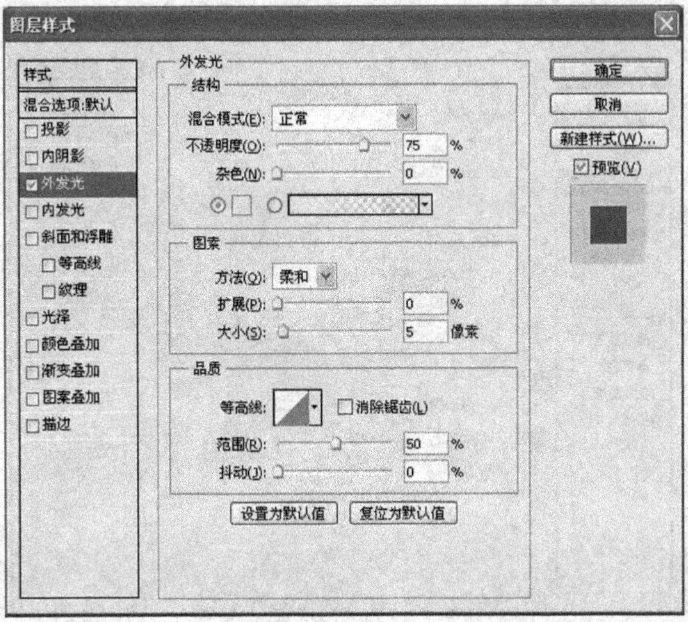

图 14－59　“烟花一”样式

20. 添加“烟花二”图层样，RGB 为 f308c4。如图 14－60 所示。

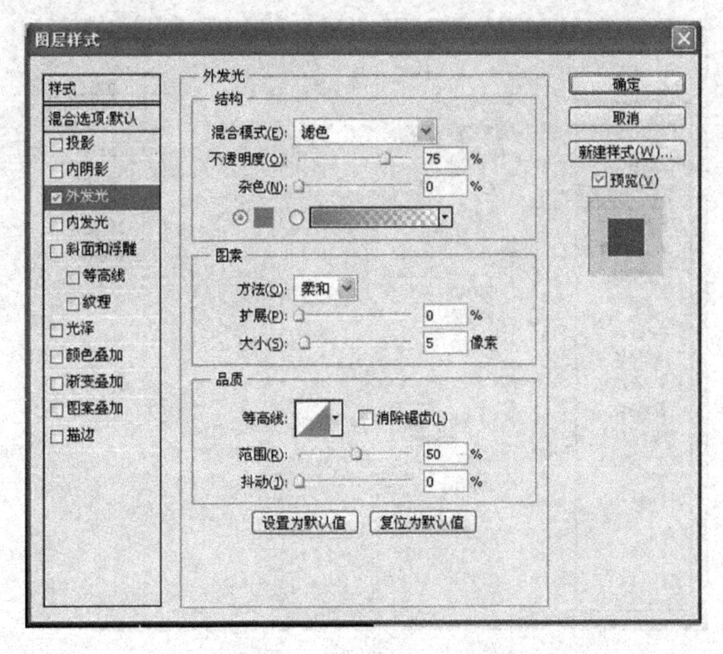

图 14－60　“烟花二”样式

21. 添加“烟花三”图层样式。RGB 为 64f305。如图 14－61 所示。

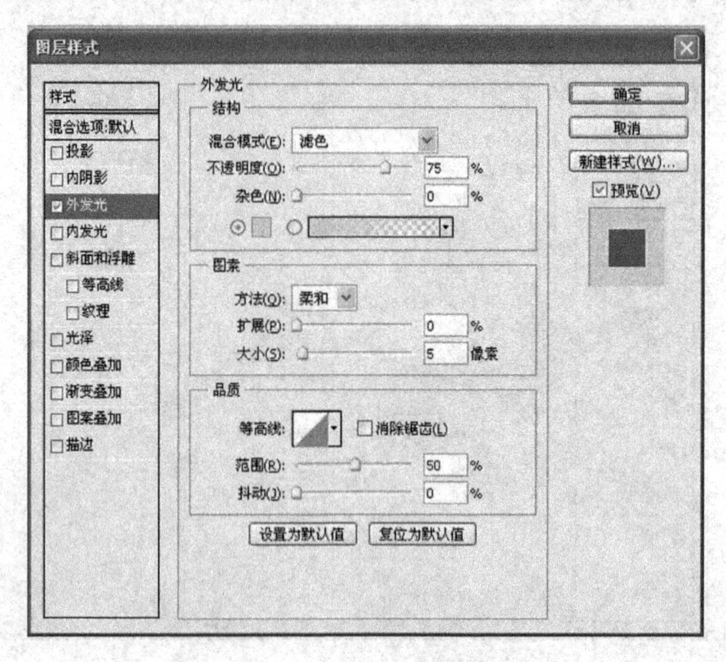

图 14－61 “烟花三”样式

22. 添加“图层 1”图层样式,RGB 为 f8082f。如图 14－62 所示。

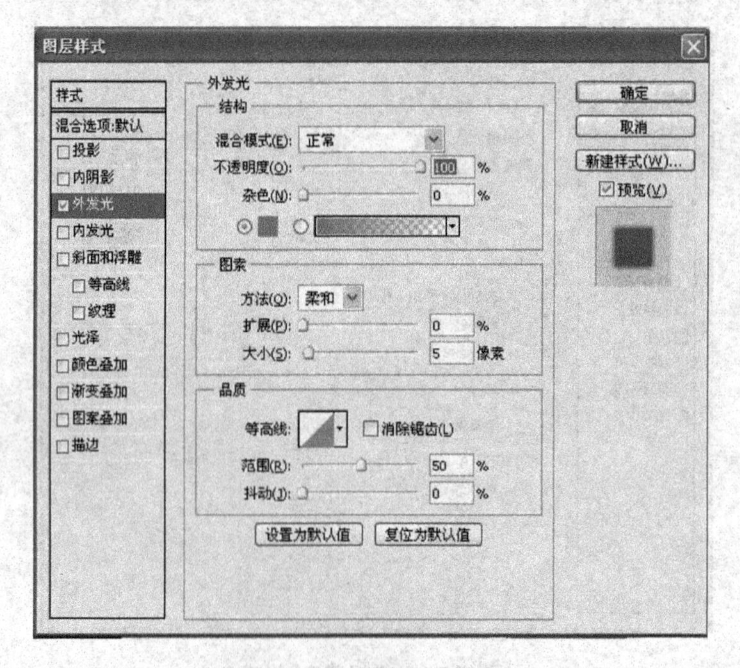

图 14－62 “图层 1”样式

项目实训　笔刷绘画

根据之前对笔刷的介绍，自制一些笔刷并进行创新绘画，完成后，根据下列表格进行打分。

项目描述

不同的笔刷可以画出许多不同的效果，笔刷是画笔工具的一个重要部分，之前给大家介绍了一些关于画笔的设置以及用不同笔刷画出的特殊效果，那么，大家根据自己对笔刷的理解来设定一些新的笔刷，画出自己的创意。

项目要求

1. 自己进行笔刷制作；
2. 有一定的创新。

项目提示

1. 可参考之前介绍的自定义画笔来完成制作；
2. 可以改变笔刷里的参数设置；
3. 要注意笔刷绘画创新与画面相协调。

项目实训评价表

	内　容		评　价		
	学习目标	评价项目	3	2	1
职业能力	学会制作、创新笔刷素材	能搜集素材			
		能创作素材			
		能保存素材			
	各种素材处理得当、有创意	能合理处理素材			
	根据需要对笔刷进行设置	能设置笔刷大小			
		能设置笔刷样式			
	配合背景图片体现笔刷妙处	能设置整体色调			
		能设置主题			
	项目制作完整，有自己的风格和一定的艺术性、观赏性	内容符合主题			
		内容有新意			
	整体构图、色彩、创意完整	内容具体整体感			
		内容具有自己的风格			

续表

	内容		评价		
	学习目标	评价项目	3	2	1
通用能力	交流表达能力	能准确说明设计意图			
	与人合作能力	能具有团队精神			
	设计能力	能具有独特的设计视角			
	色调协调能力	能协调整体色调			
	构图能力	能布局设计完整构图			
	解决问题的能力	能协调解决困难			
	自我提高的能力	能提升自我综合能力			
	革新、创新的能力	能在设计中学会创新思维			
综合评价					

项目十五　我也会设计——标志设计

项目描述

标志，是表明事物特征的记号、商标。它以单纯、显著、易识别的物象、图形或文字符号为直观语言，除表示什么、代替什么之外，还具有表达意义、情感和指令行动等作用。英文俗称为：LOGO（标志）。通过造型简单、意义明确的统一标准的视觉符号，将经营理念、企业文化、经营内容、产品特性等要素传达给社会公众，使之被识别和认同。

徽章，简言之，就是佩带在身上用来表示身份、职业的标志。它有着悠久的历史，它的起源最早可以追溯到原始社会氏族部落的图腾标志。徽章的种类有：国徽、党徽、警徽、军徽、陆军徽、海军徽、空军徽、城管徽、林业徽、检疫徽、公安徽、妇联徽、医院徽、司法徽、税务徽、刑警徽、法院徽、检察院徽、路政徽、政协徽、工商徽、人民调解徽等。徽章可以很好地起到一个内部识别的作用，一般来说同一个集体、机构确立好徽章后都会制作分发给大家佩戴，日后也可以起到一个纪念作用。

软件图标，就是我们日常生活中使用手机或者计算机的时候要打开某个应用程序时，所寻找的那个易于识别的图案，比如照相机、信息、电话、互联网、日历、闹钟、设置、股票软件、计算器等的应用程序，做手机图标先要定好主题、风格，以及表现方式，如：简洁大方；古朴厚重；晶莹剔透；是写实的3D图标还是平面化的图标。这一步是和整个交互界面密不可分的。

能力目标

通过标志设计项目的制作学习，可以掌握几种工具在Photoshop中的综合应用：1. 移动工具；2. 矩形选框工具；3. 钢笔工具；4. 钢笔路径描边；5. 椭圆选区工具；6. 减淡工具；7. 填充工具；8. 画笔工具。

任务　珠海一职二十周年徽章设计

任务描述

本任务要制作一个“珠海一职二十周年徽章设计”，以让大家对徽章设计有一个总体和初步的接触。本任务通过制作“珠海一职二十周年徽章设计”的标志为例来学习如何制作徽章，在徽章设计中，首先要设计好徽章的外观形状，因为徽章有各种各样的造型，有圆形、方形、星星形、盾牌形等形状，本任务的徽章是盾牌形的，盾牌的边缘绘制了金属的效果，用路径文字制作出“珠海市第一中等职业学校”居中放置，然后在中间绘制一个造型简洁、动感十足的人物，再添加一条彩带，形似“20”的数字，寓意是我们跨过二十周年，将会朝着更高目标前行。

任务分析

标志效果如图 15 - 1 所示，盾牌徽章的外观，里面有一个简洁的人物造型加上一条彩带，给人一种争取更高更强的感觉。

图 15 - 1　珠海一职二十周年徽章效果图

方法与步骤

1. 启动 Photoshop CS5，执行“文件”→“新建”命令，或者按快捷键【Ctrl + N】新建一个大小为 210 毫米 ×297 毫米的图像文件，分辨率为 300 像素/英寸，颜色模式为 RGB，背景为白色，图像文件名称为“珠海一职二十周年徽章”。如图 15 - 2 所示。

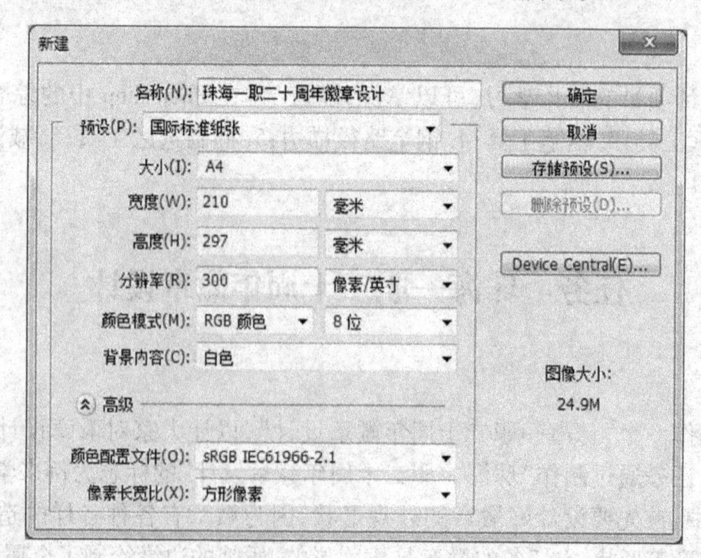

图 15 - 2　新建文件

2. 新建一个图层，重命名为“背景”，填充背景颜色参数如图 15－3 所示。

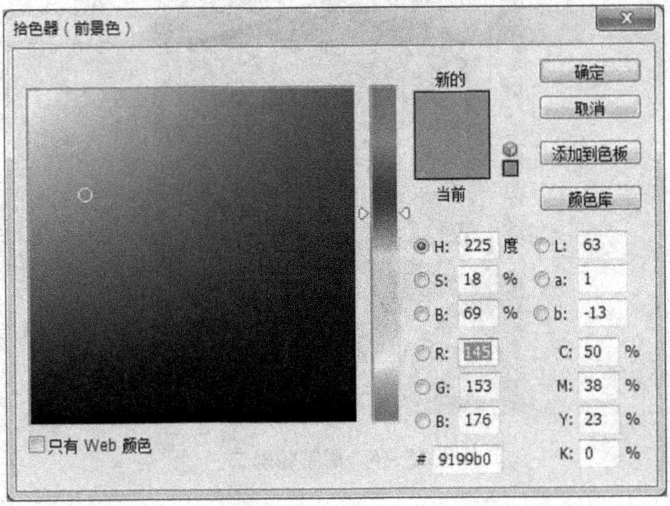

图 15－3　背景颜色参数

3. 新建一个图层，重命名为“徽章轮廓一”，用钢笔工具绘制出盾牌的外轮廓。效果如图 15－4 所示。按【Ctrl + Enter】键将路径转换为选区，为选区填充白色，效果如图 15－5 所示。

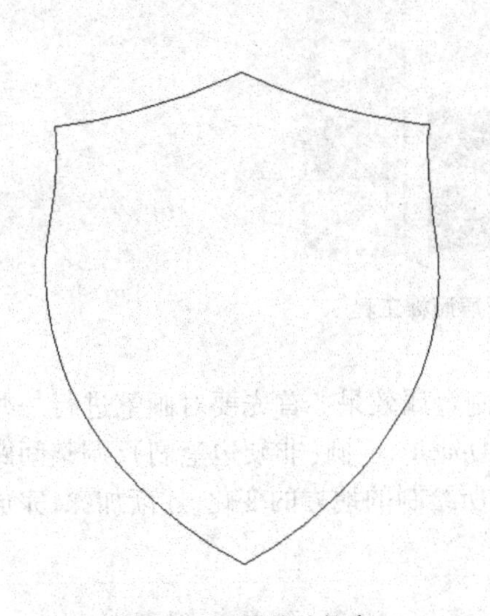

图 15－4　盾牌外轮廓

图 15－5　填充白色

4. 新建一个图层，命名为“盾牌轮廓二”，按【Ctrl】键的同时单击图层激活“盾牌底部”选区，然后切换到“盾牌轮廓二”图层，填充颜色为红色，按【Ctrl + T】键调出自由变换工具，同时按着【Alt + Shift】键进行以中心缩放图形，得到如图 15－6 所示效果。

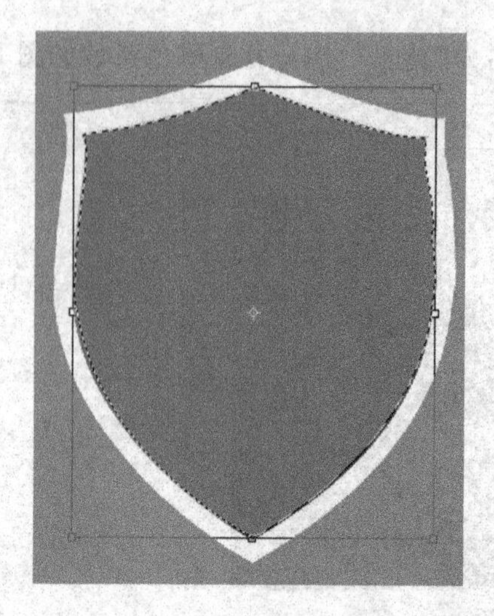

图 15－6 盾牌轮廓二

5. 此时,按住【Shift】键选择这两个图层,并且按【Ctrl + E】键合并图层,如图 15－7 所示。用魔棒工具选取白色区域。

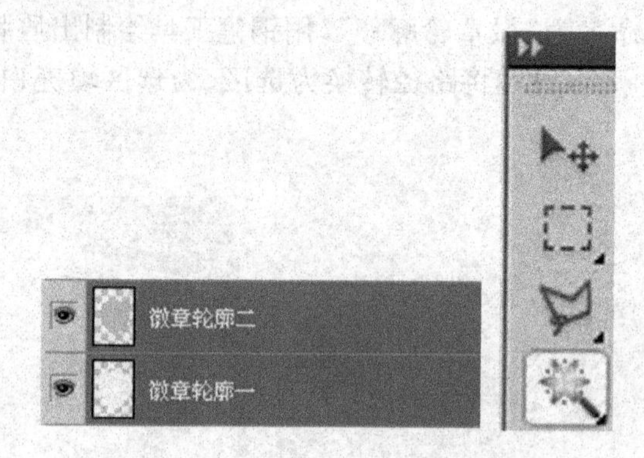

图 15－7 同时选 2 个图层魔棒工具

6. 选择画笔工具,准备在选取的白色区域上绘制金属效果。首先要对画笔进行一些设置,设置不透明度为 16%,选择 Soft Round Pressure Opacity 笔刷(非硬边笔刷),调整间距为 2%,如图 15－8、15－9 所示。一笔一笔的逐渐观看所绘制的地方的变化,逐渐加深,完成效果如图 15－10 所示。

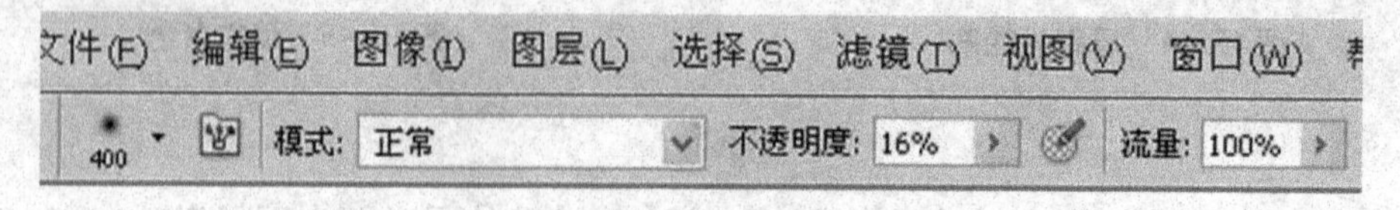

图 15－8 设置画笔透明度为 16%

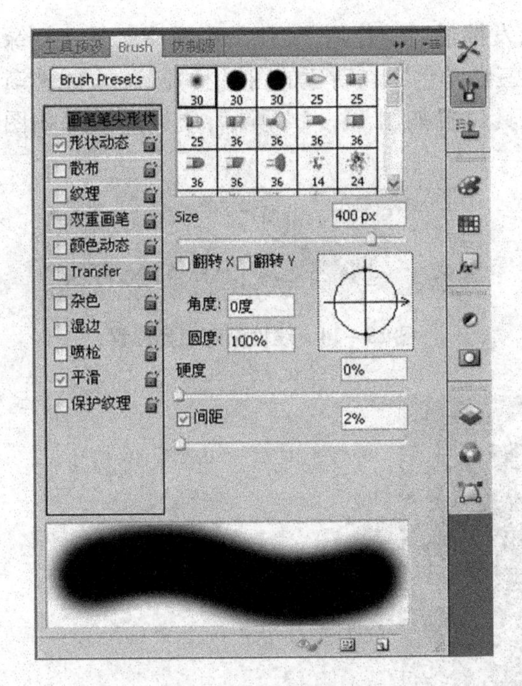

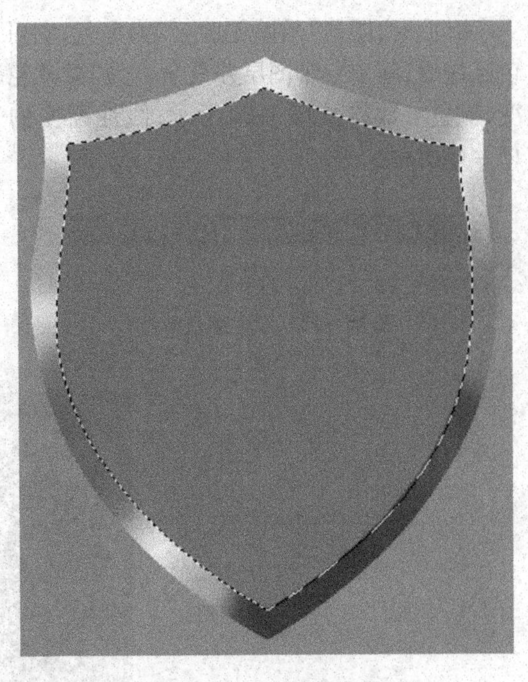

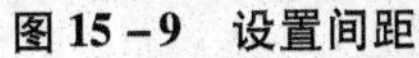

图 15－9　设置间距　　　　图 15－10　绘制后效果

注意:绘制的时候逐渐加重层次,一笔一笔的加深色块,注意整体效果。

7. 接下来我们来制作盾牌内部的一个小厚度,方法同上,不过为了更好的区分,我们把魔棒工具所做的选取颜色改为绿色并命名为“盾牌轮廓三”。在这里要简单强调一下:必须依靠上一个图层的选区,填充白色后,继续缩放到一定的大小后填充绿色,因此才产生了白色区域和绿色区域的区别。有了区别才能在合并图层后方便直接使用魔棒工具选取要绘制的区域。绘制时的选区如图 15－11 所示,绘制完毕后效果如图 15－12 所示。

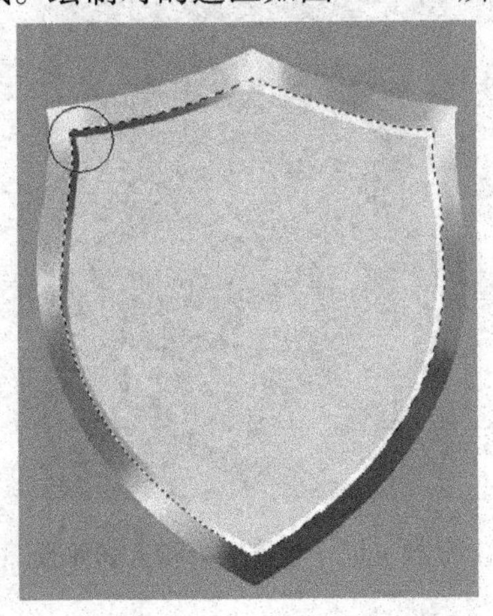

图 15－11　绘制的选区　　　　图 15－12　绘制完毕

注意:激活选区后,按快捷键【Ctrl + D】是取消选择选区。

8. 此时,图层“盾牌轮廓三”为绿色,它可以发挥最后的作用了,就是用魔棒工具选择绿色区域后,新建一个图层并重命名为“徽章轮廓三咖啡色”,在新建的图层上填充一个线性渐变,颜色参数如图 15－13 所示,线性渐变的工具位置如图 15－14 所示,填充后效果如图 15－15所示。

图 15－13 渐变颜色参数

图 15－14 线性渐变工具位置

图 15－15 填充后效果

9. 下面我们来制作文字,这里的文字用到的是路径文字,要先用钢笔工具(圆形路径或者其他路径也可以)绘制出这里需要的弧形路径如图 15－16 所示,绘制后,直接选择文字工具,把鼠标移动到路径上,这时鼠标会出现一个圆圈,就可以单击输入了,调整字体颜色为白色,并且新建一个图层重命名为“人物图案”并绘制出如图 15－17 所示的路径。

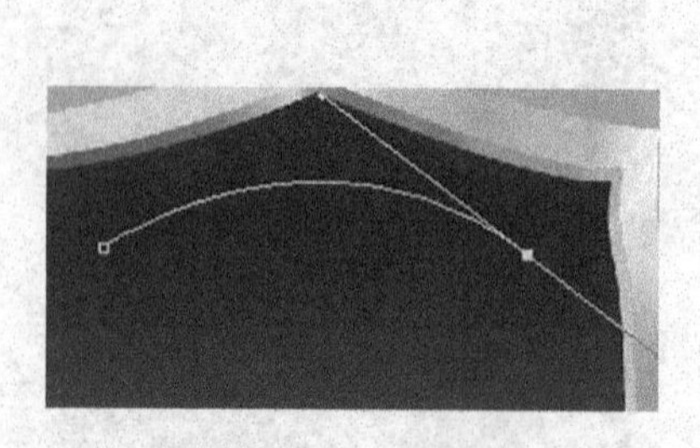

图 15－16 绘制路径

图 15－17 字体效果和人物路径

10. 按【Ctrl + Enter】键将路径转换为选区,并填充线性渐变(渐变颜色参数吸取盾牌底色)如图 15－18 所示,并使用圆形选区添加人物的头,填充颜色和身体一样,用径向渐变,完成效果如图 15－19 所示。

图 15－18　线性渐变参数

图 15－19　填充完成后效果

11. 新建一个图层命名为“20 数字”，绘制路径“0”如图 15－20 所示，并填充颜色为橙色如图 15－21 所示，继续绘制路径“2”如图 15－22 所示，绘制完毕后按【Ctrl＋Enter】键转为选区，然后填充线性渐变（黄色、橙色），效果如图 15－23 所示。

图 15－20　路径“0”

图 15－21　填充橙色

图 15－22　绘制“2”

图 15－23　填充“2”线性渐变

12. 这个图层“20 数字”是放在人物图层的后面的，但是这里有个问题，前面部分会被人物挡住，因此需要在人物图层上面新建一个图层并命名为“修补层”，绘制一个与背后路径吻合的区域，填充为橙色，选区效果如图 15－24 所示。

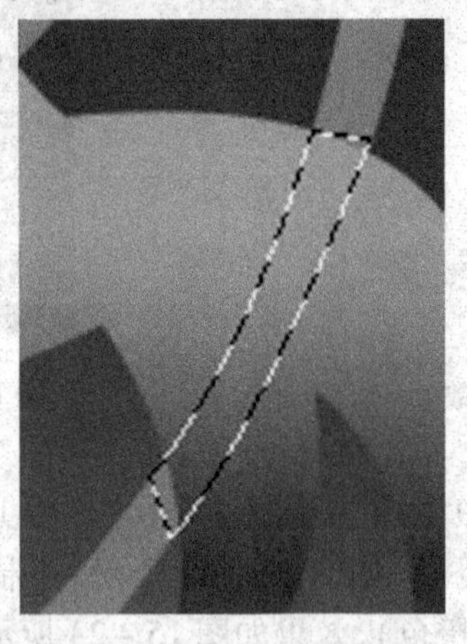

图 15－24　修补层的选区形状

13. 新建一个图层命名为“星星左”，使用多边形工具，绘制一个星星后填充黄色（和人物颜色的黄色相同），按住【Alt】键单击星星，并拖动复制星星，排列出如图 15－25 所示的星星效果。新建一个图层命名为“星星右”，复制图层“星星左”，按【Ctrl＋T】键拖动水平翻转过去。得到效果如图 15－26 所示。用魔棒工具选取一个星星，放在正中间最下方。如图 15－27 所示。

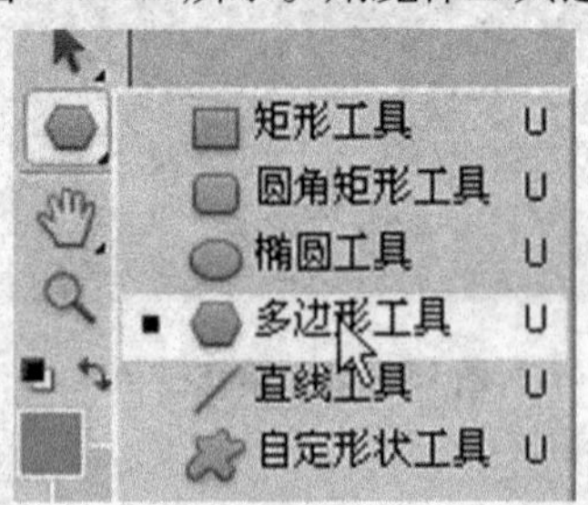

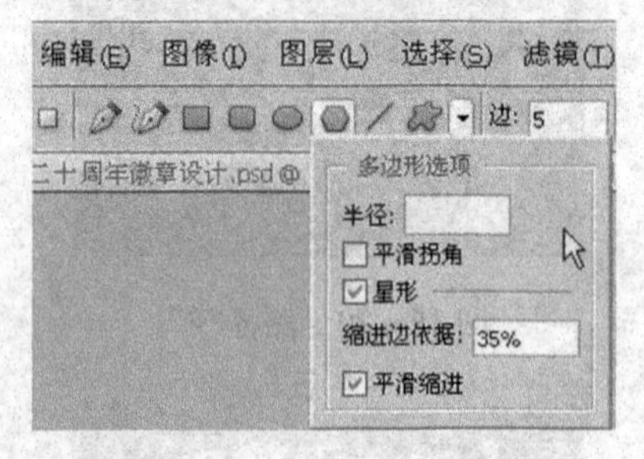

图 15－25　多边形工具的设置和排列星星

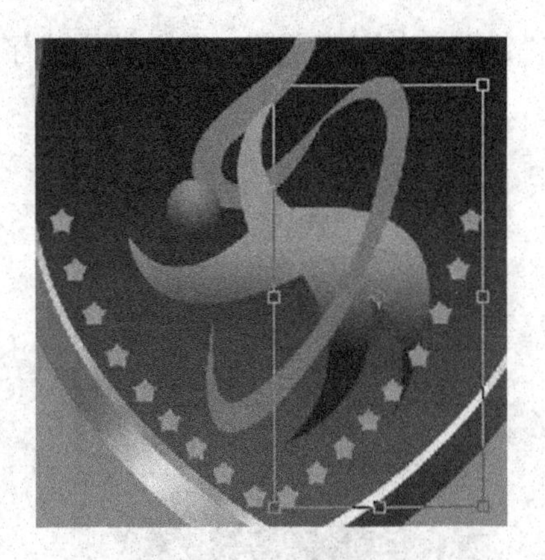

图 15 - 26 复制星星

图 15 - 27 魔棒工具选星星

14. 接下来，输入文字“周年”，放的位置如图 15 - 28 所示，对文字进行栅格化处理，如图 15 - 29 所示，栅格化后按【Ctrl】键的同时单击图层，此时图层文字转为选区，为选区填充线性渐变，颜色为用过的橙色和黄色，效果如图 15 - 30 所示。

图 15 - 28 “周年”位置

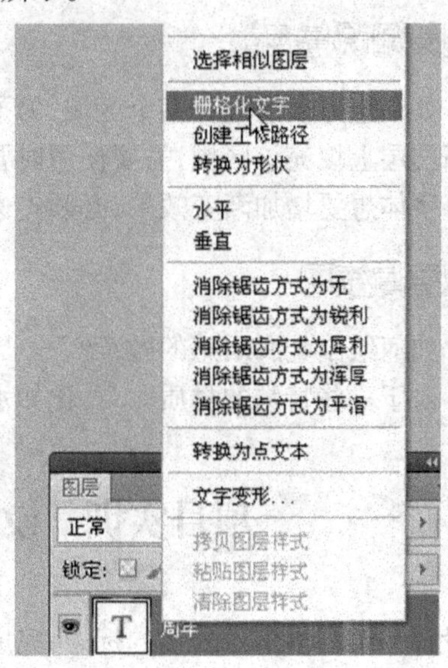

图 15 - 29 栅格化文字

图 15 - 30 载入选区填充颜色

15. 最后,绘制路径如图 15－31 所示,添加数字“1993—2013”,这样,徽章就完成了,最终效果如图 15－32 所示。

图 15－31　绘制路径

图 15－32　最终效果

相关知识与技能

1. 如果想方便的选择某个区域,为了方便使用魔棒工具选取,可以用一个另类的颜色在一个新图层上填充该区域,需要使用时要打开此图层。

2. 字体想要增加渐变效果,必须先进行栅格化,然后再转换成选区。

思考与练习

1. 如何绘制金属质感的徽章?

2. 对于一些特殊的材质徽章,比如水晶、玻璃如何绘制?

项目实训　设计鼎固房产公司的标志

设计一个鼎固房产公司的标志,完成后,根据下列表格进行打分。

项目描述

公司标志能让人直观地感觉到这个公司的业务性质或者服务宗旨等,所以一个好的标志很重要,从造型、寓意、色彩上都有符合公司的性质。

项目要求

1. LOGO 要求简洁大方;

2. 色彩鲜明;

3. 打上“鼎固房产公司”的文字和拼音。

项目提示

1. 使用钢笔工具绘制轮廓;

2. 使用填充工具和渐变工具进行上色。

项目实训评价表

<table>
<tr><td rowspan="2"></td><td colspan="2">内　容</td><td colspan="3">评　价</td></tr>
<tr><td>学习目标</td><td>评价项目</td><td>3</td><td>2</td><td>1</td></tr>
<tr><td rowspan="13">职业能力</td><td rowspan="3">标志色彩鲜明,图案简洁易懂,大方得体</td><td>造型设计</td><td rowspan="3"></td><td rowspan="3"></td><td rowspan="3"></td></tr>
<tr><td>色彩鲜明</td></tr>
<tr><td>大方易懂</td></tr>
<tr><td>能设计出和公司名称有关联的创意</td><td>能合理处理素材</td><td></td><td></td><td></td></tr>
<tr><td rowspan="2">字体的选择</td><td>字体样式</td><td rowspan="2"></td><td rowspan="2"></td><td rowspan="2"></td></tr>
<tr><td>字体颜色</td></tr>
<tr><td rowspan="3">标志的可识别性,传播性,易记性</td><td>识别性</td><td rowspan="3"></td><td rowspan="3"></td><td rowspan="3"></td></tr>
<tr><td>传播性</td></tr>
<tr><td>易记性</td></tr>
<tr><td rowspan="2">标志制作完整,有自己的风格和一定的艺术性、观赏性</td><td>内容符合主题</td><td rowspan="2"></td><td rowspan="2"></td><td rowspan="2"></td></tr>
<tr><td>内容有新意</td></tr>
<tr><td rowspan="2">标志的方案数量</td><td>多种方案供客户选择</td><td rowspan="2"></td><td rowspan="2"></td><td rowspan="2"></td></tr>
<tr><td>方案之间从不同角度表达</td></tr>
<tr><td rowspan="8">通用能力</td><td colspan="2">交流表达能力</td><td></td><td></td><td></td></tr>
<tr><td colspan="2">与人合作能力</td><td></td><td></td><td></td></tr>
<tr><td colspan="2">沟通能力</td><td></td><td></td><td></td></tr>
<tr><td colspan="2">组织能力</td><td></td><td></td><td></td></tr>
<tr><td colspan="2">活动能力</td><td></td><td></td><td></td></tr>
<tr><td colspan="2">解决问题的能力</td><td></td><td></td><td></td></tr>
<tr><td colspan="2">自我提高的能力</td><td></td><td></td><td></td></tr>
<tr><td colspan="2">革新、创新的能力</td><td></td><td></td><td></td></tr>
<tr><td colspan="3">综合评价</td><td colspan="3"></td></tr>
</table>

第六单元

综合设计篇

Photoshop

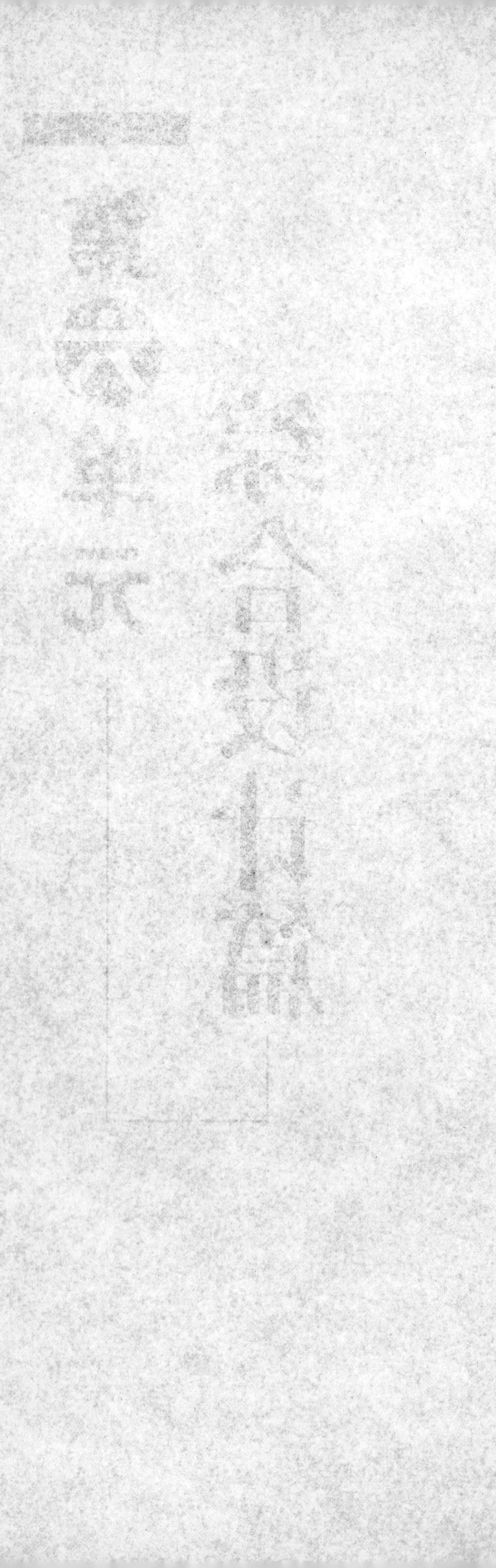

项目十六　东张西贴广而告之——海报设计

项目描述

海报是一种信息传递艺术，是一种大众化的宣传工具。海报设计必须有相当的号召力与艺术感染力，要调动形象、色彩、构图等因素形成强烈的视觉效果；它的画面应有较强的视觉中心，应力求新颖、单纯，还必须具有独特的艺术风格和设计特点。海报是广告的一种表现形式之一，海报与广告既有相同也有不同，海报与广告都是宣传的工具，但是海报更接近事实，广告有更多的夸张成分。本项目将从时下较为流行的商品海报设计的讲解，使学习者深入了解海报制作的一般方法和设计优秀作品的途径。

能力目标

通过海报设计项目的制作学习，可以掌握几种工具在 Photoshop 中的综合应用：1. 在制作过程中应用到 Photoshop 中的移动工具、色彩平衡、蒙版和曲线调整等工具；2. 钢笔工具、移动工具、羽化和路径工具等；3 渐变色工具、路径工具和投影、涂抹工具的应用。

任务　手表——商品海报设计

任务描述

商品海报设计是现代海报设计中不可缺少的一个部分，商业海报是宣传商品或商业服务的商业广告性海报。商品海报的设计，要恰当地配合产品的格调和受众对象。商品海报采用引人注目的视觉效果达到宣传某种商品或服务的目的。本次任务学习手表的海报制作，通过颜色的选取突出“岁月沉淀精华，时间造就精致”的广告语。加上辅助的流动线条和圆形图案，暗示着手表的运转灵活和精密。

任务分析

制作和设计手表的海报，使用的工具并不多，如用渐变色工具设置背景的渐变，手表的抠图与图层样式设置，使用路径工具制作动感的线条，还用到蒙版、涂抹工具等，最后效果如图 16－1 所示。

图 16－1　手表海报效果图

方法与步骤

1. 新建一个 Photoshop 文档，大小为 2450×1732 像素，分辨率为 300 像素/英寸。如图 16－2所示。

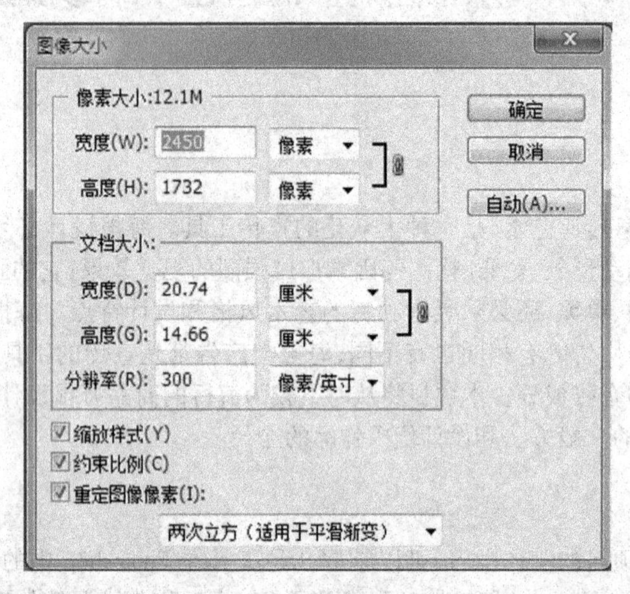

图 16－2　设置新建文件大小

2. 选择前景色为白色，背景色为浅蓝色，渐变方式为径向渐变，在背景图层填充放射性渐变。如图 16－3 所示。

复制“背景”图层，并修改“背景副本”图层的图层填充为63%。如图 16－4 所示。

图 16－3　放射性填充背景

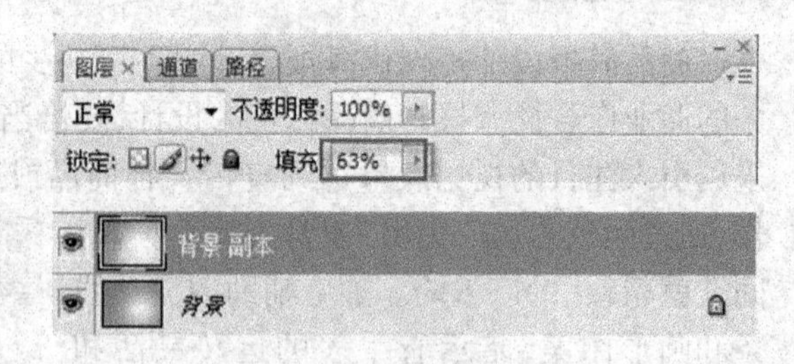

图 16－4　复制图层并修改填充

提示：为什么要使用填充呢？读者可以试试，填充跟不透明度有什么不同呢？为方便说明填充跟不透明度的不同，请您给图层添加图层样式后分别调整不透明度和填充的值试试。

3. 新建图层，设置前景色为浅蓝色，选择画笔工具，设置画笔的参数如图 16－5、16－6 和 16－7 所示。在新的图层上面拖动绘制背景装饰图形，效果如图 16－8 所示。

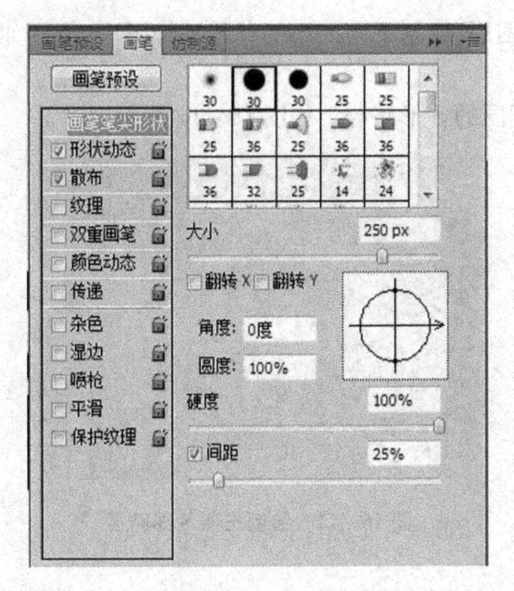

图 16－5　笔尖形状参数

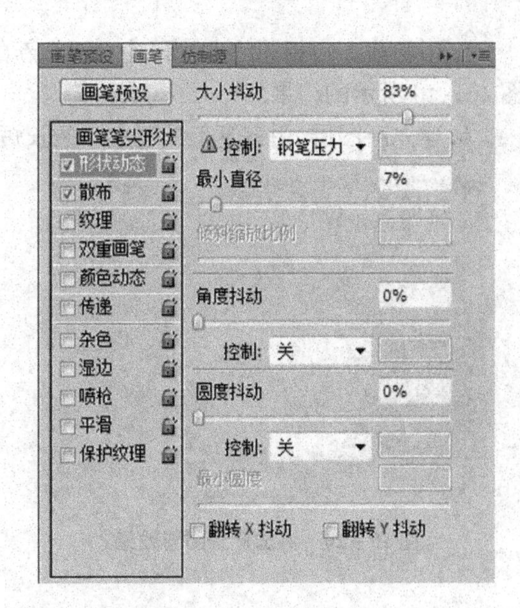

图 16－6　形状动态设置

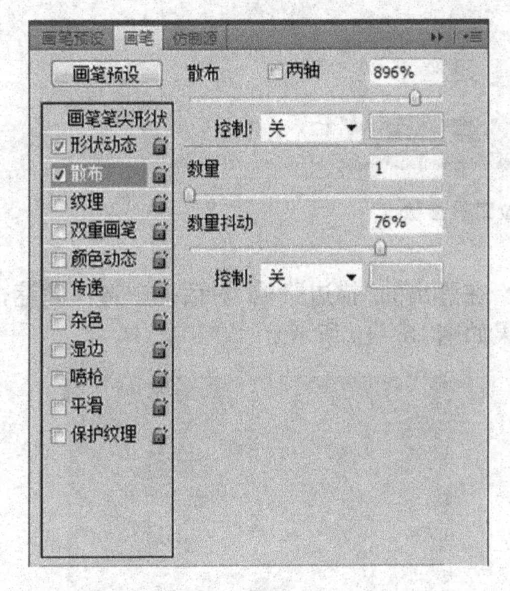

图 16－7　散布参数设置

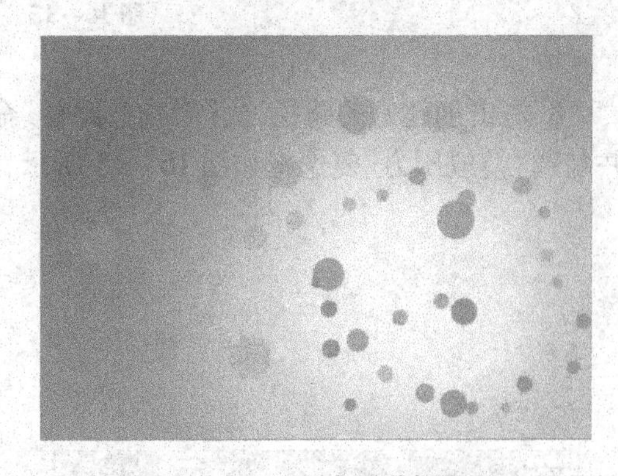

图 16－8　绘制背景装饰图形

4. 将背景装饰图形的填充值调低，降低透明度。如图 16－9 所示。

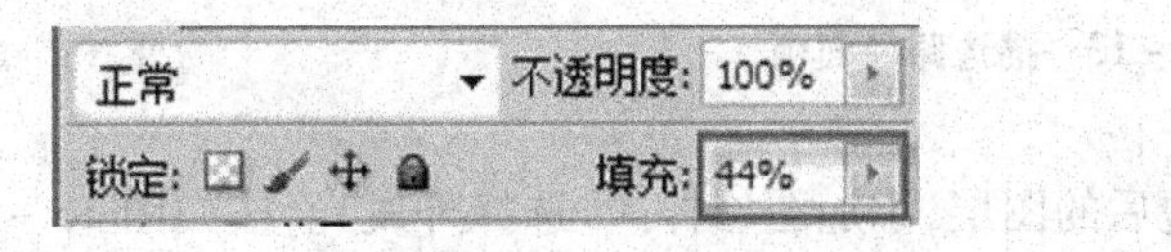

图 16－9　调整填充值

5. 用与第 3 步相同的方法再建立两个新的图层，绘制不同大小的背景装饰图形，得到如图 16－10 所示的结果。

6. 建立新图层，用钢笔工具建立三条长短不同的 S 形路径。如图 16－11 所示。

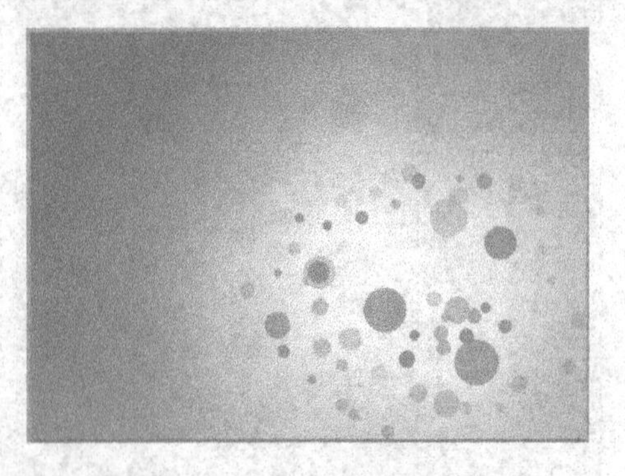

图 16－10　添加背景图形效果

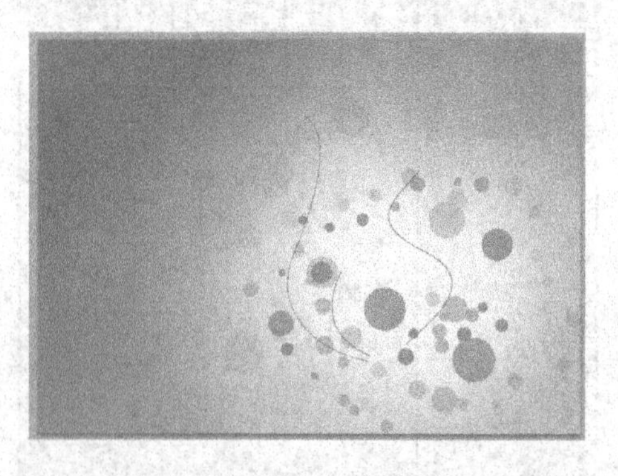

图 16－11　绘制三条 S 形路径

7. 把前景色设定为白色，在窗口左上角右击，选择复位所有工具，将所有工具参数复位。如图 16－12 所示。

图 16－12　复位工具参数

8. 右击创建好的路径，执行“描边路径”命令，在弹出的“描边路径”对话框中选择画笔，并勾选“模拟压力”复选框如图 16－13 所示，效果如图 16－14 所示。

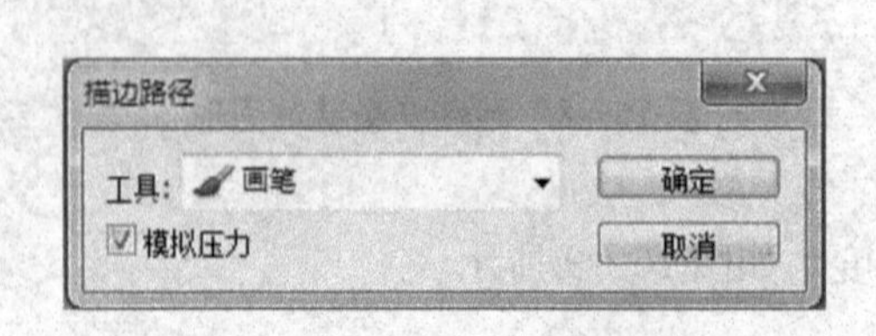

图 16－13　描边路径面板

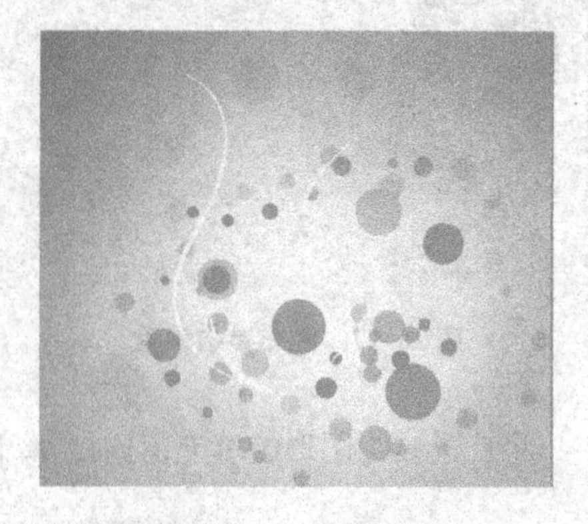

图 16－14　描边效果

9. 双击描边后的图层，添加图层样式，选择外发光，按如图 16－15 所示进行设置。得到的效果如图 16－16 所示。

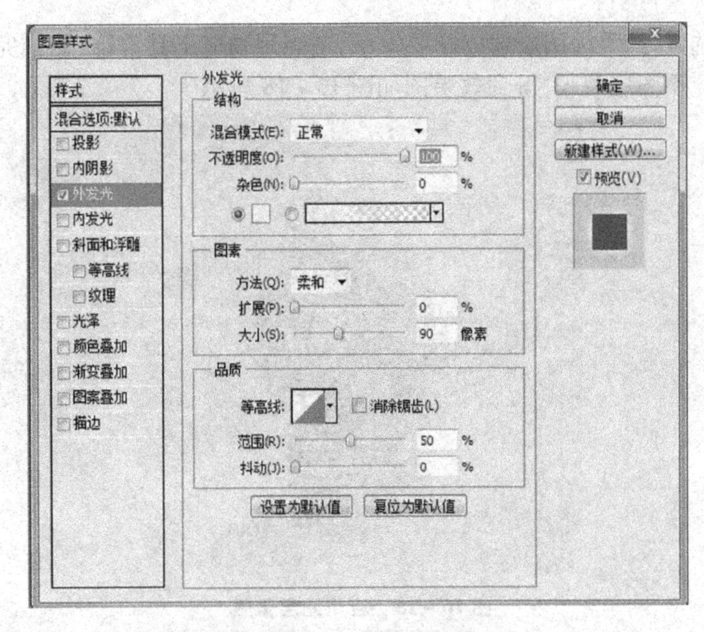

图 16－15　设置图层样式

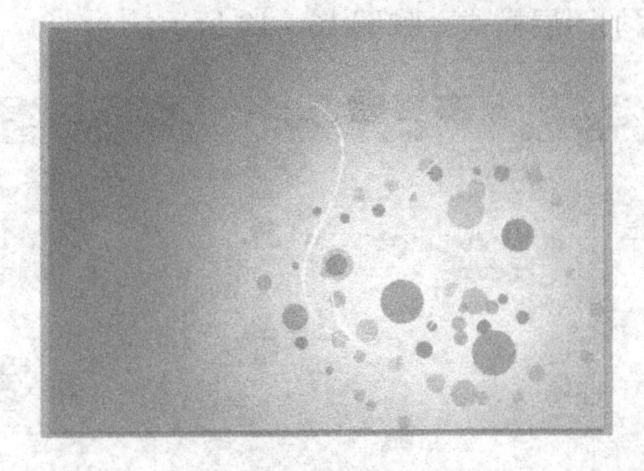

图 16－16　效果

10. 打开手表素材，拖动本任务文件自动建立新图层。用磁性套索工具在手表周围建立选区。如图 16－17 所示。

图 16－17　建立手表选区

11. 不取消选区，给手表图层建立图层蒙版，适当用画笔工具修饰，修饰完毕后可以右击图层蒙版，选择应用图层蒙版，得到效果图如图 16－18 所示。

图 16－18　应用图层蒙版

12. 双击手表图层，添加图层样式。如图 16－19 所示。

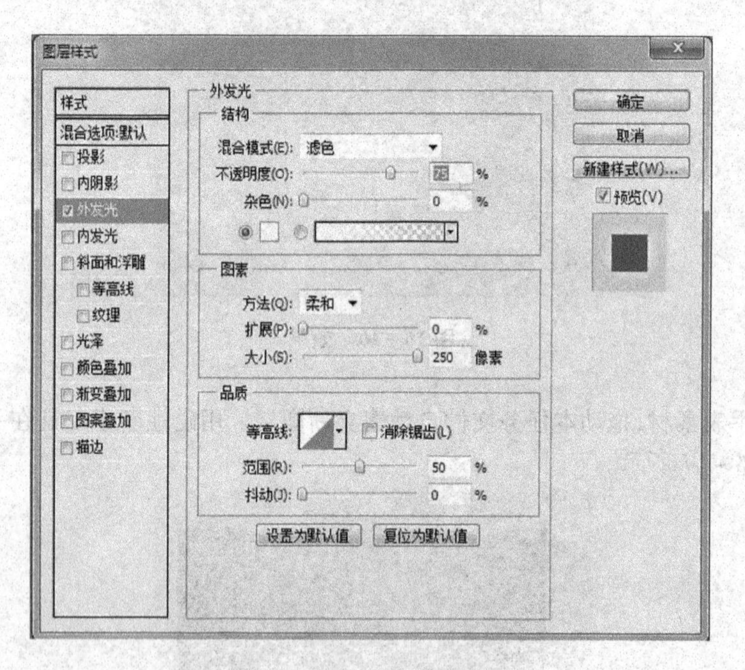

图 16－19　添加外发光

13. 将手表图层复制一份，调整手表大小并移动到并排位置。如图 16－20 所示。

14. 将两个大小不同的手表图层再复制一份，并做垂直翻转，得到如图 16－21 所示效果。

图 16－20　复制并调整手表图层

图 16－21　复制并垂直翻转手表图层

15. 合并作为倒影的两个手表图层，并添加图层蒙版，用黑白渐变填充，得到如图 16－22 所示效果。

16. 适当调整前面绘制的 S 形路径，创建新图层，再做与步骤 8 和步骤 9 相同的操作，得到不同的流线型线条，并添加图层样式，得到如图 16－23 所示效果。

图 16－22　给倒影添加图层蒙版

图 16－23　制作流线型线条

17. 再建立新图层，用画笔工具并调整其参数，得到如图 16－24 所示的星光效果。

图 16－24　制作星光效果

18. 将星光效果图层复制几个分别放在不同的位置。然后添加广告语:“岁月沉淀精华时间造就精致”,并调节字的效果即可,完成手表广告效果的制作。

相关知识与技能

1. 如果想直接用画笔画出来的效果是有渐隐以及两头尖的效果,那必须要有一个手写板和一个适合您计算机系统的手写板驱动程序,安装好驱动程序后,Photoshop 会自动识别手写板,然后直接在手写板上绘画即可出现两头尖的效果了。

如果没有手写板,只有在用钢笔描边的时候可以实现这种两头尖画笔的效果,具体做法是用本任务中步骤 8 的方法,设置画笔选项里的形状动态为钢笔压力,然后再右击路径,执行“描边路径”命令,选择画笔,在对话框下面的模拟压力那里打上“√”,就可以实现两头尖的效果了。

2. 通常在海报的制作过程中,为了突出广告语本身某些关键词,经常采用特意将关键词放大和用不同字体处理的方法。

思考与练习

请同学分成几个小组上互联网搜索一下,在平面设计的排版中,要注意什么问题?然后把这些要注意的方面做成 PPT 与全班同学一起分享。

项目实训　海报设计你也行

设计一个关于“欢迎来 × × 旅游”的海报,完成后,根据下列表格进行打分。

项目描述

搜索一些您所在的城市的主要景观的图片和相关素材,制作一个宣传您所在城市的海报,以提高您所在城市的知名度和宣传效果。

项目要求

在制作海报的过程中,要注意海报的相关元素,版面整洁、美观,信息排列合理而有序、不紊乱,能突出宣传作用。

项目提示

1. 在制作过程中,可以先确定好背景,通常背景采用渐变色;

2. 注意图像的大小和分辨率的设置;

3. 适当采用图层蒙版和字体特效,尤其在图片的融合和信息的突出中起到合适的作用。

项目实训评价表

	内容		评价		
	学习目标	评价项目	3	2	1
职业能力	领会“艺术来源于生活而又高于生活”的设计理念	能搜集素材			
		能创作素材			
		能保存素材			
	各种素材处理得当、有创意	能合理处理素材			
	根据需要设置的场景内容，合理规划设计布局	能设置整体布局			
		能设置各种物品样式			
	色调整体协调统一，主题鲜明，能凸显商品宣传效果	能设置整体色调			
		能设置主题			
	项目制作完整，有自己的风格和一定的艺术性、观赏性	内容符合主题			
		内容有新意			
	整体构图、色彩、创意完整	内容具体整体感			
		内容具有自己的风格			
通用能力	交流表达能力	能准确说明设计意图			
	与人合作能力	能具有团队精神			
	设计能力	能具有独特的设计视角			
	色调协调能力	能协调整体色调			
	构图能力	能布局设计完整构图			
	解决问题的能力	能协调解决困难			
	自我提高的能力	能提升自我综合能力			
	革新、创新的能力	能在设计中学会创新思维			
综合评价					

项目十七　DM 单广告设计

项目描述

DM 是英文 Direct Mail advertising 的省略表述，直译为“直接邮寄广告”，即通过邮寄、赠送等形式，将宣传品送到消费者手中、家里或公司所在地。亦有将其表述为 Direct Magazine advertising（直投杂志广告）。两者没有本质上的区别，都强调直接投递（邮寄）。DM 单是一种比较精美的宣传品，主要以自身的特色和良好的创意、设计、排版、印刷以及富有吸引力的语言来吸引消费者，以达到出色的宣传效果。它的表现形式多样化，有传单形式、宣传册形式、折页形式、请柬形式以及卡片形式等。常见的折页形式有四页、六页、八页的平行折页方式，本项目的任务介绍的是六页的平行折页方式。在设计 DM 单版面的时候，要追求版面的整体性，注意文字和图片之间的平衡关系，文字和留白之间的编排，遵循图文排版追求美的原则，创作设计别致精美的 DM 单折页不仅可以起到更好的宣传作用，同时也可以成为一件精美的艺术品。

能力目标

通过制作学习 DM 单广告设计项目，可以掌握几种工具在 Photoshop 中的综合应用：1. 在制作过程中运用钢笔工具绘制图像路径；2. 文字工具编排文字的应用，注意文字与画面的搭配；3. 图层蒙版工具与色彩线性渐变的结合应用等。

任务一　美容院折页设计——外折页

任务描述

本任务要制作美容院的折页设计，以卓悦美会美容院为例。随着人们经济能力和消费水平、消费层次的提高，消费者上美容院已不仅满足于得到美容护理的服务，而更多的是希望同时可以健身、休闲、美体等。本任务中的折页方式是采用六页的平行折页方式，外折页设计中的内容是介绍企业的文化，内折页中的内容是产品介绍和服务介绍等，版面的布局设计优雅美丽，以清新素雅的色调为主，给人一种赏心悦目、卓尔不群的感觉。

任务分析

在了解广告创意之后，我们先一睹为快，明确目标。如图 17－1 所示（外折页），这个折页的设计注重版面的编排，特别是文字和图片之间的关系，以及版面的留白，如果只是为了信息的编排，把所有的元素都重叠排在一起而不留空隙，会给人一种压迫感，画面的美感自然就会丢失,所以画面的平衡效果好就会给人美的感受。

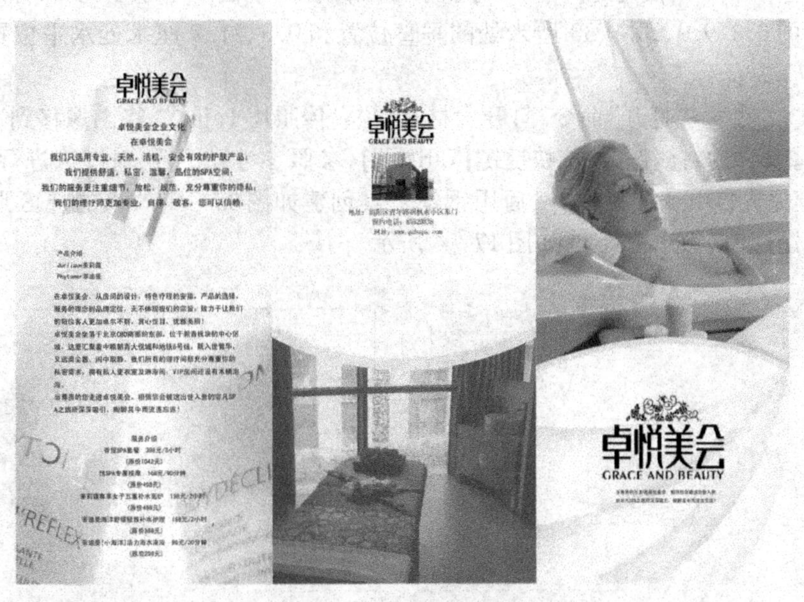

图 17－1　美容院外折页设计平面图

方法与步骤

1. 启动 Photoshop CS5,选择“文件”→“新建”命令,打开“新建”对话框,设置文件“名称”为“外页 美容院折页”,设置“宽度”为 30.3 厘米,“高度”为 21.6 厘米,“分辨率”为 300 像素/英寸,“颜色模式”为 CMYK 模式,单击“确定”按钮,即创建了一个新的图像文件。如图 17－2 所示。

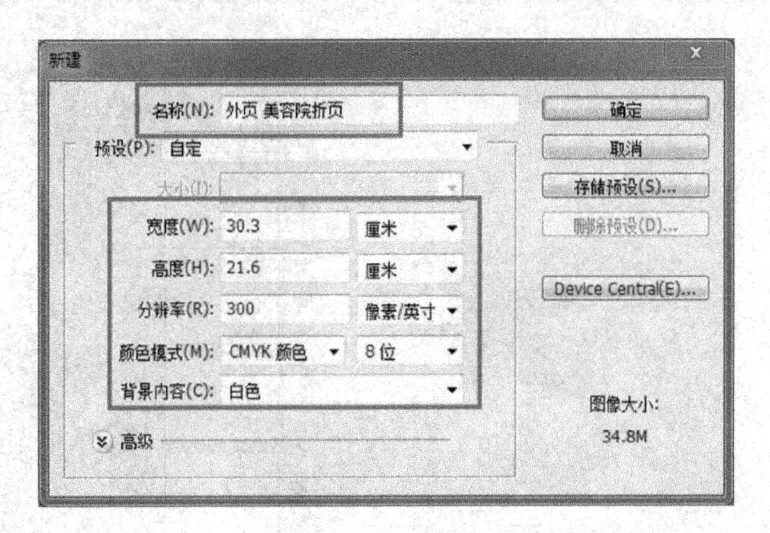

图 17－2　新建文件

2. 在图像窗口中按快捷键【Ctrl + R】显示标尺，执行“视图”→“新建参考线”命令，分别在图像窗口的0.3、9.9、20.1、30厘米处的垂直位置和0.3、21.3厘米处水平位置创建参考线。如图17-3所示。

3. 执行“文件”→“打开”命令，打开素材文件“宣传照片1.jpg”，将图像移到“外页 美容院折页”图像文件的右侧位置，按快捷键【Ctrl + T】，参照参考线位置，对图像进行适当缩小。按【Enter】键完成自由变换操作，然后用钢笔工具创建如图17-4效果的选区形状修饰图像。并将此图层命名为“背景1”如图17-4所示。

图17-3 建立参考线

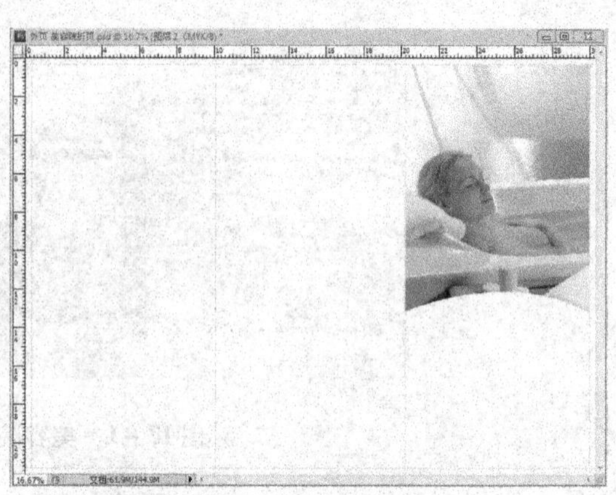

图17-4 修饰图像

4. 在图层面板中新建一个图层，重命名为“辅助色1”，选择“背景1”图层，按住【Ctrl】键双击该图层建立选区，建立选区后选择“辅助色1”图层，填充颜色，R:248、G:243、B:202，完成填充后将该辅助色块向下移，衬托“背景1”图像，然后打开素材“素材图案1.psd”和“美容院标志.psd”文件。将图像文件移动到如图17-5所示位置，完成折页的封面效果。如图17-5所示。

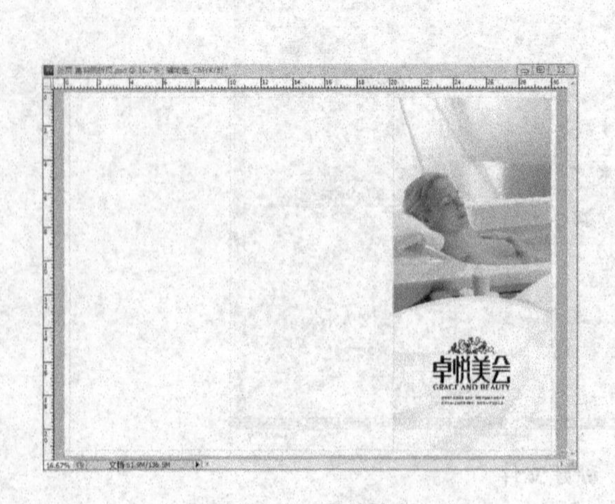

图17-5 添加素材

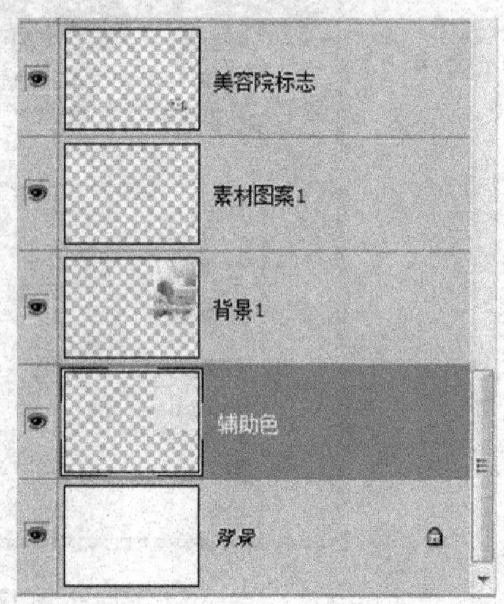

图17-6 辅助色图层

5. 打开素材图"宣传照片 2. jpg",将图像文件移动到折页中间,重命名为"背景 2",用钢笔工具绘制选区修饰该图像形状,设置不透明度为60%,如图 17 – 7 所示,然后建立"辅助色 2"图层,参照"辅助色 1"的制作方法。如图 17 – 8 所示。

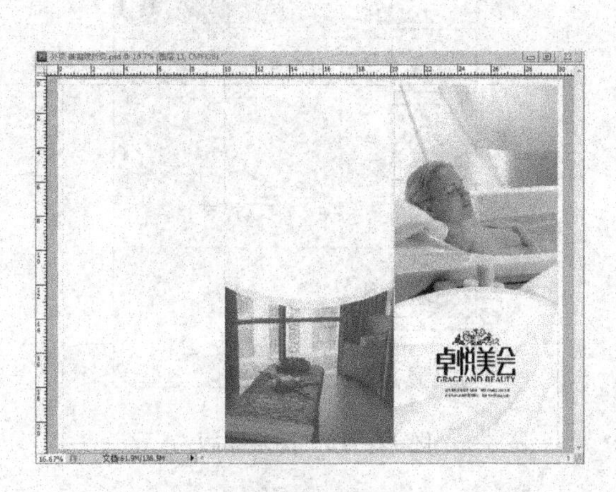

图 17 – 7　效果图

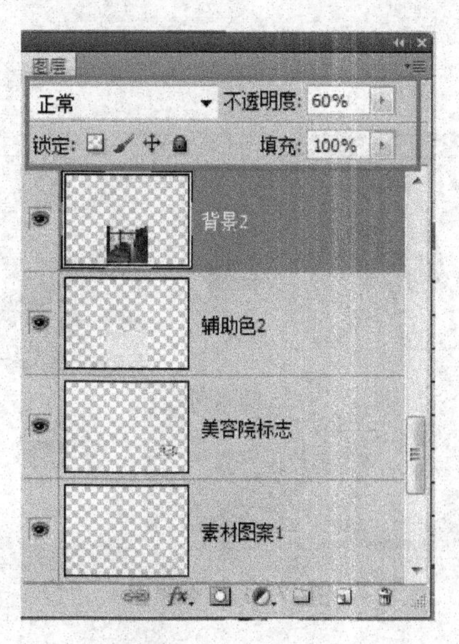

图 17 – 8　降低透明

6. 打开素材图"宣传照片 3. jpg",将图像文件移动到折页中间,重命名为"背景 3",并缩小图像。然后选择"美容院标志"图层,按住【Alt】键拖动该标志,复制出"美容院标志 副本"图层,移动到"背景 3"图像上方,最后在"背景 3"下方用横排文字工具输入文字。如图 17 – 9、17 – 10 所示。

图 17 – 9　文字编排

图 17 – 10　效果图

7. 打开素材图“宣传照片 4. jpg”，将图像文件移动到折页文件的左侧，重命名为“背景 4”，并创建该图层的图层蒙版。如图 17 - 11、17 - 12 所示。

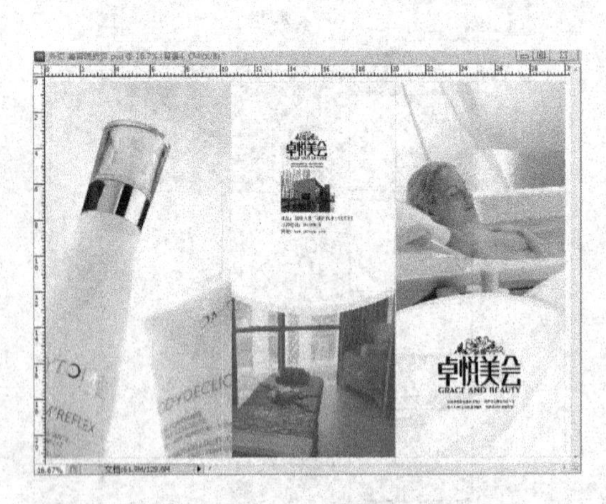

图 17 - 11　效果图

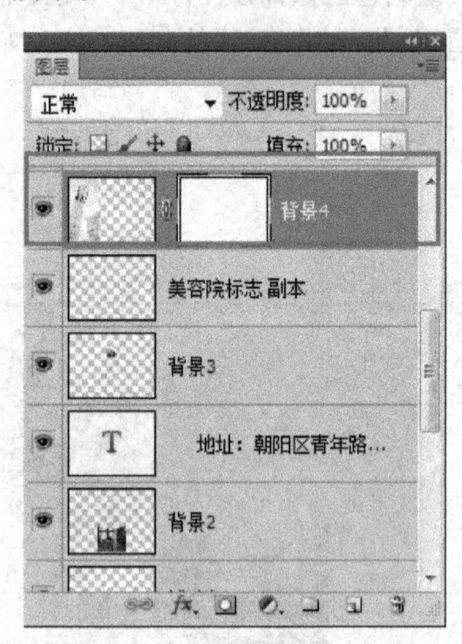

图 17 - 12　图层蒙版

8. 选择矩形选择工具，建立左侧参考线内的选区，按快捷键【Ctrl + Shift + I】进行反选，然后选择在“背景 4”图层蒙版中填充黑色。选择画笔工具，属性栏中设置画笔参数，如图 17 - 13所示。前景色设置为黑色，然后用画笔在图层蒙版中进行适当涂抹，这样“背景 4”图像的中间部分产生半透明融合背景的效果，如图 17 - 14、17 - 15 所示。

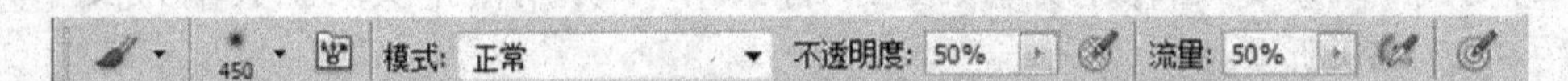

图 17 - 13　画笔属性

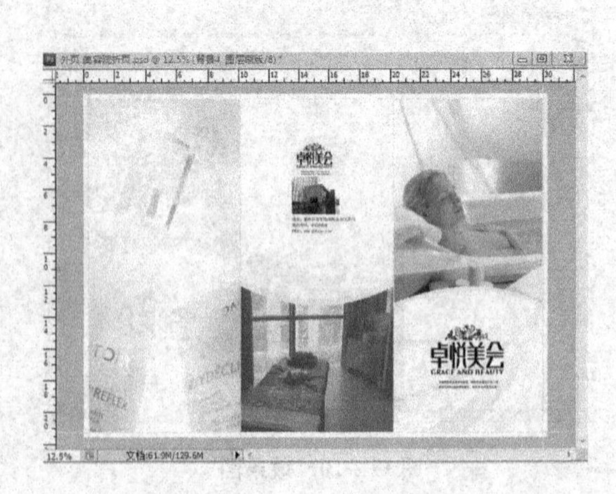

图 17 - 14　效果图

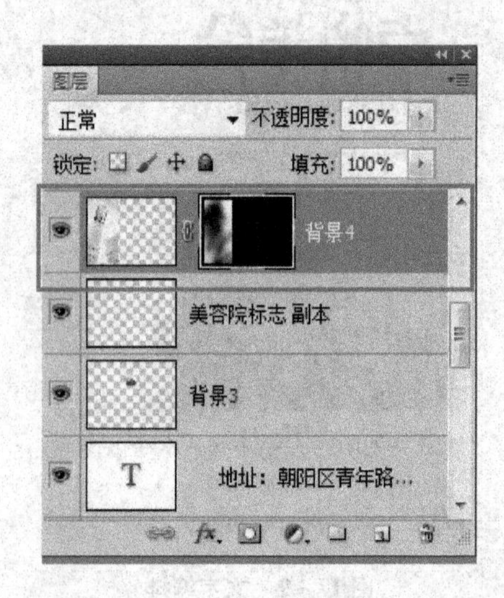

图 17 - 15　图层蒙版

9. 选择横排文字工具，在图像的左侧版面中输入素材文件中"美容院文字"中的卓悦美会的企业文化、产品介绍以及服务介绍。字体统一用"黑体"，在版式的顶部编排卓悦美会的文字标志，企业文化字号设定为9，产品介绍字号设置为7.5，服务介绍字号设置为7。如图17－16所示。

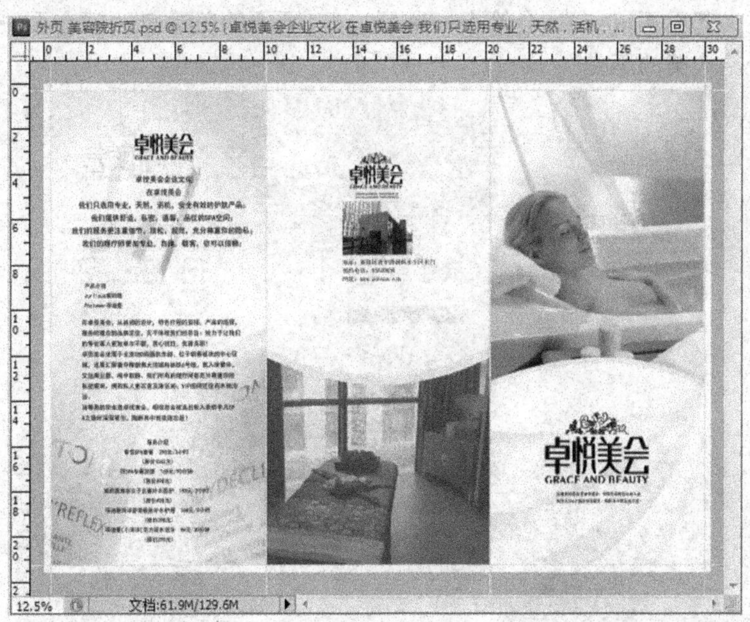

图17－16　完成图

本任务完成了美容院折页设计的外折页部分的版式设计，外折页部分注重版面的整体布局，文字和图片协调的处理，在版面编排上采用引导性的视觉流程不仅可以达到版面简洁的效果，而且能让读者快速明白版面要传达的信息。下面任务二中继续完成美容院折页设计的内折页部分。

相关知识与技能

1. 在使用画笔工具编辑图层蒙版时，对画笔工具选项栏中的不透明度设置，可以决定涂抹处图像被屏蔽的程度。不透明度值越高，图像被屏蔽的程度越高，反之屏蔽程度越低。

2. 可以使用钢笔工具或者自由钢笔工具绘制各种形状的路径，或者通过将选区转换为路径的方法创建路径，然后为当前选定的图层添加不同形状的矢量蒙版。

任务二　美容院折页设计——内折页

任务描述

本任务要继续制作美容院的内折页设计，内折页中的信息内容为产品介绍和服务介绍等，内折页的设计与外折页设计风格统一，注重版面的整体布局设计，以及视觉流程的引导。同样以清新素雅的色调为主，给人一种赏心悦目、卓尔不群的感觉。

任务分析

首先明确目标。效果如图 17－17 所示(内折页),这个折页的设计注重版面的编排,特别是文字和图片之间的关系,以及版面的留白,如果只是为了信息内容的编排,把所有的元素都重叠排在一起而不留空隙,会给人一种压迫感,画面的美感自然就会丢失,所以画面平衡效果好才会给人美的感受。

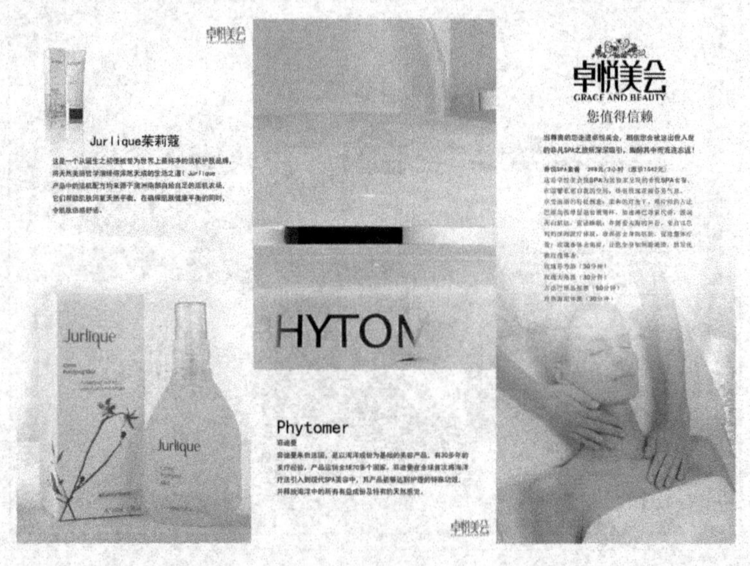

图 17－17　美容院内折页设计平面图

方法与步骤

1. 启动 Photoshop CS5,选择“文件”→“新建”命令,打开“新建”对话框,设置文件“名称”为“内页 美容院折页设计”,设置“宽度”为 30.3 厘米,“高度”为 21.6 厘米,“分辨率”为 300 像素/英寸,“颜色模式”为 CMYK 模式,单击“确定”按钮,即创建一个新的图像文件。如图 17－18 所示。

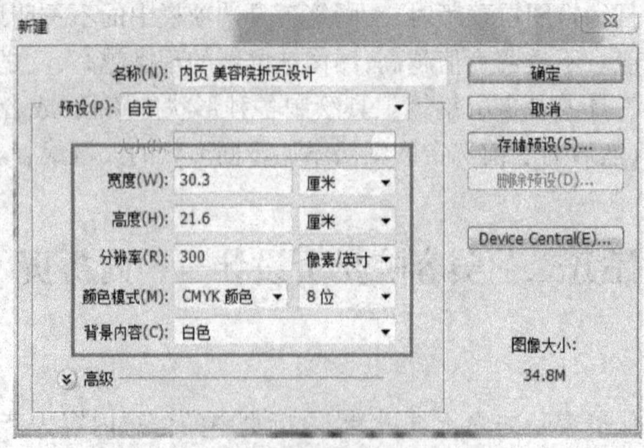

图 17－18　新建文件

2. 在图像窗口中按快捷键【Ctrl + R】显示标尺，执行"视图"→"新建参考线"命令，分别在图像窗口的0.3、9.9、20.1、30 厘米处的垂直位置和0.3、21.3 厘米处的水平位置创建参考线。如图 17 – 19 所示。

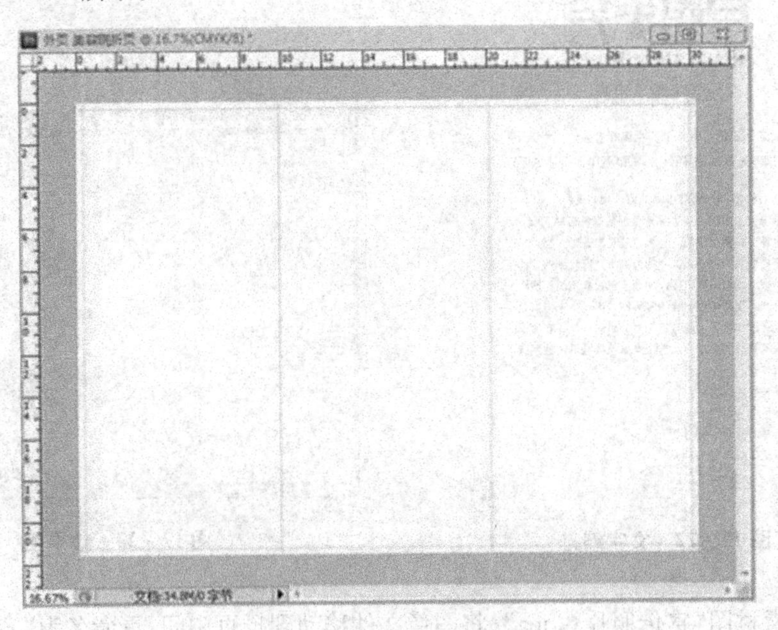

图 17 – 19　建立参考线

3. 执行"文件"→"打开"命令，打开素材文件"宣传照片 5. jpg"，将图像移到"内页 美容院折页设计"图像文件的右侧位置，按快捷键【Ctrl + T】，对齐参考线，对图像进行适当缩小，按【Enter】键完成操作，然后给图像建立图层蒙版，选择该图层蒙版，用画笔工具进行涂抹，让图像与白色背景达到自然融合，并将此图层命名为"背景 5"。如图 17 – 20、17 – 21所示。

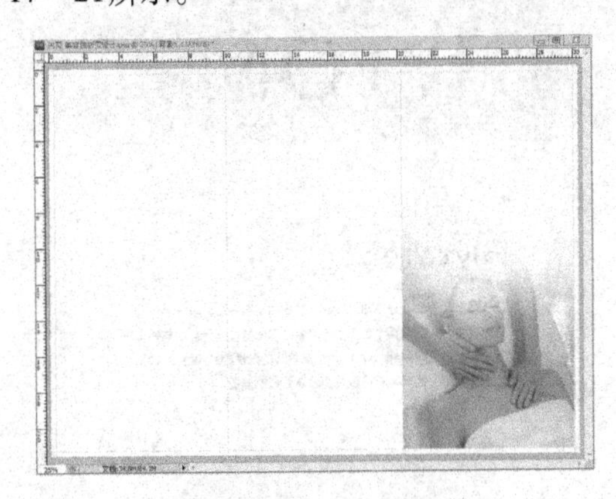

图 17 – 20　修饰图像

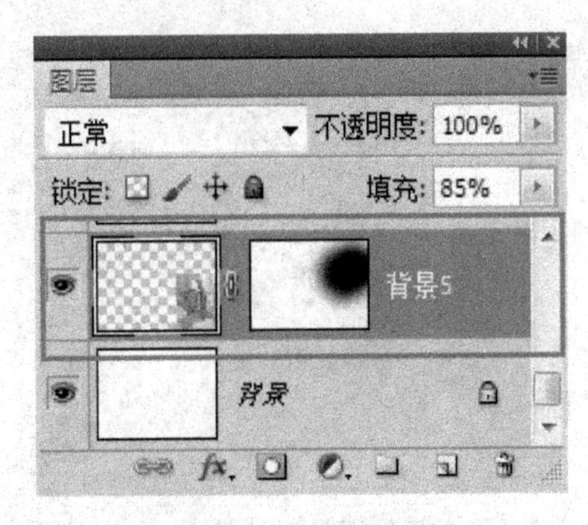

图 17 – 21　图层蒙版

4. 打开素材"美容院标志. psd"，将标志图形移至右侧版面顶部居中，选择横排文字工具，在图像的右侧版面中输入素材文件中"美容院文字"中的相关产品文字介绍。如图

17－22所示，字体统一用“黑体”左对齐，字号为7。如图17－22、17－23所示。

图17－22　文字编排

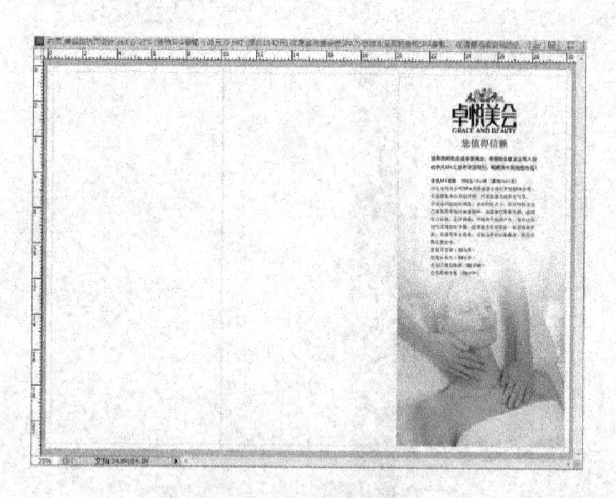

图17－23　效果图

5. 打开素材图“宣传照片6.jpg”，将图像文件移动到折页中间，重命名为“背景6”，按快捷键【Ctrl＋T】，对齐中间版面参考线，然后参照参考线对图像进行适当裁剪，如图17－24所示，选择横排文字工具输入产品文字介绍，字体为“黑体”，左对齐，字号为8。最后在右下角添加文字标志。如图17－25所示。

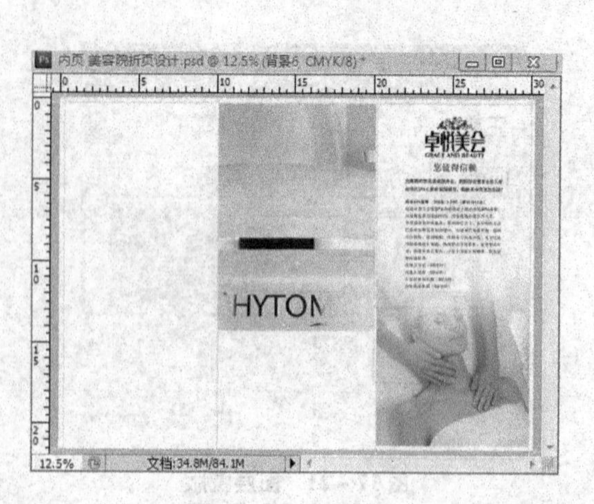

图17－24　效果图

图17－25　文字内容

6. 打开素材图“宣传照片 7. jpg”，将图像文件移动到折页左侧版面下方，重命名为“背景7”，并缩小图像对齐参考线，添加图层蒙版，选择该图层蒙版，用画笔工具进行涂抹，让图像顶部与白色背景达到自然融合。如图 17－26、17－27 所示。

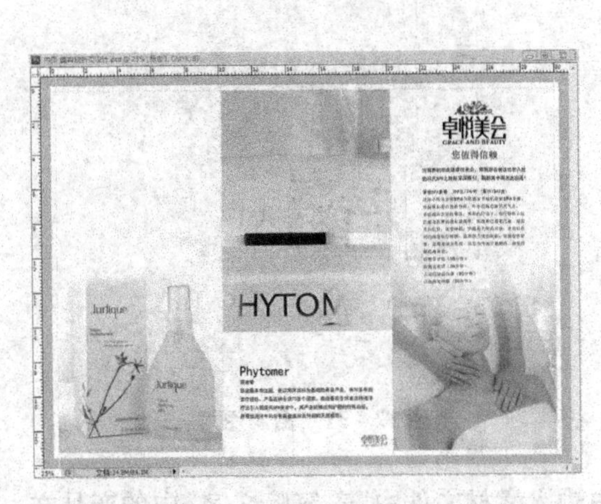

图 17－26　效果图

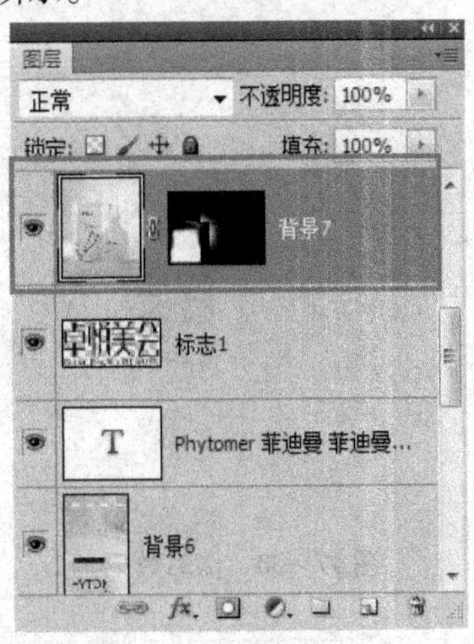

图 17－27　图层蒙版

7. 打开素材图“宣传照片 8. jpg”，选择钢笔工具在产品外围绘制路径，如图 17－28 所示，然后按【Ctrl + Enter】键将路径转换为选区，如图 17－29 所示，最后将选区内的产品移到折页版面中，重命名“背景 8”。

图 17－28　钢笔工具绘制路径

图 17－29　路径转选区

8. 选择“背景 8”图层，执行“图层”→“复制图层”命令，将复制图层重命名为“背景 8 倒影”，然后执行“编辑”→“变换”→“垂直翻转”命令，最后给“背景 8 倒影”图层添加图层蒙版，对图层蒙版进行线性渐变制作倒影效果。如图 17－30 所示。

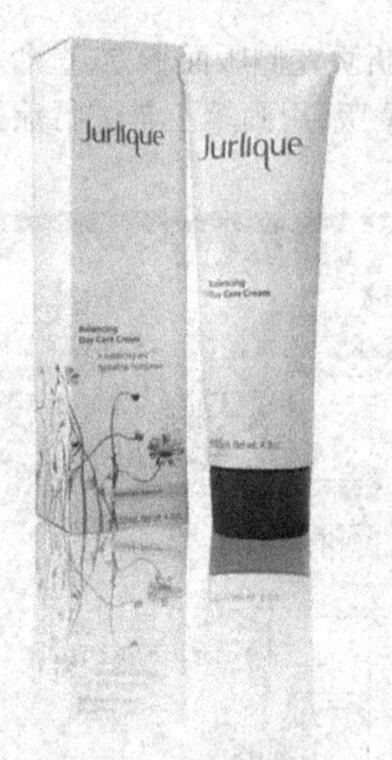

图 17－30　倒影效果

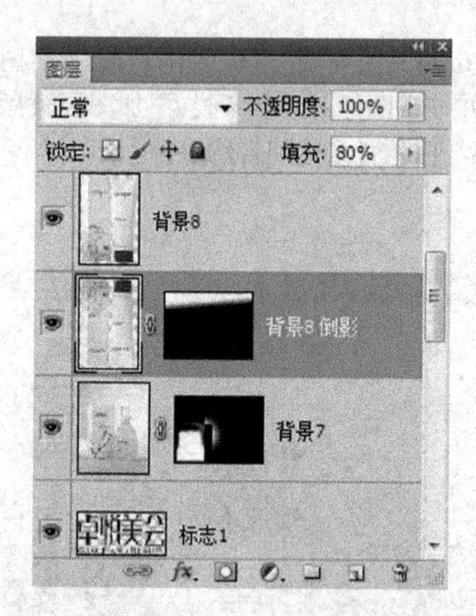

图 17－31　倒影图层

9. 选择横排文字工具，在图像的左侧版面中输入素材文件中"美容院文字"中的产品文字介绍。字体统一用"黑体"，字号为 8，在版式的顶部右侧添加卓悦美会的文字标志。如图 17－32 所示。

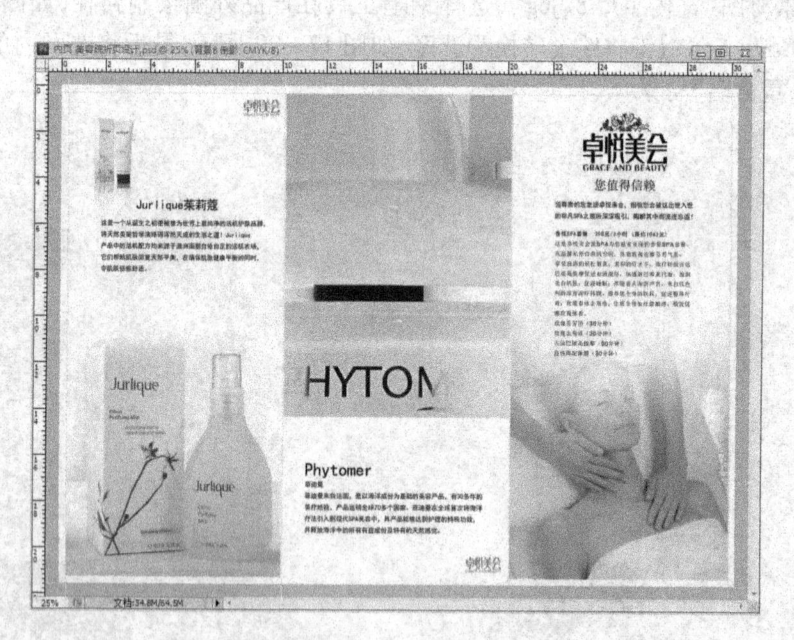

图 17－32　完成图

本任务完成了美容院折页设计的内折页部分的版式设计，在版面编排上采用引导性的视觉流程不仅可以达到版面简洁的效果，而且能让读者快速明白版面所要传达的信息。在任务三中将完成本项目美容院折页设计的最后部分效果图。

相关知识与技能

1. 钢笔工具绘制路径可以转换为选区,并且可以将路径保存在“路径”面板中,以备随时可以使用。由于组成路径的线段是由锚点链接,因此可以很容易地改变路径的位置和形状。

2. 在使用钢笔工具绘制直线路径时,按住【Shift】键,可以绘制出水平、45°和垂直的直线路径。在绘制路径的过程中,当绘制完一段曲线路径后,按住【Alt】键在平滑锚点上单击,转换其锚点属性,然后在绘制下一段路径时单击,生成的将是直线路径。

任务三　美容院折页设计——效果图

任务描述

本任务制作美容院折页设计的立体效果图 。在前面的两个任务中分别把折页的外折页和内折页的平面版式设计制作完毕,那么立体效果图的制作可以让我们更直观地看出设计作品的视觉传达效果。

任务分析

下面先对效果一睹为快,明确目标。效果图的制作目的就是让设计作品更具视觉传达的直观性。下面将制作成品折页叠加展示的效果。如图 17－33 所示。

图 17－33　美容院折页设计效果图

方法与步骤

1. 启动 Photoshop CS5,选择“文件”→“新建”命令,打开“新建”对话框,设置文件“名称”为“美容院折页设计效果图”,设置“宽度”为 21 厘米,“高度”为 17 厘米,“分辨率”为 100 像素/英寸,“颜色模式”为 RGB 模式,单击“确定”按钮,即创建了一个新的图像文件。如图 17－34 所示。

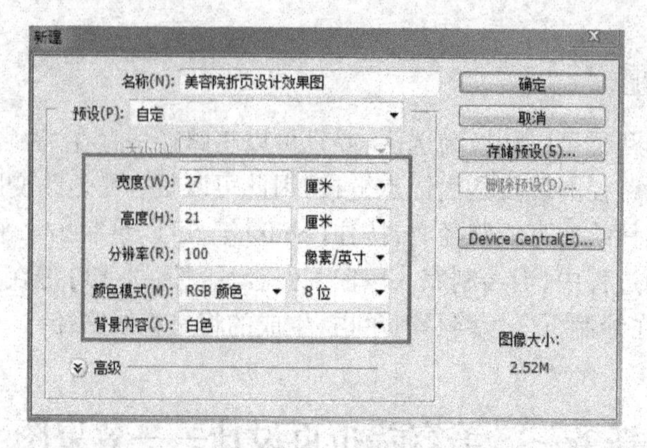

图 17－34　新建文件

2. 新建一个图层,重命名为“背景层”,选择渐变工具,调节色标如图 17－35 所示,然后选择径向渐变模式,从“背景层”中间向外拉渐变效果。如图 17－36 所示。

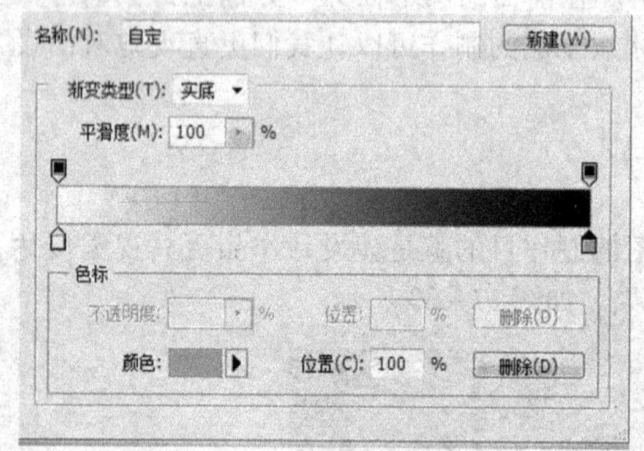

图 17－35　线性渐变

图 17－36　效果图

3. 执行“文件”→“打开”命令,打开文件“内页 美容院折页设计. psd”,将“内页 美容院折页设计”图像文件内的所有图层进行合并,单击矩形选框工具,选取图像文件的右边部分,在键盘上按【V】键切换到移动工具,将图像文件移动到“美容院折页设计效果图”图像文件中,按快捷键【Ctrl + T】调整图像形状,完成后按【Enter】键。如图 17－37 所示。

图 17－37　透视调整

4. 采用相同的方法，分别将中间和右边的折页选取到“美容院折页设计效果图”图像文件中，按快捷键【Ctrl + T】调整图像的形状，完成后按【Ente】键。如图 17－38 所示。

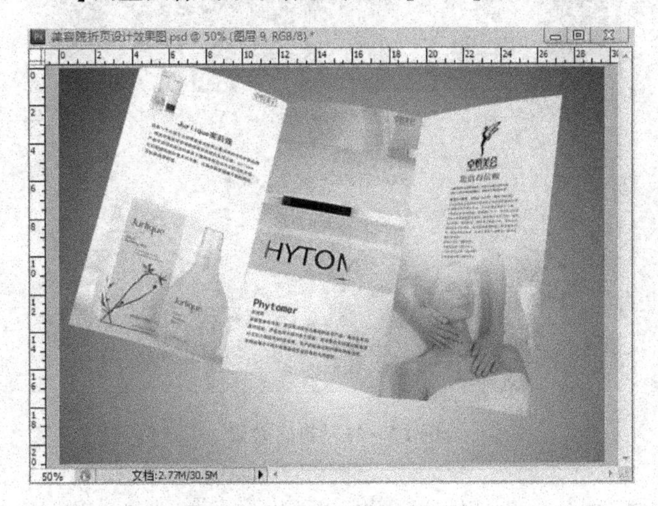

图 17－38　效果图

5. 新建一个图层，重命名为“阴影”，拖动至背景层上方，如图 17－39 所示，然后选择画笔工具，在折页边缘位置涂抹阴影效果，衬托出折页的立体阴影效果。如图 17－40 所示。

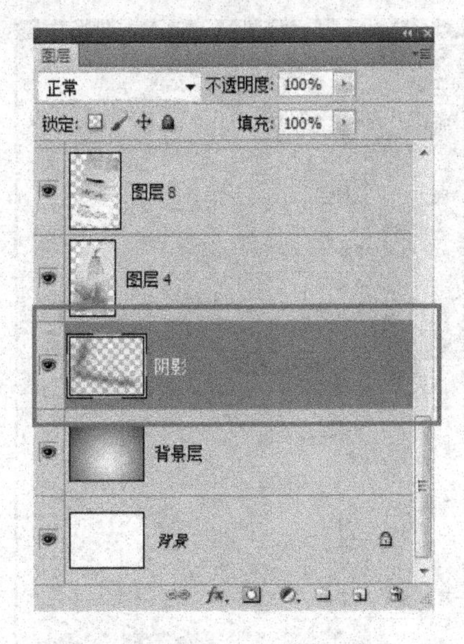

图 17－39　阴影蒙版

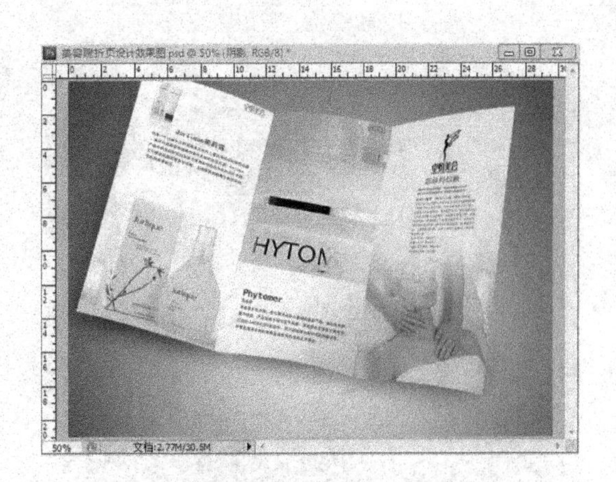

图 17－40　阴影效果图

6. 执行“文件”→“打开”命令，打开文件“外页 美容院折页设计. psd”，将“外页 美容院折页设计”图像文件内的所有图层进行合并，单击矩形选框工具，选取图像文件的中间部分，按【V】键切换到移动工具，将图像文件移到“美容院折页设计效果图”图像文件中，按快捷键【Ctrl + T】调整图像形状，完成后按【Enter】键。并命名为“封底”。如图 17－41 所示。

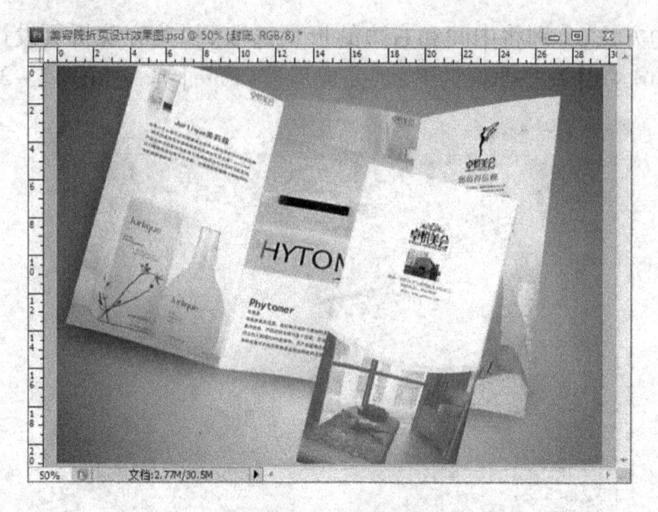

图 17－41　封底效果

7. 新建一个图层,重命名为“封底阴影”,选择钢笔工具,绘制一个与封底相同的矩形路径,按【Ctrl＋Shift】键转换成选区,并填充黑色,然后将图层的不透明度设置为 60%,图层样式选择斜面与浮雕,并进行适当的高斯模糊,让阴影的边缘变得柔和自然。如图 17－42 所示。

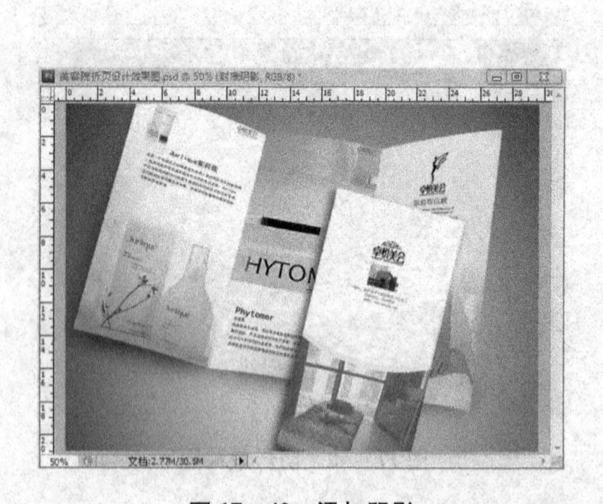

图 17－42　添加阴影

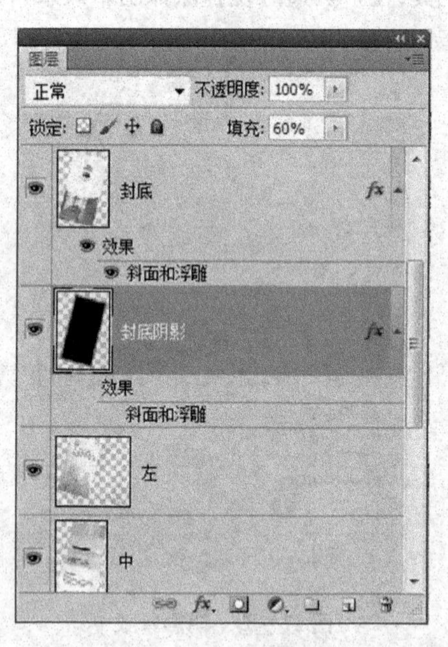

图 17－43　阴影图层

8. 最后封面的效果制作采用相同的方法,至此,本项目实例制作完成。如图 17－44 所示。

本任务完成了美容院折页设计的效果图制作,主要通过效果图的制作来展示作品的特色。

图 17－44　完成图

相关知识与技能

1. 在使用渐变工具对图像进行线性和对称的渐变填充时，按住鼠标左键拖动的方向和距离都会影响到填充效果。在进行渐变填充的时候，按下鼠标的位置将是渐变效果的中心点。

2. 自由变换图像，选取需要变换的图像，按【Ctrl + T】快捷键，在图像四周将出现自由变换控制框，按【Ctrl】键拖动四个角上的任意一个控制点，都可以对图像进行扭曲处理，特别是调整图像的透视角度方面非常实用。

项目实训　DM 单设计你也行

根据文件夹提供的素材设计一个关于“房地产项目”的 DM 单设计折页，完成后，根据下列表格进行打分。

项目描述

搜索一些所在城市的主要房地产公司的项目图片和相关图片素材，制作一个宣传该项目的宣传折页，以提高该房产项目的知名度和宣传效果。

项目要求

在制作宣传折页的过程中，要注意折页的相关文字和图片元素的结合，版面整洁和美观，信息排列合理而有序、不紊乱，能突出宣传作用。

项目提示

1. 在制作过程中，可以先确定好背景，背景通常采用渐变色或是图片；
2. 注意图像的大小和分辨率的设置；
3. 适当采用图层蒙版和字体特效，在图片的融合和信息的突出显示中起到合适的作用。

项目实训评价表

	内　　容		评　　价		
	学 习 目 标	评 价 项 目	3	2	1
职业能力	搜集和设计的文字、图片等素材丰富，符合主题要求，内容完整	能搜集素材			
		能创作素材			
		能保存素材			
	项目的文字、图片素材处理得当、有创意	能合理处理素材			
	项目设计的视觉阅读习惯的引导设计	能分析目标群的阅读习惯			
	根据项目的实际设计尺寸进行版式设计的整体规划设计	能合适制定文字的大小			
		能准确的进行色彩风格搭配			
		能准确对图片进行裁剪修饰			
	项目设计完整，有自己的风格和一定的艺术性、观赏性	内容符合主题			
		内容有新意			
	项目设计制作最后审稿确认	设计稿件的审阅无误			
		设计稿件出图的准确			
通用能力	交流表达能力				
	与人合作能力				
	沟通能力				
	组织能力				
	活动能力				
	解决问题的能力				
	自我提高的能力				
	革新、创新的能力				
综 合 评 价					

项目十八　我是网站设计师——培训网站设计

项目描述

网页是企业开展电子商务的基础和信息平台，是企业的网络商标，也是企业无形资产的组成部分，所以宣传企业产品的形象和文化，网页是尤为重要的窗口。在 Internet 高速发展的今天，浏览网页也成为人们了解信息、娱乐休闲的重要途径之一，可以说网页与我们的日常生活正在日益密切。

企业的简单网站的美工图通常由三部分美工图组成：首页美工、子栏目页美工、详细页美工。

本项目以珠海一家真实培训机构的网站美工设计为例，通过一个培训网站的美工整体设计工作过程，从网页的排版布局、美工设计两方面进行实战。考虑到教学和出版中的版权需要，部分资料作了小范围修改，取名为“天天向上教育培训”网站。

能力目标

1. 掌握网页美工排版布局的方法。
2. 提高网页美工草图的分析能力。
3. 在网页美工图设计过程中，熟练 Adobe Photoshop 部分工具的使用，如文字、标尺、蒙版、切片、选区等。
4. 能合理地划分 Adobe Photoshop 图层和图层组，分类管理图层。

任务一　培训网站首页美工设计

任务描述

本网站需要设计一套网页美工，包括首页美工、子栏目页面美工和详细页美工。本任务要制作“天天向上教育培训”网站的整套网页美工中的首页美工。在任务实施前需要确定网站的美工选用那一种排版布局方案。所有的网页美工设计要始于排版布局方案，在网页美工设计前一定要确定好方案，避免日后无谓的“翻工”而浪费人力成本和物力成本。

任务分析

在开始本任务之前，先明确目标。网站的首页效果如图 18 - 1 所示。根据客户给出的 CI 形象设计要求，本页面选用蓝色为主色调，体现端庄大方的氛围。页面底部选用灰色作背景。页面中间的图标文字区域选用白色作为背景，可以重点突出图标的功能文字指引功能。

图 18－1　网站首页效果图

网站的首页效果图是后期设计的结果。如果这里不提供网站的首页效果图作为参考，您应该如何进行设计？如果您作为一个网页美工设计者，如何从零开始设计一个网站美工呢？下面的步骤会告诉你答案。

子任务一：确定网站首页排版布局方案

分析网站受众对象。作为一个培训机构的简单网站，它的主要访问者是参加培训的学员和学员的家长，这些访问者希望通过网站初步了解这个培训机构。访问者最想了解这间培训机构的实力、效果和课程设置等。

确定网站布局方案。网页排版布局的方式有很多种。图 18－2 是一些常见网页排版布局的图示。A 为上下型、B 为上中下型、C 为国字型、D 为厂字型、E 为左右型、F 为左中右型等。

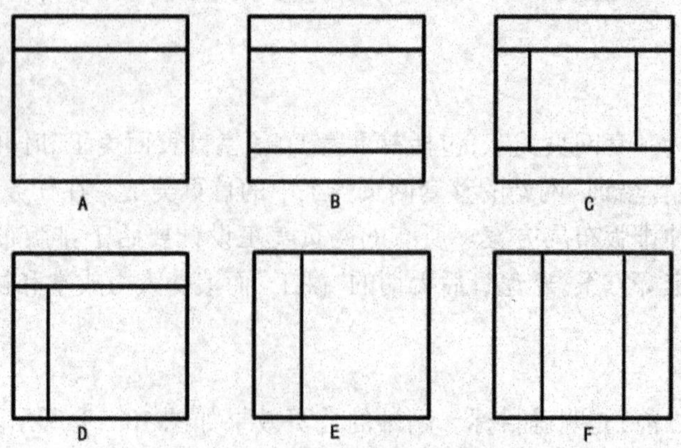

图 18－2　网页排版布局方式

为了让网站用户登录网站后可以对网站的功能和栏目一目了然，网站布局采用上中下的布局方案。上部分放置 LOGO、网站名称和网站菜单；中间部分放置具有宣传作用的大图标和显示培训实力的小图标；下部分放置网站版权资讯。网站首页布局方案如图 18－3所示。

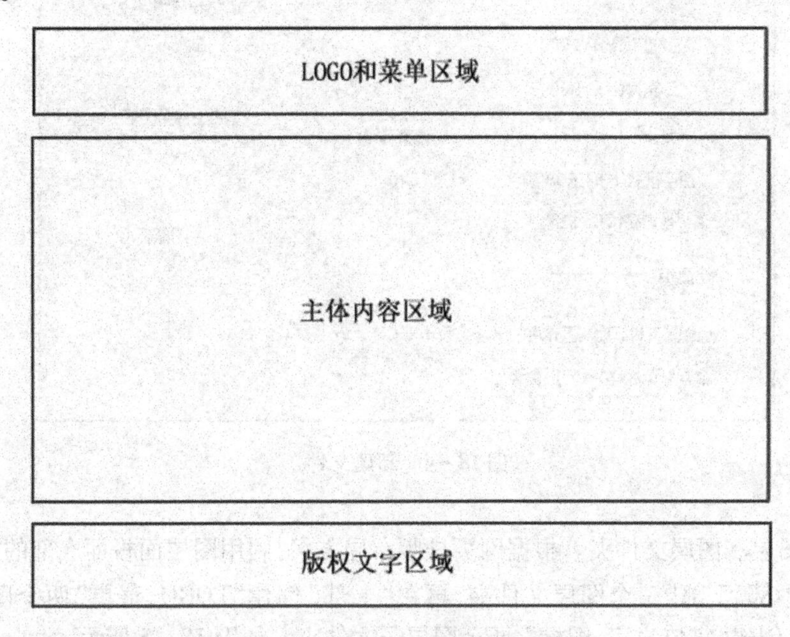

图 18－3　网站首页布局方案

确定网站主要功能。它的功能主要是宣传培训机构的实力、培训的效果和教学的特点等。基于网站受众对象关心的信息，确定网站栏目：关于我们、热门课程、优秀学员、资料下载和新闻资讯。为重点突出培训机构的实力和培训效果，首页采用大图和文字摘要进行宣传；把培训实力的资讯通过小图标的排版来突出。

子任务二：创建 Photoshop 文件

本任务主要是创建 Photoshop 文件和保存 Photoshop 文件，通过参考线来规划好页面中的上中下三个部分的位置，规划好基本的图层和图层文件夹。通过图层文件夹科学管理图层，方便日后的修改。

方法与步骤

1. 创建 Photoshop 文件。通常电脑的屏幕分辨率为 800 × 600 像素（宽度 × 高度）和 1024 ×768像素。在浏览器中浏览网页时，一般要求浏览器底部的左右方向不出现滚动条，而浏览器右部的上下方向可以出现滚动条，其中浏览器右部的滚动条大约有 20 ~ 30 像素的宽度。因此在设计网页美工图片时在宽度上要减少 20 ~ 30 像素。

执行“文件”→“新建”命令创建新文件。本美工图片选用 1000 × 900 像素，文件名称为“培训网页”，如图 18－4 所示。最后保存文件。

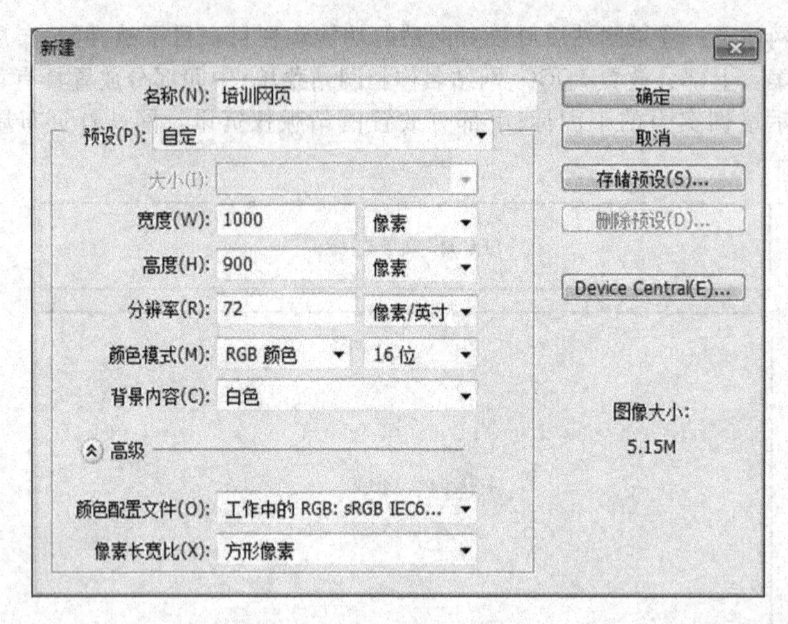

图 18－4　新建文件

2. 规划图层和图层文件夹。根据网页排版布局方案，利用图层面板面底部的按钮 ，创建“上部、中部、下部”三个图层文件夹，再在“上部”创建“LOGO、菜单”两个图层子文件夹，在“中部”创建“宣传文字、图标”两个图层子文件夹。如图 18－5 所示。

后面设计步骤中相应的图层放在对应的图层文件夹中，可以科学管理，快速分类。如果在后面设计步骤中还需要创建新的文件夹，再根据情况创建。

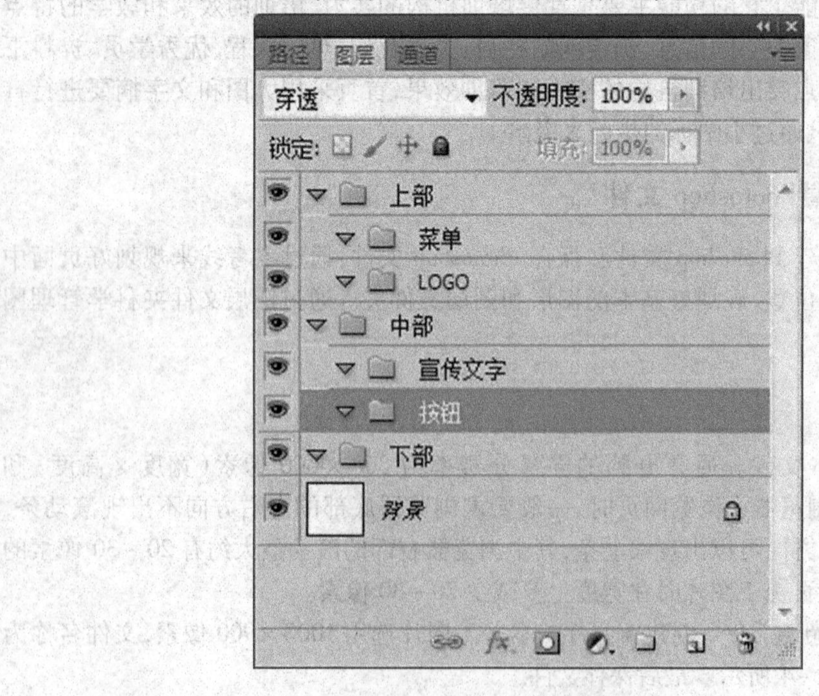

图 18－5　规划图层文件夹

3. 显示标尺。执行“视图”→“标尺”命令或者按快捷键【Ctrl + R】来显示标尺。显示标尺后，可以方便地控制参考线的位置。

4. 设置参考物图像。参考线的绘制过程中主要是要预留中部的宣传图片位置，因此先插入一个图片作为参考物。

执行“文件”→“打开”命令，打开图片“素材文件\素材 01. jpg”；

使用【Ctrl + A】快捷命令“全选”刚才打开的这个图像；

使用【Ctrl + C】快捷命令“复制”这个图像；在“培训网页. psd”文件中，使用【Ctrl + V】快捷命令“粘贴”这个图像，并放在背景图层的上一层。如图 18 - 6 所示。

如图 18 - 6　设置参考物图像

5. 设置参考线。参考线没有绝对的位置要求，先把“图层 1”移动，在上部预留的位置稍多于下部的位置即可。然后创建三条参考线：第一条参考线上部用来设置网站标题和 LOGO，第二条参考线上部用来设置菜单，第三条参考线下部用来设置版权信息。如图 18 - 7 所示。

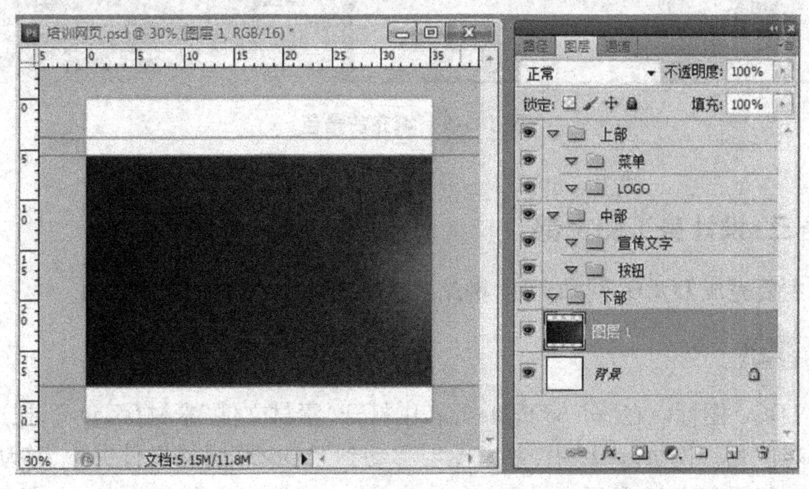

图 18 - 7　设置参考线

6. 设置背景颜色。设置前景色为“#eef3f9”，如图 18－8；然后通过“编辑”→“填充”命令来对“背景”层填充前景色。如图 18－9 所示。

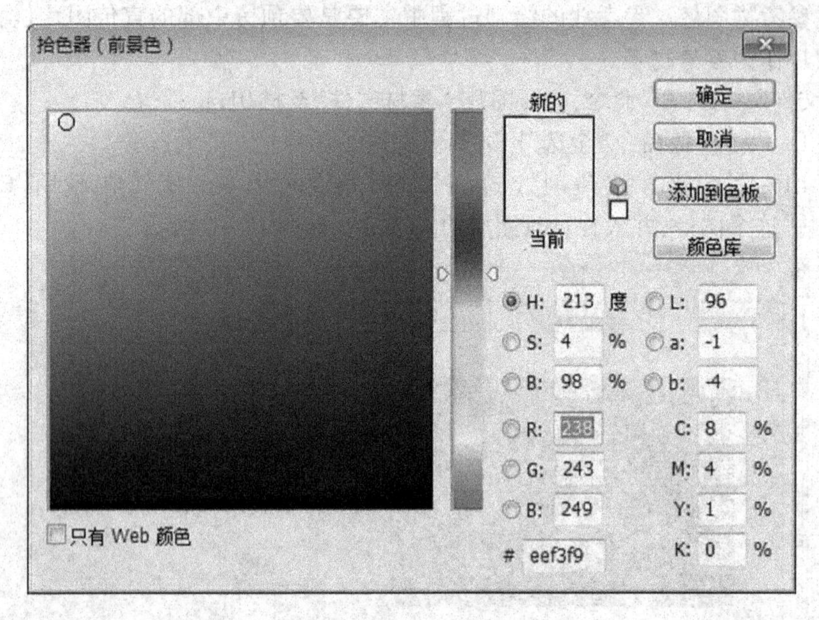

图 18－8　设置前景色

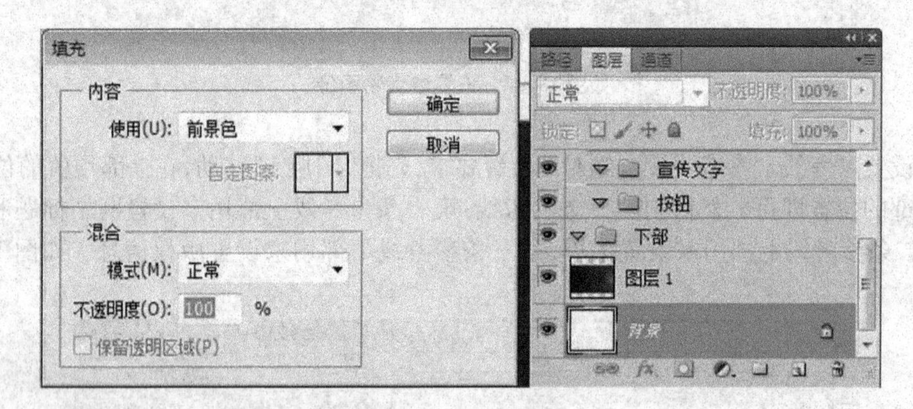

图 18－9　填充前景色

子任务三：设计美工图上部

本任务主要完成 LOGO，网站标题，网站菜单等模块的设计。

方法与步骤

1. 设置 LOGO 图标。在 Adobe Photoshop 中打开“素材文件\素材 05. jpg”，把这一个 LOGO 图片复制到“培训网页. psd”中，并把图层移动到“LOGO”图层文件夹中，移动 LOGO 图片到左上角。如图 18－10 所示。

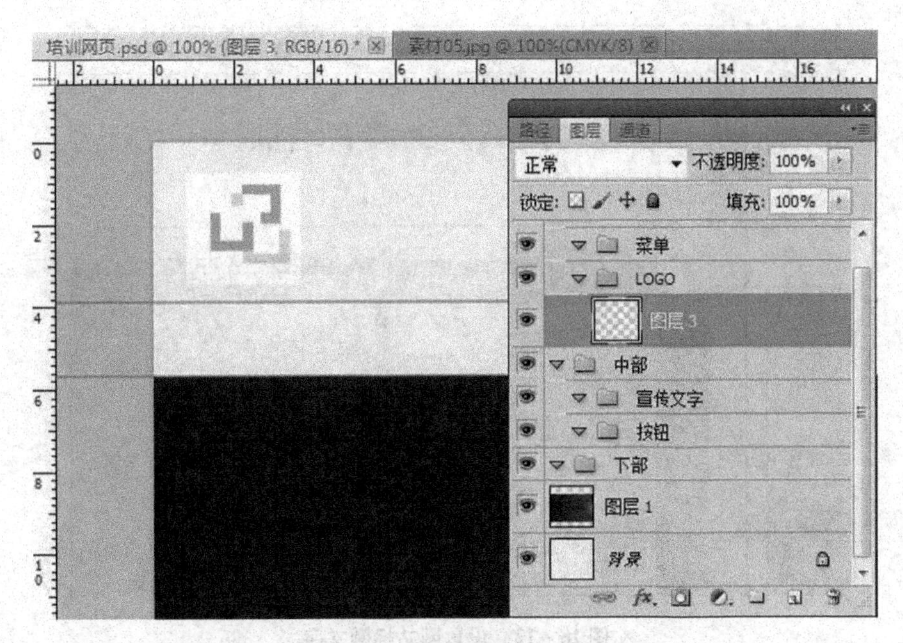

图 18－10　设置 LOGO 图标

2. 清除 LOGO 图标底色。新加入的 LOGO 图标底色是白色，与背景层的颜色不一致。使用魔棒工具，把 LOGO 图标底色中的白色清除。操作方法：单击工具箱中的魔棒工具→单击 LOGO 图标底色中的白色→按【Delete】键删除白色→按【Ctrl + D】键取消选区。如图18－11。

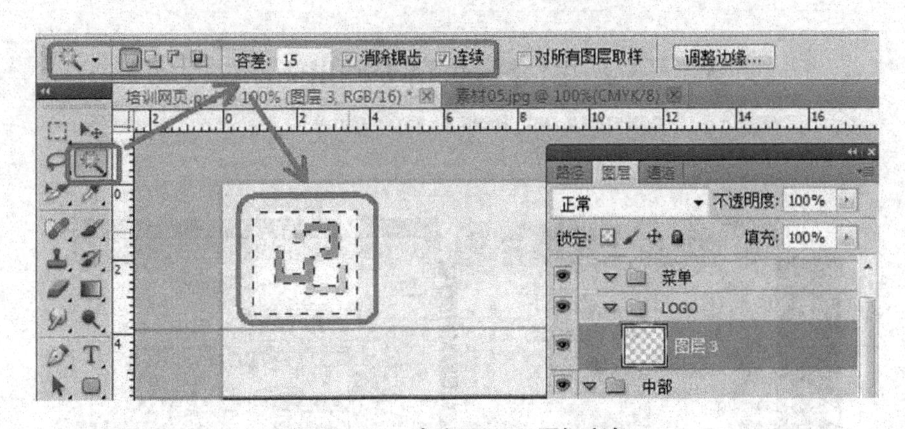

图 18－11　清除 LOGO 图标底色

3. 设置网站标题文字。使用文字工具，输入“天天向上教育培训”，并设置好相应的文字格式。文字格式设置为：黑体、30 点、加粗、颜色为#003366、锐利。网站的标题一般来说不需要设置特殊字体，只需要设置成常用的字体，这样可以清晰地显示给访问者。如图 18－12 所示。

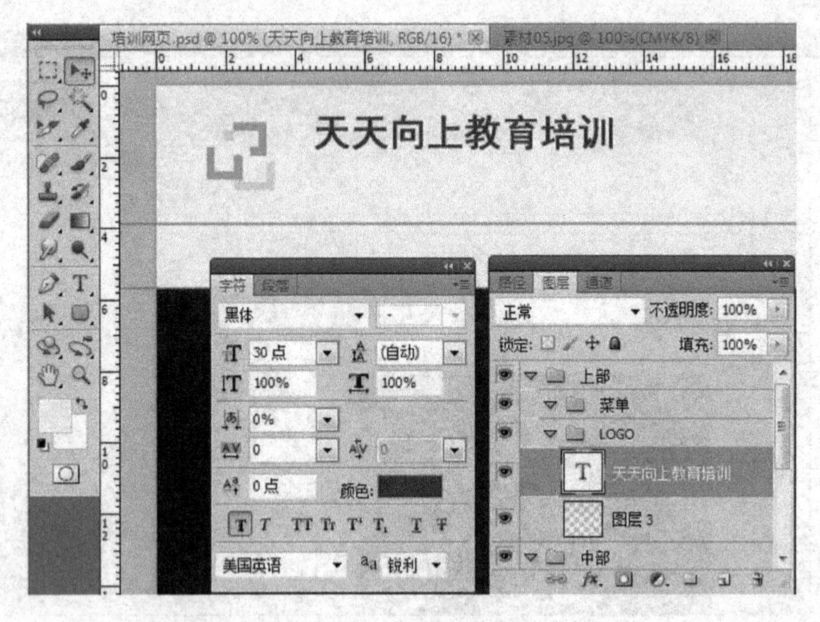

图 18－12　设置网站标题文字

4. 设置网站标题的拼音。使用文字工具,输入"TIAN TIAN XIANG SHANG JIAO YU PEI XUN",并设置好相应的文字格式。文字格式设置为:Arial、11 点、加粗、颜色为#003366、大写字母、锐利。同时调整好标题文字与标题拼音之间的位置,使其排列美观。如图 18－13 所示。

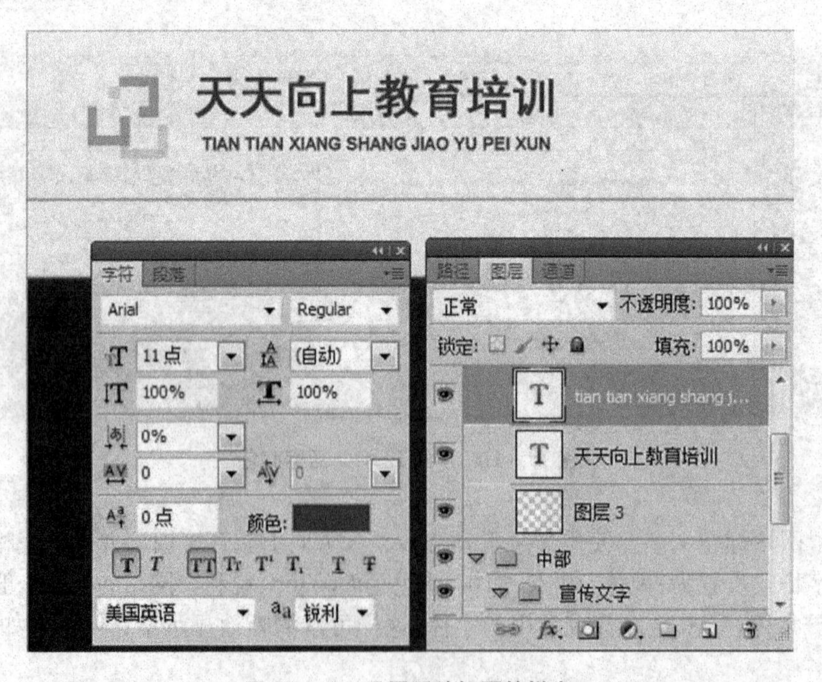

图 18－13　设置网站标题的拼音

5. 设置右上角三个小图标。

打开“素材文件\素材04. jpg”，使用矩形选取工具，选择其中的三个图片复制到“培训网页. psd”中，并把图层移动到“LOGO”图层文件夹中。图层名称分别为“图层4、图层5和图层6”；

完成三个图片的复制后，再使用魔棒工具把图片中的背景色清除；如图18－14所示。最后把三个图片缩小，放到右上角。

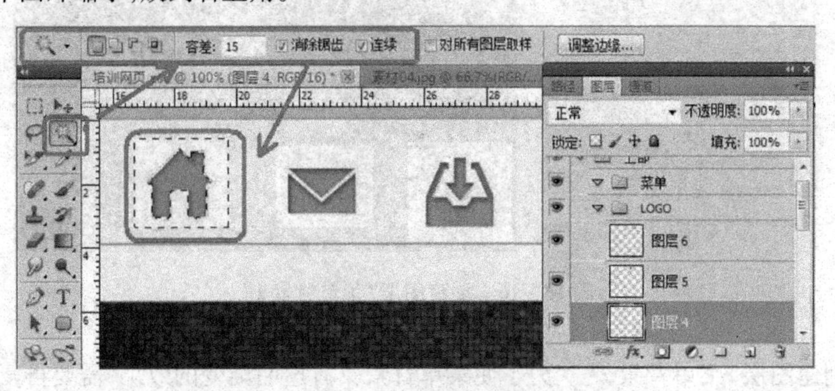

图18－14　魔棒工具清除背景色

6. 设置右上角文字。使用文字工具，在右上角增加“设为首页、联系我们、加为收藏”几个文字，并放置在图标的右边。文字格式设置为：宋体、14点、颜色为#003366。其中字符面板右下角的格式设为“无” aa 无 。如图18－15所示。

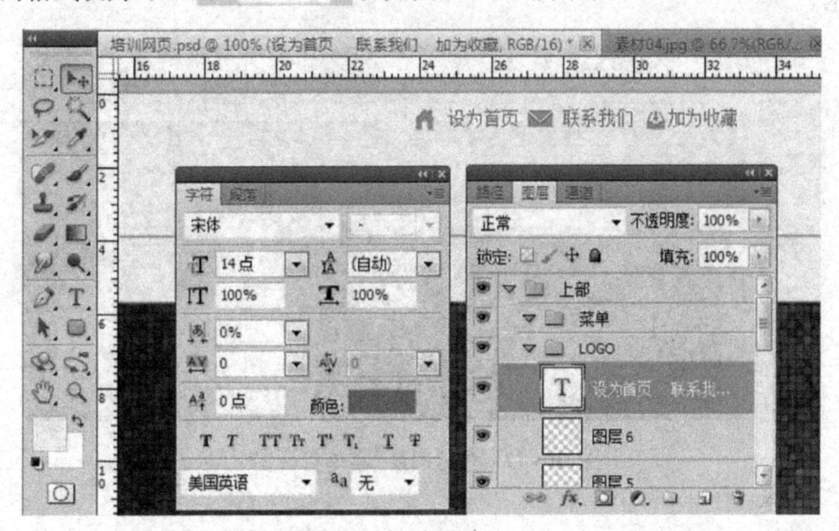

图18－15　设置右上角文字

7. 设置菜单背景色。

(1)创建图层“菜单背景1”。在“菜单”图层文件夹中建立一个空白图层，命名图层为“菜单背景1”，使用矩形选框工具拉选一个长条形的选区，填充颜色为#3399cc。如图18－16所示。

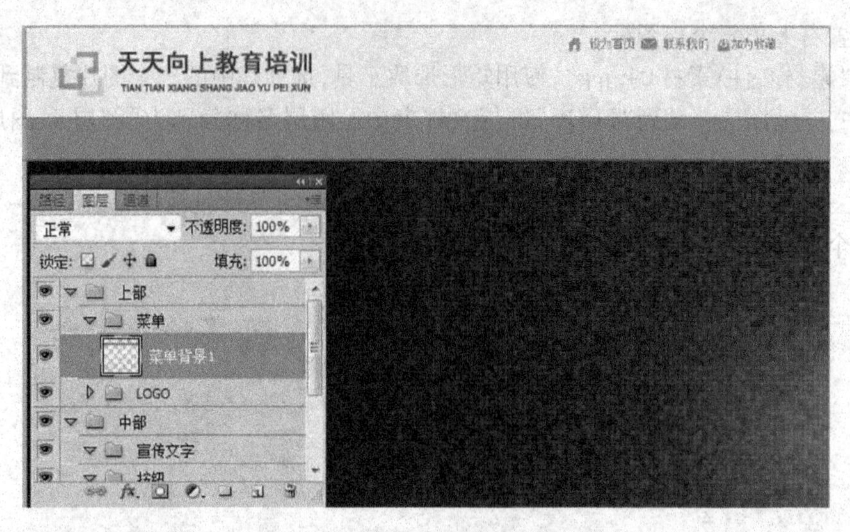

图 18－16　创建图层“菜单背景 1”

(2)创建图层“菜单背景 2”。为了使菜单背景具有透明渐变的效果,需要再复制一个图层,并使用蒙版和渐变工具进行设置。

操作方法:复制“菜单背景 1”图层,命名新图层为“菜单背景 2”,使用图层面板底部的 按钮添加矢量蒙版,使用工具箱中的渐变工具 ,以“线性渐变”方式从上到下拉动一个渐变效果出来,为了突显渐变效果,把图层“菜单背景 1”的透明度设为 30%。如图 18－17所示。

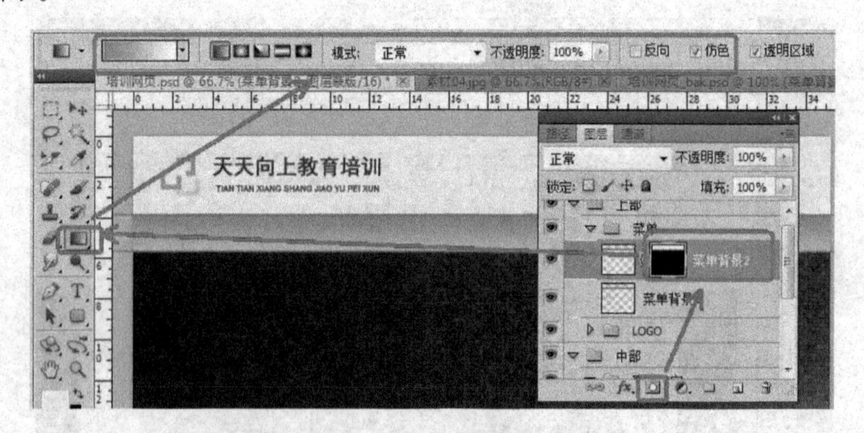

图 18－17　创建图层“菜单背景 2”

8. 设置“菜单间隔线”图层文件夹。因为菜单文字间隔线有好几条,创建一个图层文件夹来管理。在“菜单”图层文件夹下创建一个子文件夹“菜单间隔线”,并排列在“菜单背景 2”图层之上。

9. 创建第一条间隔线。

(1)在“菜单间隔线”图层文件夹下创建一个新图层“间隔线 1”,在蓝色菜单背景色上面用矩形选框工具,纵向拉选一个细小的选区,对此选区填充白色。

(2)对图层“间隔线 1”应用浮雕效果,格式为枕状浮雕、平滑、下、2 像素。如图 18 - 18 所示。

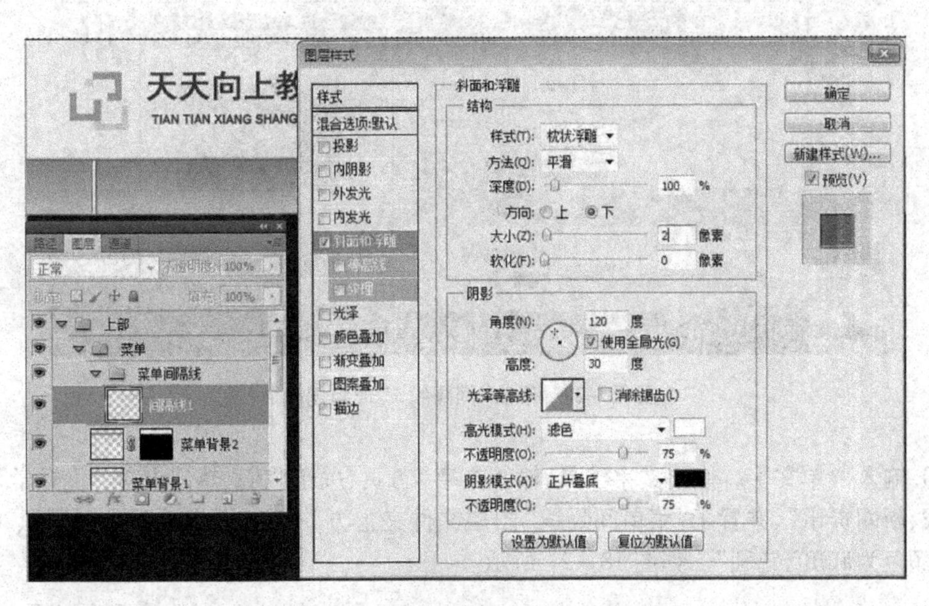

图 18 - 18　图层“间隔线 1”应用浮雕效果

(3)对图层“间隔线 1”应用矢量蒙版 ,选择工具箱中的渐变工具 ,在屏幕上部选择“线性渐变”工具,产生一个从上到下的渐变效果。如图 18 - 19 所示。

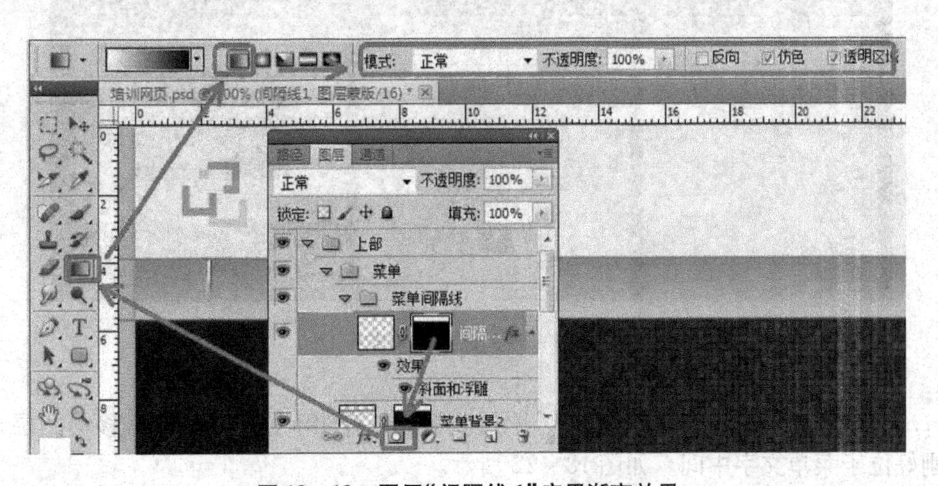

图 18 - 19　图层“间隔线 1”应用渐变效果

(4)修改“间隔线 1”成为细线。间隔线需要细小才美观,现在的间隔线不够美观,需裁剪一部分。操作方法:使用导航器把图像调整为 200% 的视图,在工具箱中使用矩形选框工具 ,选择一部分间隔线,按【Delete】键删除多余部分,按【CTRL + D】键取消选区。如图 18 - 20所示。

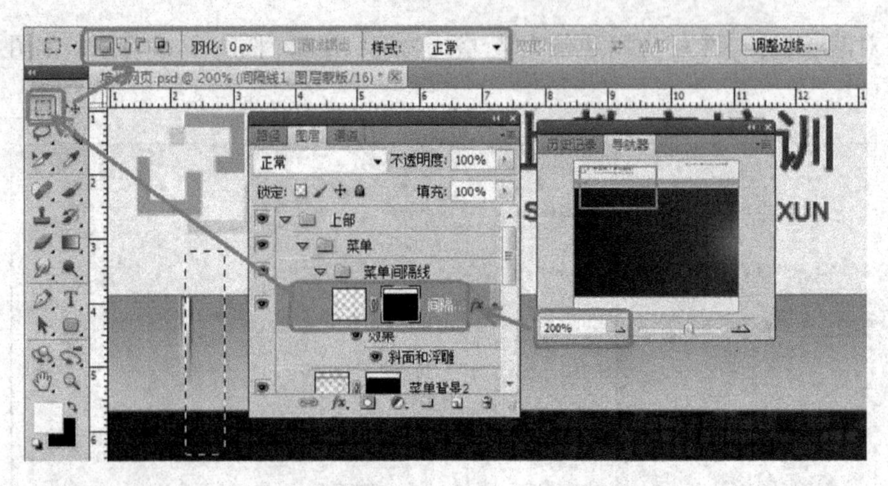

图 18－20　修改“间隔线 1”成为细线

10. 输入菜单文字。使用文字工具,输入文字“首页、关于我们、热门课程、优秀学员、资料下载、新闻资讯”,并置于“菜单间隔线”图层文件夹上方。文字格式设置为“黑体、20 点、加粗、颜色为#ffffff、锐利”。如图 18－21 所示。

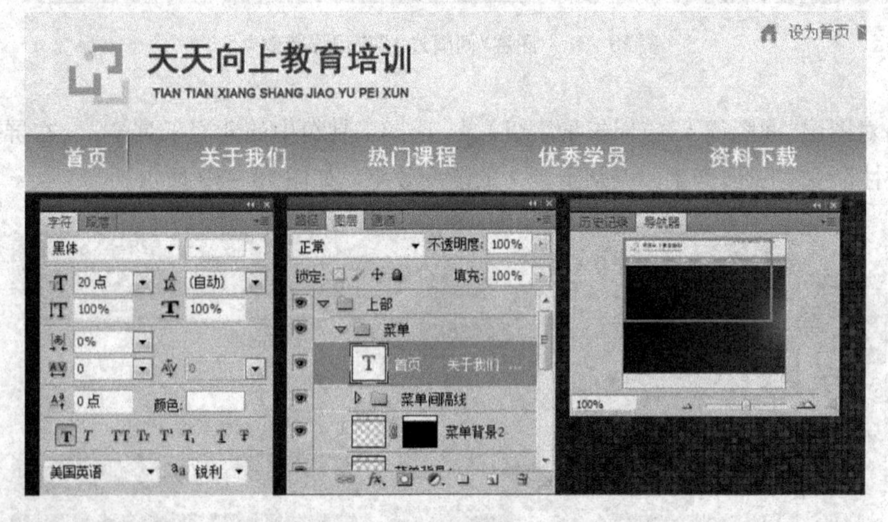

图 18－21　设置菜单文字

11. 设置菜单间隔线。对“间隔线 1”图层复制出 4 个相同的图层,然后移动图层,使间隔线刚好位于菜单文字中间。如图 18－22 所示。

图 18－22　设置菜单间隔线

子任务四:设计美工图中部

本任务主要进行中间模块的设计,它由宣传文字、图片和小图标组成。其中,小图标可以在网站搜索一些适合本主题的共享的 ICON 图标,也可以使用本项目提供的素材图标。

方法与步骤

1. 设置图像。

(1)为了归类管理各图层,把背景层上面的“图层 1”移动到“中部”文件夹下的“宣传文字”子文件夹内。

(2)把“图层 1”向左移动,使原图的白色光晕区域显示在右部。

(3)打开“素材文件\素材 02. jpg”,并把图片复制到“培训网页. psd”的“宣传文字”子文件夹中,调整大小。

(4)使用矢量蒙版 和渐变工具 的“径向渐变”方式 创建渐变效果。如图 18 – 23 所示。

图 18 – 23　设置图像

2. 设置文字。

(1)输入文字“分层教学”,格式为“黑体、50 点、加粗、白色、锐利”。

(2)输入文字“各年级按照学生层次,分为基础班、提高班和培优班进行教学。比较集中地强调学生的现有知识、能力水平,让所有学生都得到应有的提高。”格式为宋体、16 点、白色、“锐利、浑厚、平滑、无”格式。如图 18 – 24 所示。

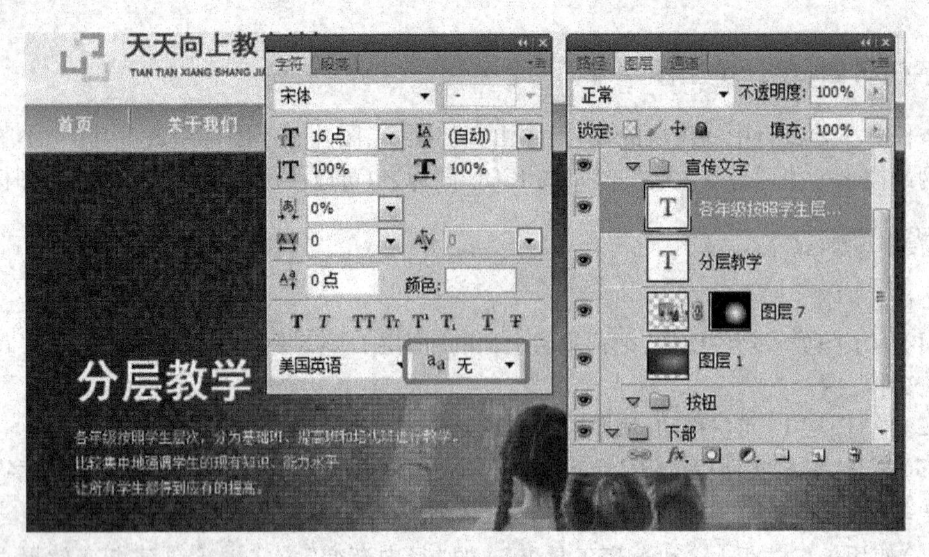

图 18－24　设置文字

3. 设置小图标导航。

(1)调整图层文件夹顺序。把“按钮”子文件夹移动到“宣传文字”子文件夹的上面。

(2)创建白色背景。在“按钮”子文件夹中,创建一个空白图层,然后在上一步骤输入的文字下方使用矩形选框工具画一个长方形,将其填充为白色。

(3)复制小图标。打开“素材文件\素材 03. jpg”,选取 8 个小图标,使用椭圆选取工具,按住【Shift】键,以圆形状态复制小图标,并粘贴到白色背景层上,使用排列工具“水平居中分布”。如图 18－25 所示。

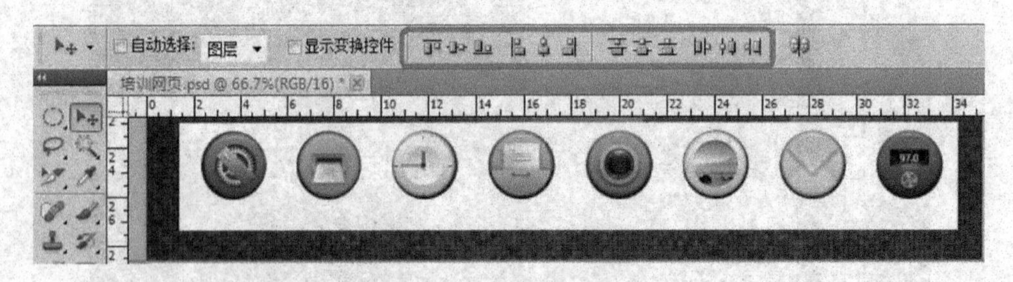

图 18－25　创建白色背景

(4)设置文字。使用文字工具,输入“成绩喜报、分层教学、全方位辅导、精品小班、效果显著、针对性强、性价比高、进步迅速”,格式为“黑体、18 点、#006666、锐利”。如图 18－26 所示。

(5)设置圆角矩形。设置前景色为#3399cc,使用圆角矩形工具,设置其半径为 10px,在“分层教学”的图标上绘制一个矩形,把这个图层移动到白色背景层下面,对圆角矩形的图层右击,执行“栅格化矢量蒙版”命令。如图 18－27 所示。

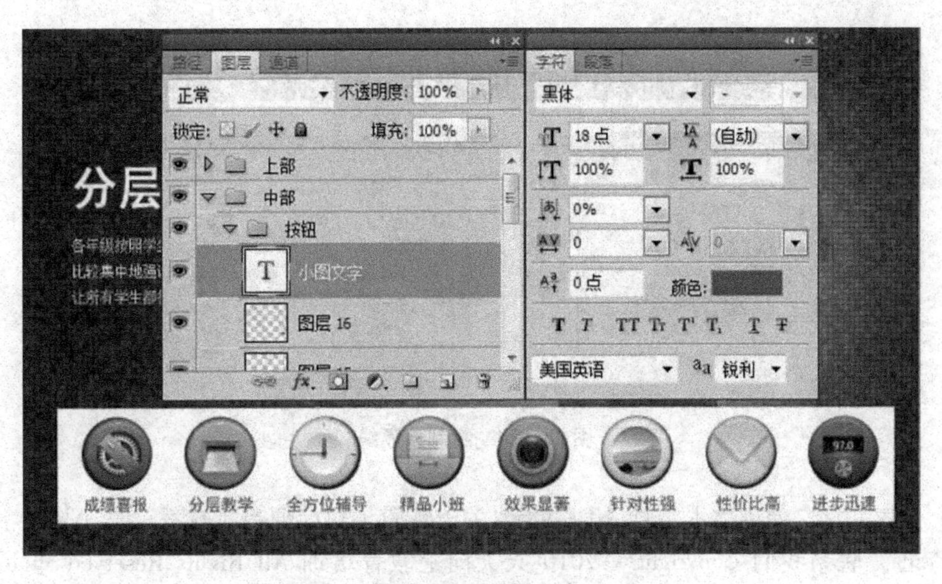

图 18－26　设置文字

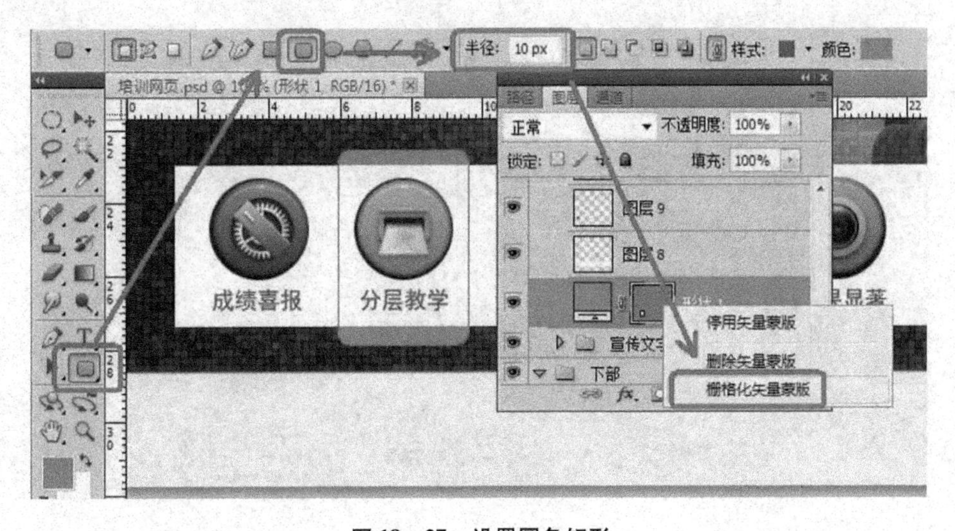

图 18－27　设置圆角矩形

子任务五：设计美工图下部

本任务主要设置版权模块的文字，比较简单。

方法与步骤

1. 绘制分隔线。在“下部”子文件夹中，新建一个空白图层，使用单行选框工具绘制一条细线，将其填充为白色，应用“投影”效果，距离和大小设置为 1 像素。如图 18－28 所示。

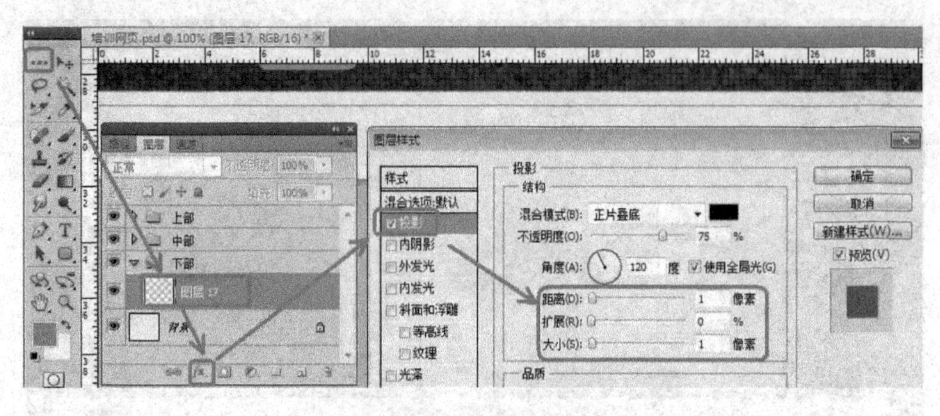

图 18－28　绘制分隔线

2. 设置文字。使用文本工具,输入文字“关于我们 | 热门课程 | 优秀学员 | 资料下载 | 新闻资讯 | 联系我们 Copyright ©2010 天天向上教育培训 All Rights Reserved 粤 ICP 备 00000000 号”,并设置格式为“宋体、15 点、白色、#006699、无”。如图 18－29 所示。

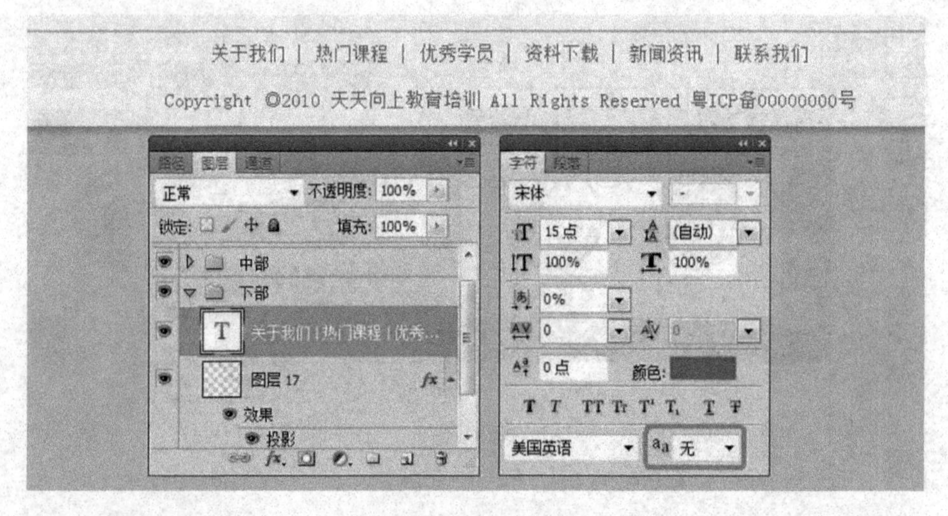

图 18－29　设置文字

相关知识与技能

1. 在进行网页美工布局的过程中,要借助标尺和参考线来划分。

2. 在拖动参考线的同时按【Shift】键,可以把参考线精确定位在某一刻度,设计界面过程中,加入参考线的作用是位置精确,这样整体效果比较整齐。

3. 设计网页美工通常会使用一些小图标,这些小图标可以自己设计,也可以在网上下载。网上有大量共享的图标供下载,可以帮助用户快速地完成设计。比如可以在百度中搜索图片类别,输入“小图标、ICON”等关键字都可以查询到。

拓展与提高

1. 确定网站整体色调的方法

整体色调可以通过多种方法来确定，比如：

（1）由客户确定整体色调。如果客户有明确的要求，可以由客户指定。

（2）根据客户公司中的 CI 设计来确定整体色调。CI 设计，即有关企业视觉形象识别的设计，包括企业名称、标志、标准字体、色彩、象征图案、标语、吉祥物等方面的设计。如果客户公司已经设计了 CI，可以根据 CI 来确定。比如通过企业的 LOGO 图片、名片、产品设计印刷品等实物进行参考。

（3）如果客户没有明确的要求也没有 CI 设计提供，则可以通过与客户沟通，由网页美工设计师拟出整体色调参考方案供客户选择，然后通过多次沟通最终确定整体色调。

2. 规划图层和图层文件夹

优秀的网页美工设计师需要拥有多种能力，在 Adobe Photoshop 中合理地规划图层和图层文件夹是优秀能力的体现。一方面可以帮助设计师本人理解和归类各个图形的功能；另一方面在设计团队里，也可方便其他设计师更容易看明白你的图层文件组织，可以共同修改和完善。在设计团队里，让同行能容易地理解你的设计是一件非常重要的事情。

3. 合理运用 ICON 图标为网站设计画龙点睛

ICON（图标）虽然身材娇小，但可以为设计工作增加亮点，在网页设计中起到非常重要的作用：为标题添加视觉引导、用作按钮、用来分隔页面、做整体修饰、使网站更显专业、增强网站交互性等。

ICON 可以强化内容。ICON 图标可以把访客的注意力吸引到设计师设定的内容。I-CON 是增强内容的工具，不要让它吸引了访客所有的注意力而忽略了内容。所以要精心挑选一些样式和寓意都与内容紧密相连的 ICON 图标。如果使用过于炫目的 ICON 图标或许会分散访客的注意力。

本项目素材文件夹中的“素材 03. jpg”和“素材 04. jpg”就是 ICON 图标，在网页美工设计过程中，要合理地应用一些 ICON 图标。

思考与练习

1. 网页排版布局方式有哪几种？

2. 在作品的内容模块中，一共有“成绩喜报、分层教学、全方位辅导、精品小班、效果显著、针对性强、性价比高、进步迅速”八个小图标对应的内容。本项目只设计了其中一个“分层教学”的内容，请从网上查找素材，完成其他七个内容的设计。

任务二　培训网站子栏目页美工设计

任务描述

本任务要制作“天天向上教育培训”网站的整套网页美工中的子栏目页面美工。本设计任务基于任务一，需要先完成任务一，再完成此任务。

任务分析

在开始任务之前，先查看网站的子栏目页的效果。如图 18－30 和图 18－31 所示。本网站的一级栏目有“关于我们、热门课程、优秀学员、资料下载、新闻资讯”五个。每个一级栏目下面，还会有对应的子栏目。因此，这个子栏目页是一个模板页，所有的子栏目美工效果都可以采用。

本任务主要是设计子栏目的美工图。一个网站的美工风格要相对统一，因此子栏目页的美工并不重新从零开始设计，而是在首页美工图的基础上进行设计。通常，首页和子栏目网页的 LOGO、菜单和版权模块的内容是相同的，不同的仅是中间的部分。

图 18－30　子栏目页的图片列表效果图

图 18－31　子栏目页的新闻列表效果图

方法与步骤

1. 确定子栏目网页排版布局方案。如图 18－32 所示。

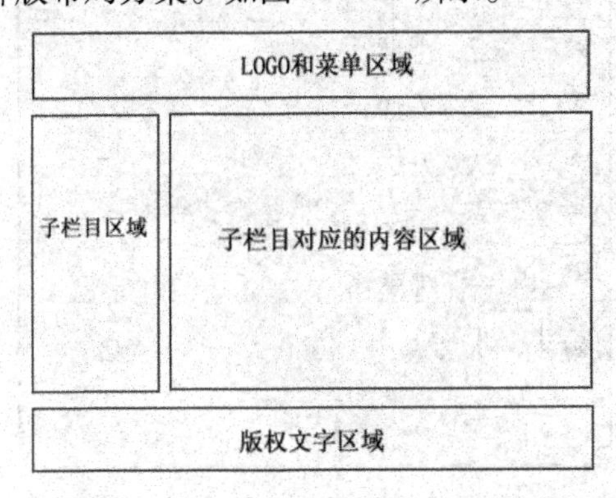

图 18－32　子栏目网页排版布局方案

2. 创建子栏目页 psd 文件。用 Photoshop 软件打开文件“设计文件\子栏目网页前置文件. psd”,存储为“子栏目网页. psd”。

3. 更改画布大小。对“子栏目网页. psd”的画面高度进行更改,把高度调大至 1200 像素。执行“图像”→“画布大小”命令,在弹出的“画布大小”对话框中把单位选择为像素,高度调为 1200,定位选择靠顶部。如图 18 – 33 所示。

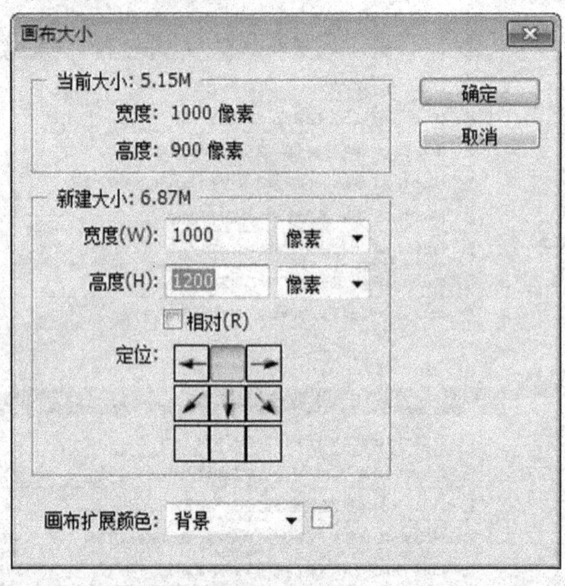

如图 18 – 33　更改画布大小

4. 更改背景图层颜色。画布更改后,有部分背景颜色不一致,需要修改为同一颜色。选择“背景”图层,执行“编辑”→“填充”命令,填充颜色为#eef3f9。

5. 规划图层文件夹。删除“中部”文件夹,再增加“左边”和“右边”两个文件夹。在“左边”文件夹下再创建“关于我们”子文件夹。如图 18 – 34 所示。

图 18 – 34　规划图层文件夹

6. 调整版权区的位置。单击“下部”文件夹，在画布中，把版权信息向下拉到底部，调整到适合的位置。

7. 重新规划参考线。把版权区的参考线下移，新增加一条左右分布的参考线。如图18－35所示。

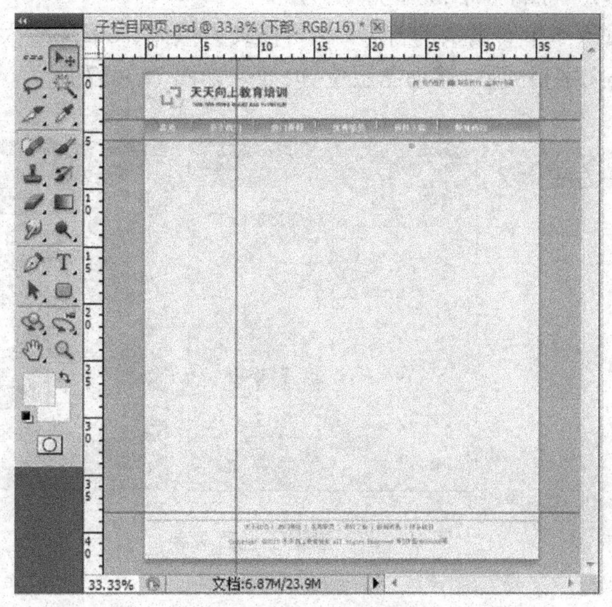

图 18－35　重新规划参考线

8. 创建“关于我们”子栏目。

(1)打开文件“素材文件\素材01.jpg”，并复制到“关于我们”图层文件夹中。

(2)绘制背景。在“关于我们”图层文件夹，用矩形选框工具 拉一个长方形选区，填充为白色，对白色区域进行“描边”，颜色为#d3dfed，宽度为1px按【Ctrl + D】键取消选区。

(3)调整位置。因为白色方框遮住了蓝色的图片，两者互相调换图层顺序。即“图层18”移到“图层19”之上。再调整“图层19”的大小和位置，使其位置如图18－36所示。

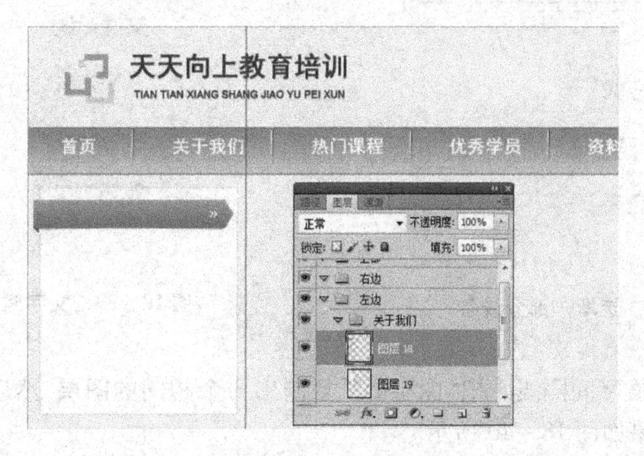

图 18－36　调整位置

(4)设置子栏目文字。

使用文本工具输入文字“关于我们”,格式为黑体、白色、大小为18点、浑厚。

使用文本工具输入文字“机构简介、交通地图、联系方式、学习环境、教师风采”,格式为黑体、#003366、大小为16点、行距为36点、浑厚。

使用文本工具输入5个右箭头的符号“ > ”,格式为黑体、#003366、大小为16点、行距为36点、浑厚。设置好文字格式后,移动图层位置,效果如图18－37所示。

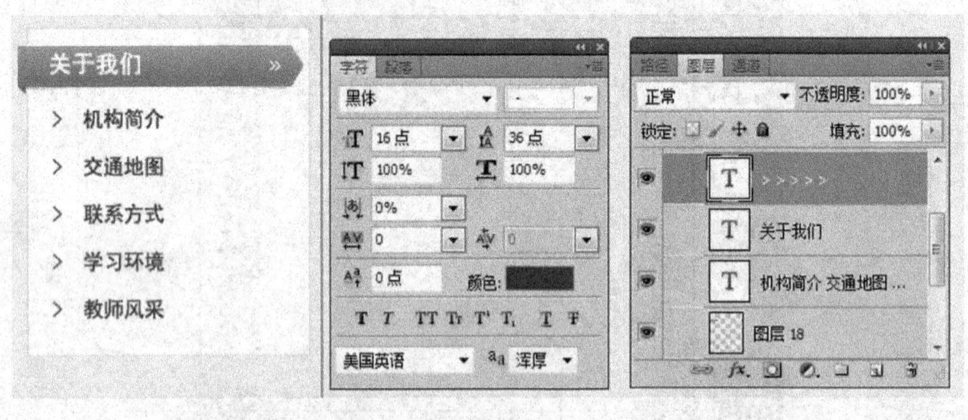

图 18－37　设置子栏目文字

(5)制作一条文字间隔线。新建一个空白图层,使用单行选框工具 ,在“机构简介”和“交通地图”中间绘制一条横向的细线,填充颜色为#003366,这一条细线太长需要处理短些。注意文字的前后左右四周要留下适当的空白,排列不能太紧凑。如图18－38和图18－39所示。

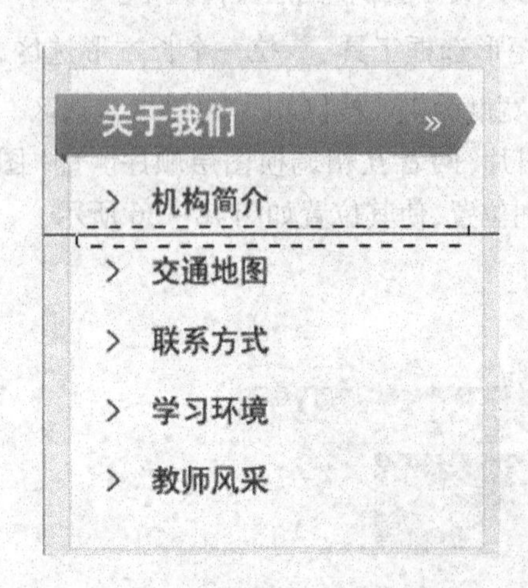

图 18－38　选取一部分线条

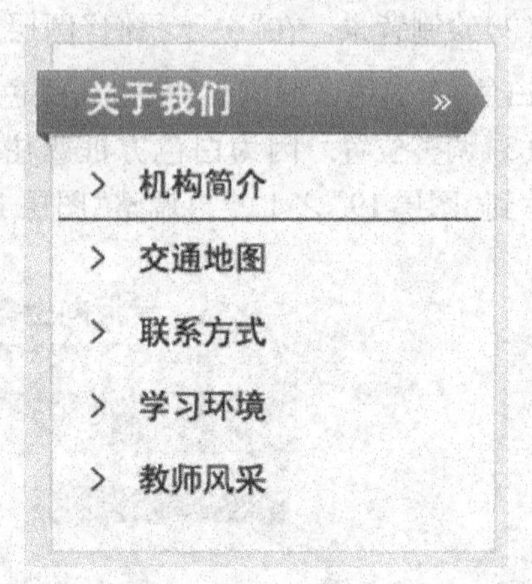

图 18－39　文字间隔线效果

(6)制作多条文字间隔线。把“图层20”复制出3个相同的图层,然后重新排列这4个图层,最后形成效果如图18－40所示。

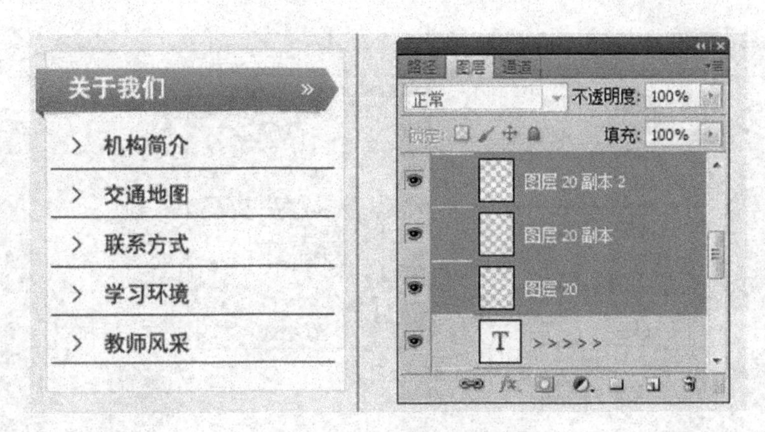

图 18－40　制作多条文字间隔线

9. 创建"联系我们"子栏目。不用从零开始制作"联系我们"，可以基于"关于我们"来设计。

(1)把"关于我们"图层文件夹复制一个相同的新图层文件夹，并命名为"联系我们"。

(2)修改里面的文字。子栏目文字为"到校地图、联系电话"。详细方法与第 8 步步骤相似，这里省略。根据栏目文字的多少重新修改白色长方形背景的大小，删除多余的部分。

(3)调整"联系我们"和"关于我们"上下之间的位置，中间要保留足够的空白区域。效果如图 18－41 所示。

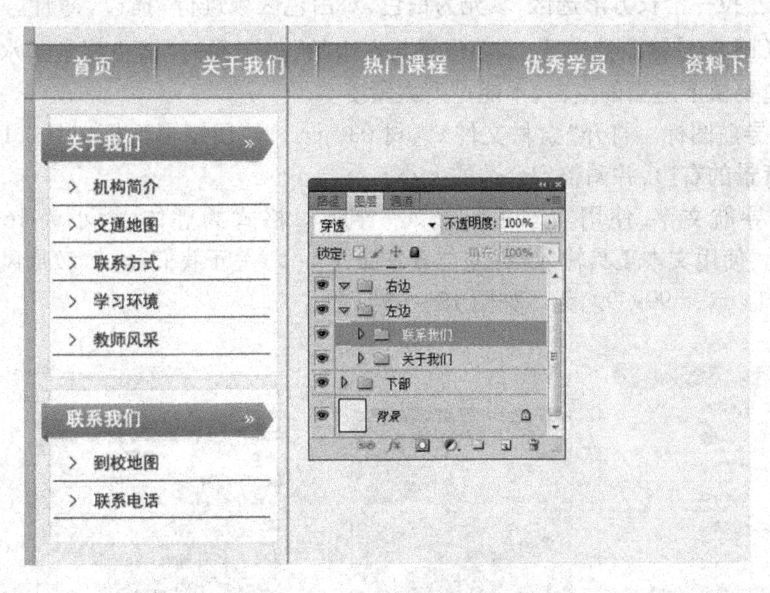

图 18－41　创建"联系我们"子栏目

10. 创建"友情链接"子栏目。子栏目文字为"广东教育厅、广东省教育考试院、珠海市招生网、珠海市教育局、珠海市香洲区教育局"。使用与第 9 步骤相似的方法创建"友情链接"子栏目，步骤省略。注意"关于我们""联系我们"和"友情链接"三部分之间要留出适当的空白，排列不能太紧凑。效果如图 18－42 所示。

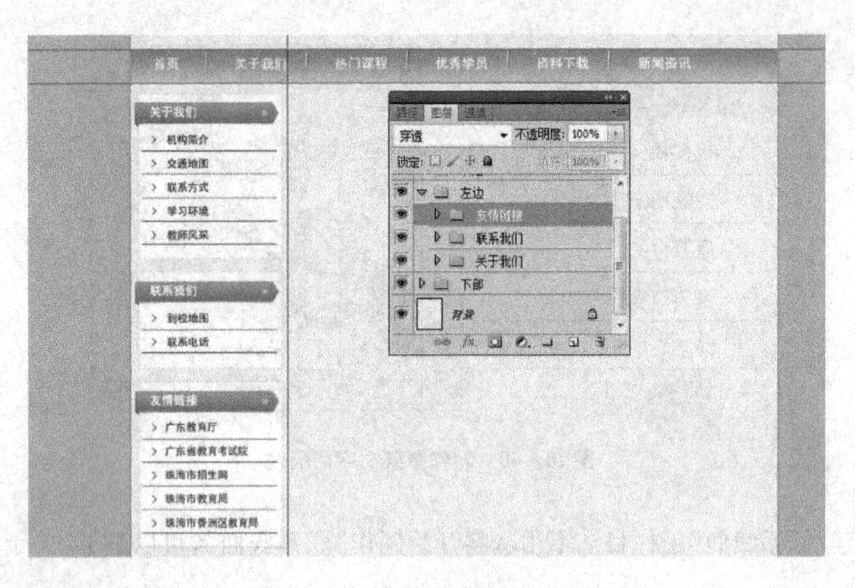

图 18－42　创建“友情链接”子栏目

11. 创建导航文字条。

(1)在“右边”图层文件夹下创建“导航文字”子文件夹。

(2)绘制背景。在“导航文字”图层文件夹中,创建一个新的空白图层“导航背景”,用矩形选框工具 拉一个长方形选区,填充为白色,对白色区域进行“描边”,颜色为#d3dfed,宽度为 1px 按【Ctrl + D】键取消选区,调整位置与左边的“关于我们”蓝色背景条水平一致。注意左边和右边要留下适当的空白,不能排列太紧凑。

(3)设计导航图标。打开“素材文件\素材 03. jpg”,使用矩形选框工具选取一个图标,复制到导航背景的右边,并调整到合适的大小。

(4)设置导航文字,使用文本工具输入“导航”,格式为黑体、大小为 16 点、加粗、#003366、浑厚。使用文本工具输入“你的位置: 首页 >> 关于我们 >> 教师风采”,格式为宋体、大小为 14 点、# 999999、无。如图 18－43 所示。

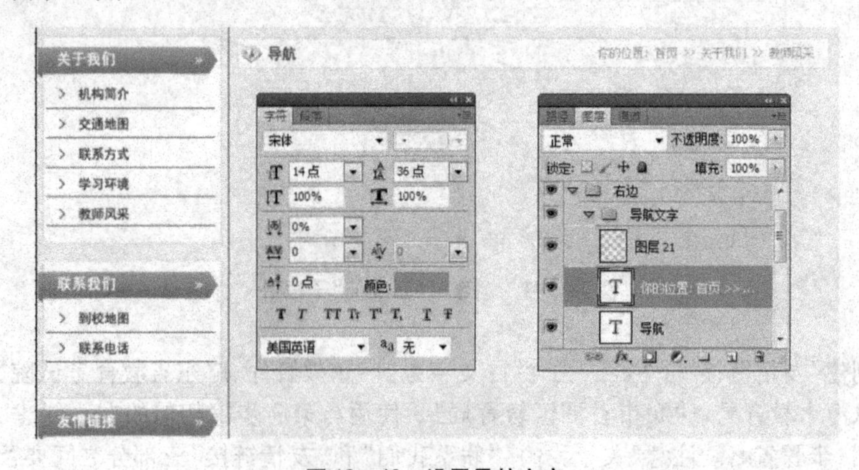

图 18－43　设置导航文字

12. 设置“教师风采”栏目。

(1)在“右边”文件夹下创建“教师风采”子文件夹。

(2)绘制背景。在“教师风采”图层文件夹中,创建一个新的空白图层“教师风采背景”,用矩形选框工具 拉一个长方形选区,选区要到版权区上部,填充选区为白色,对白色区域进行“描边”,颜色为#d3dfed,宽度为1px按【Ctrl + D】键取消选区。注意与上面的导航文字区域要留下适当的空白,不能排列太紧凑。

(3)设置背景图。打开“素材文件\素材02.jpg”,复制到刚才绘制的背景图层上面,调整位置。

(4)输入导航标题文字。使用文本工具输入文字“教师风采”,格式为黑体、白色、加粗、大小为18点、浑厚。

(5)打开“素材文件\素材03.jpg”,使用矩形选框工具选取一个图标,复制到导航背景的右边,使用魔棒工具把原图的白色背景清除,并调整到合适的大小。效果如图18 - 44所示。

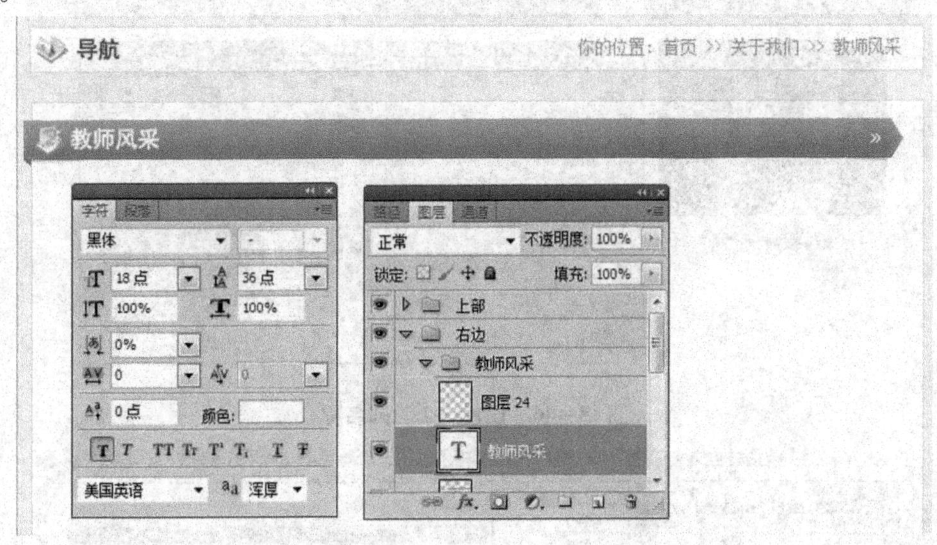

图18 - 44 设置“教师风采”导航

(6)设置一张教师图片。打开“素材文件\素材04.jpg”,选择主体人像部分,复制到“教师风采”子文件夹中,调整其大小,使一排图像可以排列三个人像,在图层面板中,按住【Ctrl】键的同时用单击这个图层,使图像产生选区执行“选择”→“修改”→“扩展”命令,扩展参数设为5px,执行“编辑”→“描边”命令,参数设为1px,颜色为#ccccff,按【Ctrl + D】键取消选区。如图18 - 45所示。

(7)设置一个教师名称。使用文本工具,输入文字“数学教师 - 王老师”,格式为宋体、#003366、大小为14点、浑厚。如图18 - 46所示。

(8)设置教师照片墙。对前两步中的教师图片和教师名称分别复制出多个,并排列成3×3的照片墙。技巧:可以先排列好第一行的照片,然后把这些图片和文字放在一个子文件夹中,然后再复制这个文件夹,就可以快速产生第二行和第三行的照片,比如图层文件夹命名为“第一行、第二行、第三行”。如图18 - 47所示。

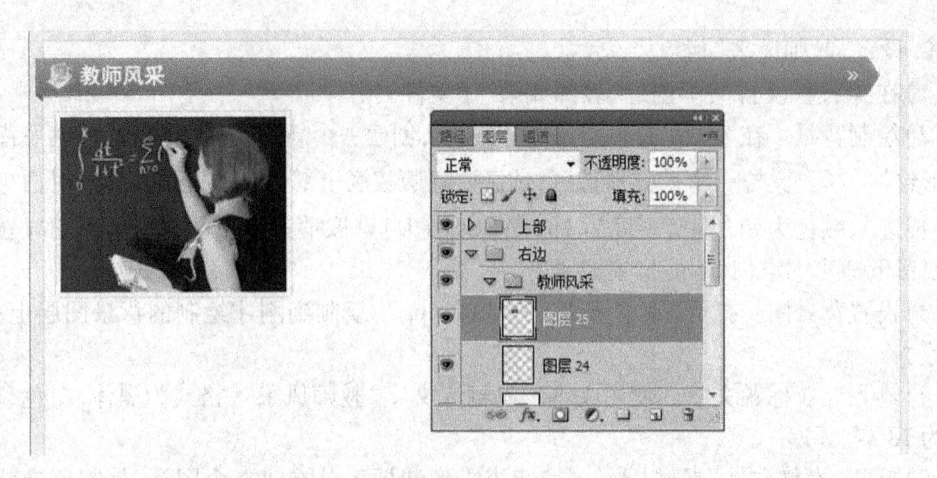

图 18－45　设置一张教师图片

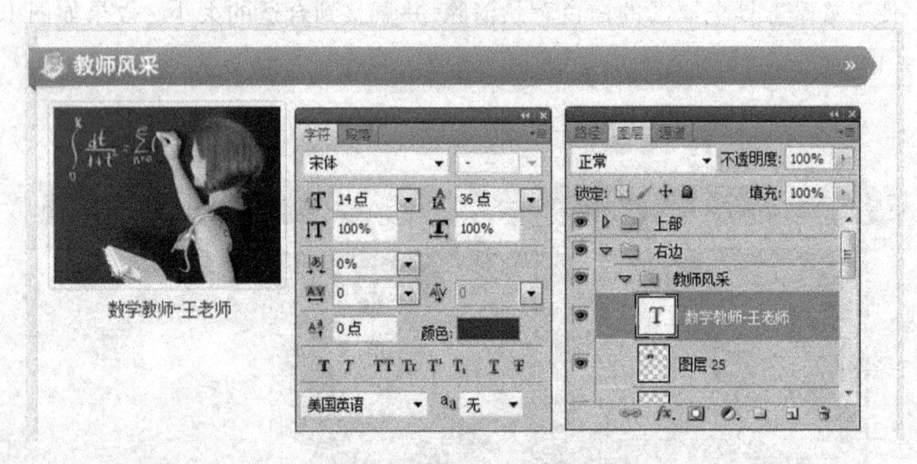

图 18－46　设置一个教师名称

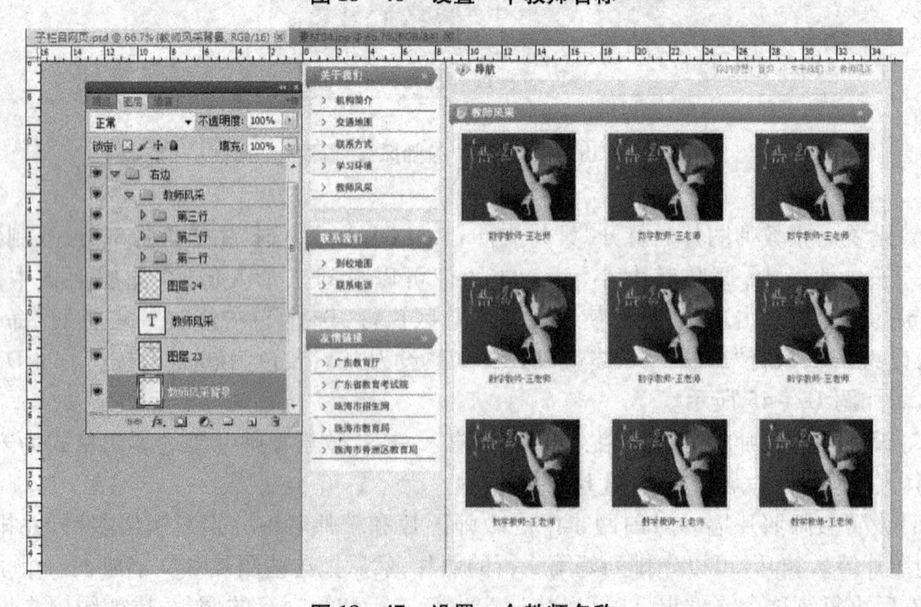

图 18－47　设置一个教师名称

(9)设置分享链接。打开“素材文件\素材07.jpg”,并复制到刚才制作完成的照片墙下面,调整好位置。如图18－48所示。因为分享的文字和图标都可以从网上下载,并且每个网站的分享目标网站不一样,这里只提供了制作好的素材文件。你也可以根据自己的需要重新制作分享图标。

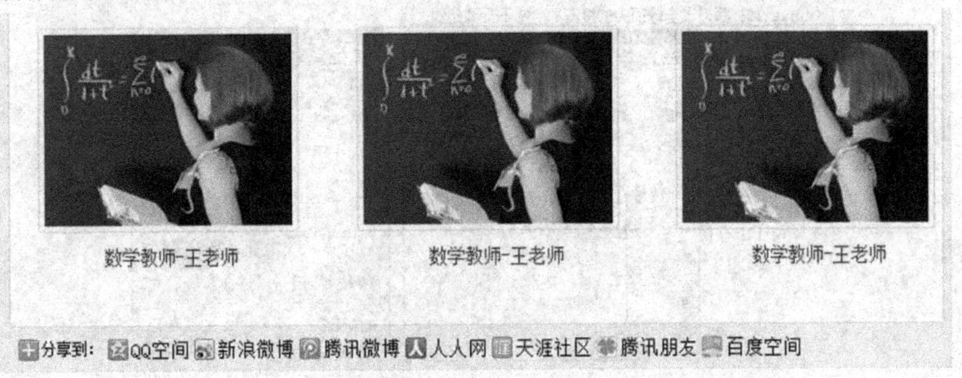

图18－48　设置分享链接

13.创建新闻列表排版格式。

(1)对“教师风采”文件夹复制一个相同的文件夹,命名为“新闻列表”。删除“新闻列表”文件夹里的教师图片和教师名称。

(2)隐藏“教师风采”文件夹。修改里面的“教师风采”文字为“新闻列表”。如图18－49所示。

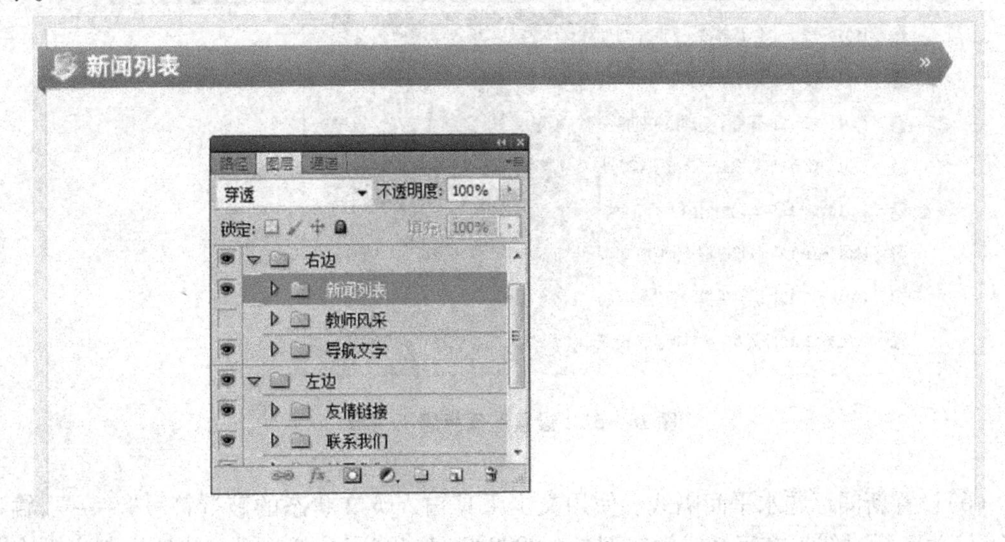

图18－49　修改文字

(3)设置新闻标题文字。打开“素材文件\新闻标题.txt”中的文字,使用文本工具把“新闻标题.txt”文件中的文字粘贴进来。文字格式为“宋体、黑色、大小为14点、行距为36点、无”。如图18－50所示。

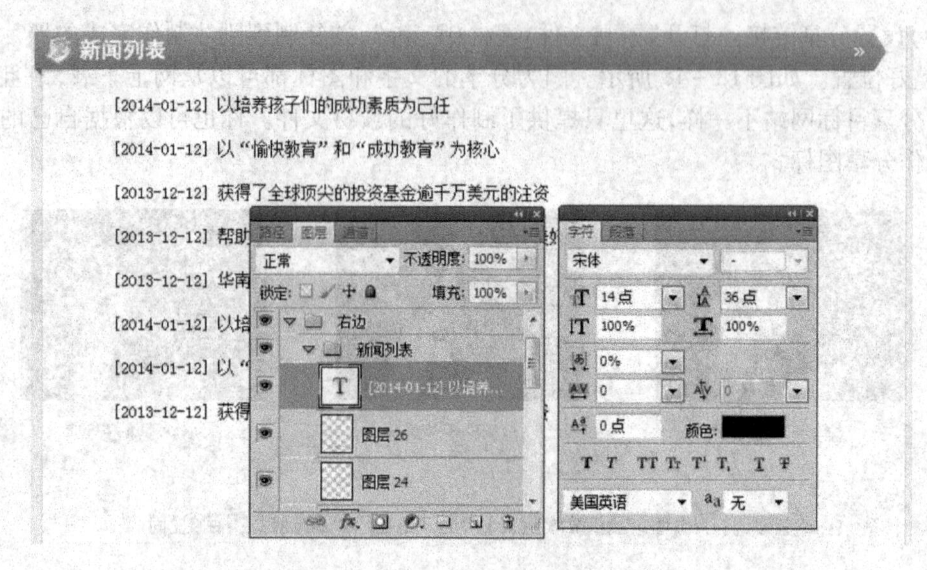

图 18-50　设置新闻标题文字

(5)设置新闻标题小图标。打开“素材文件\素材 08. jpg ”,选择一个小图标复制到新闻标题的左边,使用魔棒工具把小图标的背景色清除,并调整其大小,然后重复复制七个相同的小图标,并排列整齐。如图 18-51 所示。

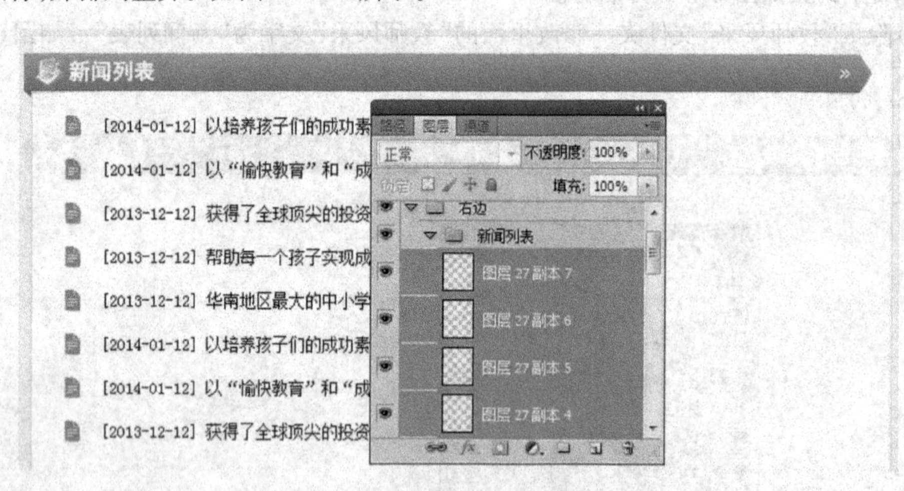

图 18-51　设置新闻标题小图标

(6)设置新闻标题水平间隔线。使用文本工具输入英文状态的破折符号“ - - ”,输入十个,产生一行虚线。文字格式为“宋体、# 999999、大小为 14 点、无”。然后复制出七个相同的图层,排列整齐。如图 18-52 所示。

(7)调整新闻列表的背景,缩小到新闻标题的下面。同时把分享图标移动到背景的下面。如图 18-53 所示。

(8)制作两个新闻列表。复制与“新闻列表”文件夹相同的另一个文件夹,命名为“新闻列表 2”。隐藏“新闻列表”文件夹中的分享图标图层。最终效果如图 18-54 所示。

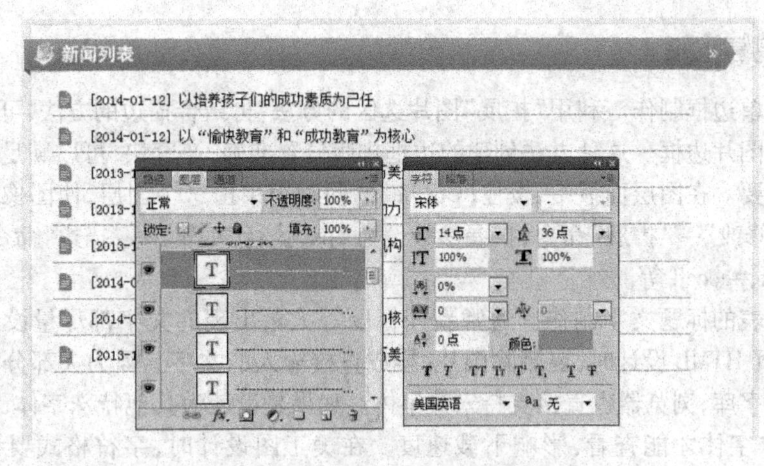

图 18－52　设置新闻标题水平间隔线

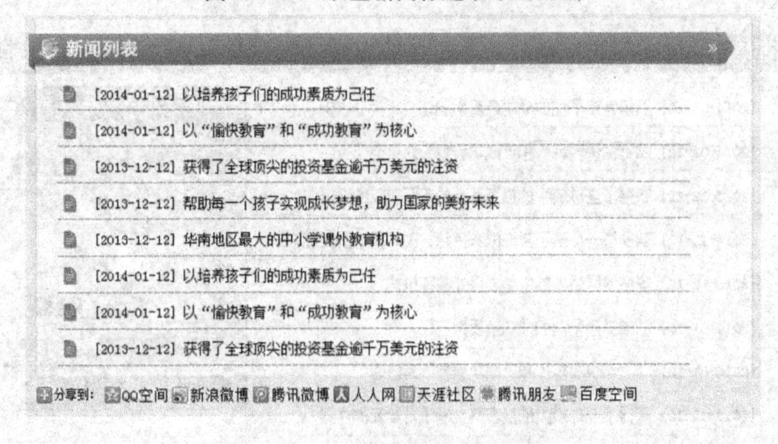

图 18－53　单个新闻列表的效果

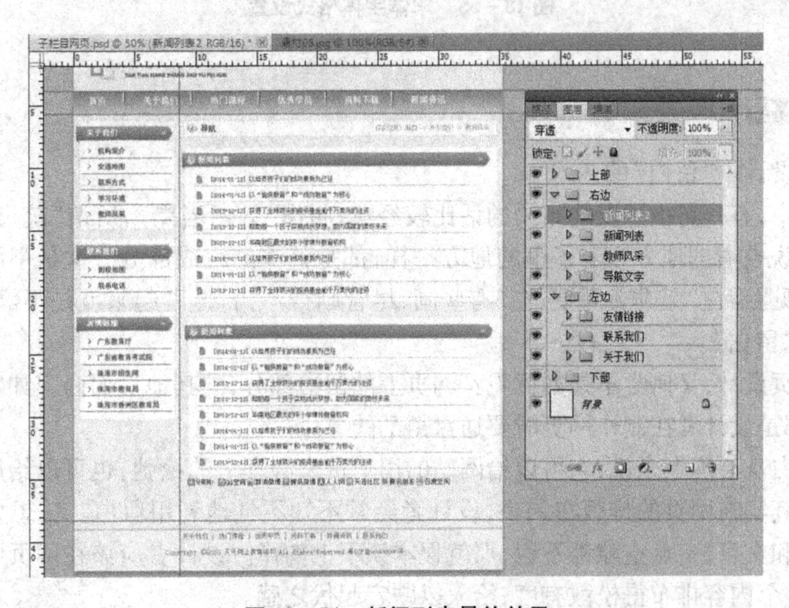

图 18－54　新闻列表最终效果

相关知识与技能

1. 图片简单边框制作。利用“扩展”图片选区的方法，再结合描边的方法，可以比较准确地创建简单的图片边框。这种方法创建的边框排版位置准确，速度快，可以满足网页美工图的边框制作需要。在图层面板中，按住【Ctrl】键的同时用单击这个图层，使图像产生选区执行“选择”→“修改”→“扩展”命令，扩展参数设为 5px，执行“编辑”→“描边”命令，再设置参数，如设为 1px，#ccccff 等。

2. 新闻列表的标题文字制作。通常新闻标题等大量出现的文字都尽量设计为宋体效果，并且在网页 HTML 设计时，要删除图片，换成直接输入的文字。因为大部分的操作系统都安装了宋体字库，浏览器也直接支持宋体字体。如果是设计为其他特殊字体，浏览器需要下载这个特殊字体才能查看，影响下载速度。在美工图设计时，字符格式要设计成如图 18－55的格式。

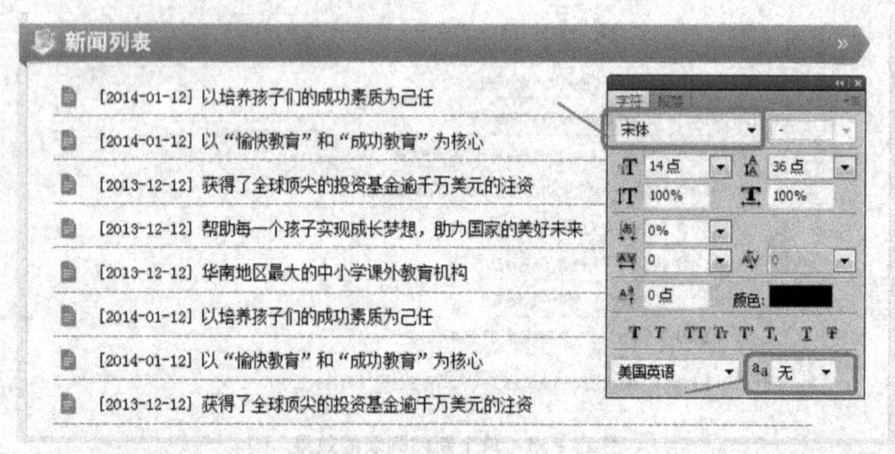

图 18－55　宋体字体格式设置

拓展与提高

1. 网页设计中“留白”的艺术

在国画中，有一句描述谋篇布局的话比较经典，叫作“计白当黑”，所谓“疏可走马，密不透风”，就是说空着的地方和着了墨的地方一样，都是整体的组成部分。这是书画家所孜孜追求的。可见“留白”是非常重要的。有些画，尽管画得不错，但看起来就是不舒服，原因就是没有重视“留白”。

对于网页设计，又何尝不是如此呢？网页上的留白部分，同其他页面内容如文本、图片、动画一样，都是设计者在制作网页时要通盘斟酌的。

网页留白从心理上来说，它可以给网站的用户带来心理上的松弛，也可以给用户带来紧张与节奏。其实在网页的排版布局中，设计者经常不知不觉地利用留白。试想如果页面上充满了图片和文字，一点空隙都不留，那就根本谈不上韵律。设计者应该在网页中通过留白的作用，使整个内容排布得松散有度，给人以跌宕起伏之感。

当然留白也要有度，如果留白不当，反而会造成反面的效果。留白的原则：

(1)元素之间的留白不能太大,这是基本的原则,留白过多,页面会变得零碎。

(2)文本中间的间隔不能太大,文本应当紧凑,尤其汉字文本,如果字与字之间或者行与行之间空白太大页面就会非常难看。

总的说就是留白要得当。

2. 网页美工设计要利用好“重复”

重复:在整个站点中重复实现某些页面设计风格。

重复的成分可能是某种字体、标题LOGO、导航菜单、页面的空白边设置、贯穿页面的特定厚度的线条等。颜色作为重复成分也很有用:为所有标题设置某种颜色,或者在标题背后使用精细的背景。

本任务的设计图中“关于我们、联系我们、友情链接”是“重复”设计理念的应用;两个一样的新闻列表也是“重复”设计理念的应用。

3. 照片墙的排版技巧

作为网页美工图,教师风采的照片并没有对每个教师都使用各自不同的真实相片,在设计过程中只采用了一位相同的人物图来做效果设计,这样比较方便,并且也能代表设计意见。因此在设计时,可以先设计好一个图片的所有信息(图片、边框、特效和文字等),然后放置在一个图片文件夹中。接下来,只需要复制出八个图片文件夹,结合对齐工具,就可以轻松把照片墙的排版做出来。

思考与练习

1. 本网站有一大批的教学视频需要以网页的格式呈现,请结合教师照片墙的排版思路,设计一款视频图片墙的美工图。可以参考百度视频(http://v.baidu.com/)、优酷视频(http://www.youku.com/)和爱奇艺(http://www.iqiyi.com/)等大型门户网站的排版方式和设计方法。

2. 请思考在本次网页设计中,有哪些位置反馈了“留白”的艺术?它有什么优点?

任务三　培训网站详细页美工设计

任务描述

本任务要制作“天天向上教育培训”网站的整套网页美工中的详细页美工。本设计任务基于任务二,需要完成任务二,再完成此任务。详细页一般是指单击新闻标题后,打开的一个页面,用于呈现新闻的详细内容;或者单击教师风采图片后,打开的一个页面,用于呈现教师的详细介绍内容等。

任务分析

在开始任务之前,先查看美工图片的效果。详细页的呈现资料一般有标题、发布时间、所属栏目、文字内容、图片内容、视频内容等。本美工图的效果如图18-56所示。

本任务主要是设计详细页的美工图。一个网站的美工风格要相对统一,因此详细页的美工并不重新从零开始设计,而是在子栏目美工图的基础上进行设计。

设为首页　联系我们　加为收藏

天天向上教育培训

TIAN TIAN XIANG SHANG JIAO YU PEI XUN

首页　关于我们　热门课程　优秀学员　资料下载　新闻资讯

关于我们 »

- 机构简介
- 交通地图
- 联系方式
- 学习环境
- 教师风采

联系我们 »

- 到校地图
- 联系电话

友情链接 »

- 广东教育厅
- 广东省教育考试院
- 珠海市招生网
- 珠海市教育局
- 珠海市香洲区教育局

导航　你的位置：首页 >> 关于我们 >> 教师风采

一对一个性化课外辅导教学的优势

发布时间：2013-1-1 | 所属栏目：新闻资讯 | 点击数量：100

“一对一”个性化课外辅导教学个体针对性强，不像培训班的班级教学方式。“一对一”教学是一个老师只针对一个学生。这样一来，老师对单一的学生会更加了解，根据每一个学生的特点来出题，相比培训班的“平均用力”，其针对性更强。特别是有些初高中的老教师；对于学生的学习特点，历年考试的标准、要求也比较了解。

思路该如何打开？个性化一对一助你提升！

相对于培训班，“一对一”教学学习更具交流性，学生有任何问题也可以随时向老师反馈，并及时得到解答。而如果在培训班上课，学生有问题也只能在课后请教。

关于我们 | 热门课程 | 优秀学员 | 资料下载 | 新闻资讯 | 联系我们

Copyright ©2010 天天向上教育培训 All Rights Reserved 粤ICP备00000000号

图 8－56　效果图

方法与步骤

1. 确定详细页网页排版布局方案。作为一个小型网站，信息内容不会太多，采用简单的排版布局方式。因此排版布局与子栏目页的一样。如图 18－57 所示。

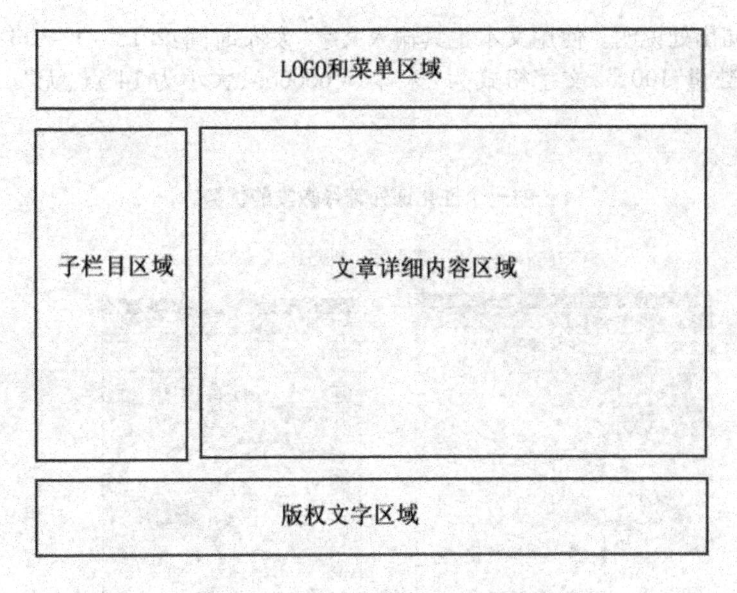

图 18－57　网页排版布局方案

2. 创建详细页 psd 文件。用 Photoshop 软件打开文件“设计文件\详细页前置文件.psd”，存储为“详细页.psd”。

3. 设置新闻标题。

（1）隐藏“教师风采、新闻列表、新闻列表 2”子文件夹，创建一个子文件夹“新闻内容”。

（2）在“新闻列表”文件夹内，把“新闻列表背景”图层复制一个到“新闻内容”子文件夹中，重新调整它的高度，使高度适合整个页面。

（3）在子文件夹“新闻内容”中，使用文本工具输入文字“一对一个性化课外辅导教学的优势”，文字格式为“黑体、黑色、大小为 20 点、浑厚”。如图 18－58 所示。

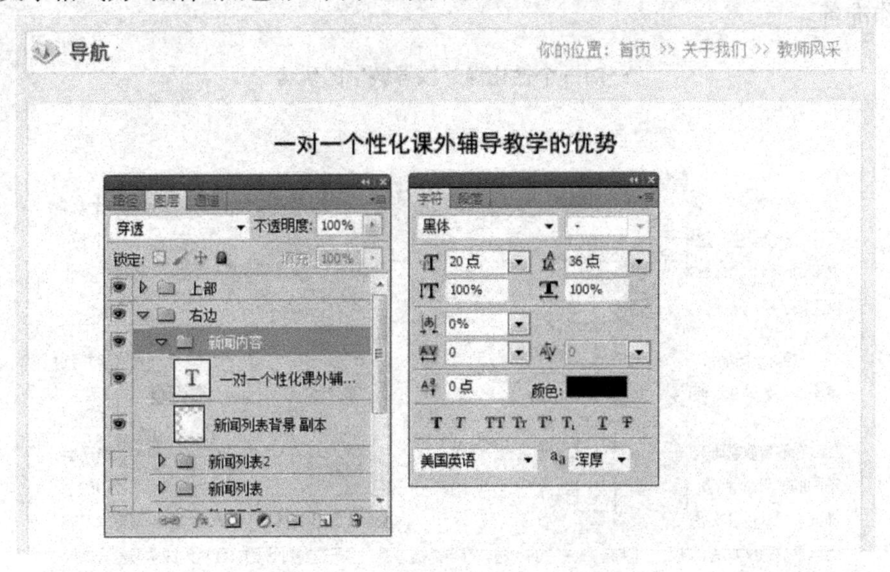

图 18－58　设置标题文字格式

4. 设置新闻出处说明。使用文本工具输入文字“发布时间:2013 - 1 - 1 | 所属栏目:新闻资讯 | 点击数量:100 ”,文字格式为“宋体、# 666666、大小为 14 点、无”。如图 18 - 59 所示。

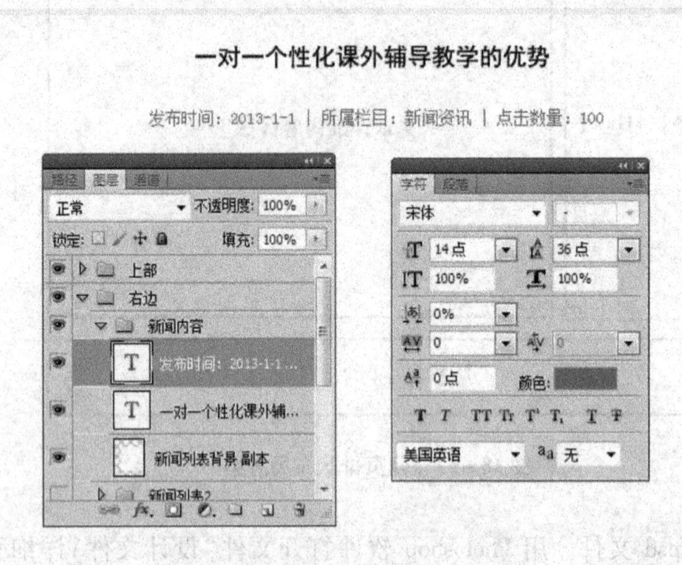

图 18 - 59　设置说明文字格式

5. 创建新闻文本。

(1)打开“素材文件\文字. doc”,复制第一段文字→然后使用文本工具,拉一个长方形区域,粘贴第一段文字,对图层重新命名为“第一段”,设置文字格式为“宋体、# 666666、大小为 14 点、行高为 28 点、无”。如图 18 - 60 所示。

(2)用相同的方法,把第二段和第三段的文字设置好。分开设置段落格式,是为下面加入图片作准备。

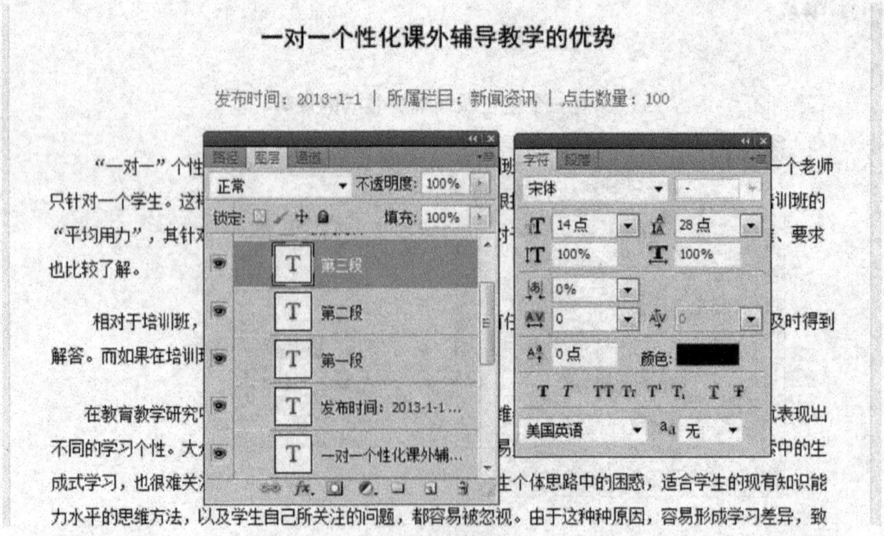

图 18 - 60　设置文字格式

6. 创建新闻图片。根据设计的要求,选用任意的素材文件。

(1)比如打开“素材文件\素材 04. jpg”,调整好大小和位置。使用描边工具,设置 1px 黑色的边框。

(2)隐藏“第三段”图层,根据需要增加其他图片。如图 18 - 61 所示。

图 18 - 61　设置新闻图片

7. 创建视频播放。

(1)复制一个“新闻内容”图层,重新命名为“视频播放”。

(2)隐藏一些图片和文字,然后打开“素材文件\素材 06. jpg”,选取一个播放控制条,移到图片的下方,重新调整大小。效果如图 18 - 62 所示。

(3)至此,详细页设计完成。

图 18－62　创建视频播放

相关知识与技能

1. 段落文字制作。在网站上线后，网站新闻的内容会不断变化，新闻内容通常从数据库中读取出来，不需要太多的格式设置要求。因此大多数段落文字的字体用“宋体”格式、并且不使用“浑厚、锐利、犀利、平滑”效果，行距略调整大一点，让阅读的视觉效果更加轻松。如图 18－63 所示。

图 18－63　字符格式对话框

因为段落文字比较多，使用文本工具 T 可以拉一个长方形的多行文本区域出来，然后再直接粘贴文字。如果直接输入文字，它的文字都在一行内，不会自动换行；即使手工加入换行符，如果字体要变大或者变小，结果是不能很好地控制格式的。如图 18－64 所示。

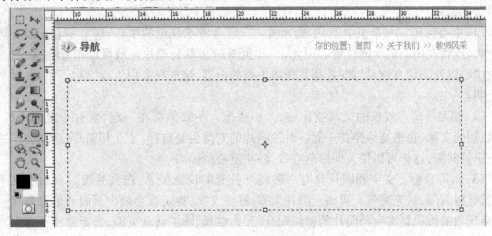

图 18－64　文本框

拓展与提高

1. 淘宝宝贝详情页设计制作

淘宝宝贝详情页的设计很讲究技巧，关键要吸引买家产生购买欲望，并下单购买。简单地可以归类为以下几种展示类型：

(1) 商品展示类：色彩、细节、优点、卖点、包装 。如图 18－65 所示。

(2) 实力展示类：品牌、荣誉、资质、销量、生产、库存。

(3) 吸引购买类：卖点打动、感情打动、买家评价、热销盛况。

(4) 促销说明类：热销产品、搭配产品、促销活动、优惠方式。

(5) 交易说明类：购买、付款、收货、验货、退换货、保修。

- **商品展示类：**
  色彩、细节、优点、卖点、包装、搭配、效果

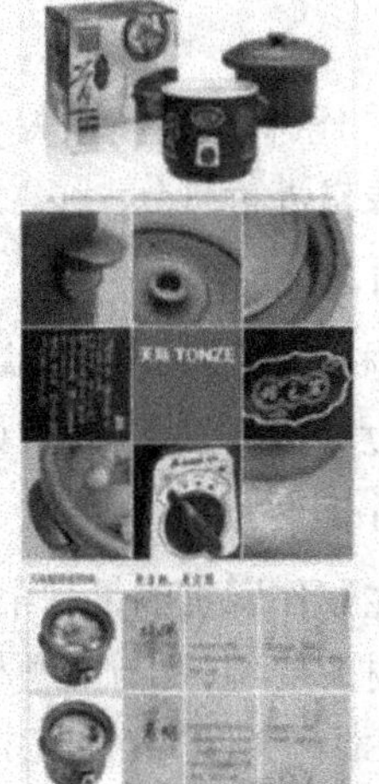

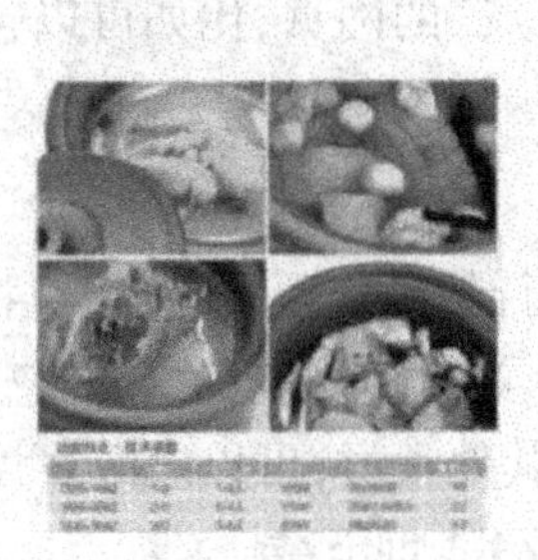

图 18－65　商品展示类页面特征

2. 网页的图片文字版面编排技巧

图片和文字都需要同时展示给网页访问者，不能简单地罗列在一个页面上，这样往往会搞得杂乱无章。

(1) 中心突出。一个页面上，主次分明。肯定会考虑视觉的中心，这个中心一般在屏幕的中央，或者在中间偏上的位置。因此，一些重要的文章和图片一般可以布置在这个位置，视觉中心以外的地方就可以安排那些稍微主要的内容，这样在页面上就突出了重点，做到主次分明。

(2) 相互呼应。较长的文章或标题，大小搭配。不要编排在一起，要有一定的距离，同样，较短的文章，也不能编排在一起。对待图片的安排也是这样，要互相错开，造成大小之间有一定的间隔，这样可以使页面错落有致，防止重心的偏离。

(3) 相得益彰。文字和图片具有一种相互补充的视觉关系，图文并茂。页面上文字太多，就显得沉闷，缺乏生气。页面上图片太多，缺少文字，肯定就会减少页面的信息容量。因此，最理想的效果是文字与图片的密切配合，互为烘托，既能活跃页面，又能使网页有丰富的内容。

思考与练习

1. 天天向上教育培训机构平时举行了很多免费试听课程，课程的资料有文字、上课现场图片、上课现场录像。请通过网络查询一些相关内容的资料，并下载下来，然后设计一个详细页的美工图，重点表现出课程的免费性质。

2. 天天向上教育培训网站中需要对地理位置作一个详细页的美工图设计，呈现地图、地址、公交线路等信息。请从百度地图(http://map.baidu.com/)中搜索地址“珠海市香洲区人民东路 112 号”，然后截屏图片。同时在坐车网(http://www.zuoche.com/)查询“珠海二中”公交线路的路线信息。用以上两个资料，设计美工图。

项目实训　网页设计你也行——“珠海旅游景点”网页

根据“素材文件”文件夹提供的素材设计一个关于“珠海旅游景点”的网页，完成后，根据下列表格进行打分。

项目描述

根据你对景点宣传的认识，设计一个关于“珠海旅游景点”的网页，比如可以包含“珠海简介、景点简介、景点图片、订票方法”等内容的介绍。

项目要求

1. 在制作网页的过程中，要注意版面布局，使用标尺进行精确定位，注意颜色搭配，注意辅助素材的使用，要与主题相呼应，同时注意不能喧宾夺主，过度使用辅助素材，忽略主题。

2. “素材文件”文件夹中只提供了一部分素材，如需要其他素材，可以通过百度(http://www.baidu.com)和珠海政府网(http://www.zhuhai.gov.cn/)查询下载。

3. 网站的栏目可以自由设定，突出旅游景点的宣传效果即可。

4. 制作本网站，可以多参考一些旅游网站，激发创作灵感。比如大别山旅游网（http://www.dbslyw.com/）、杭州宋城（http://www.hzsongcheng.com）、广州市良辰美景国际旅行社有限公司（http://www.gzlcmj.com/）和成都熊猫旅游集团国际旅行社股份有限公司（http://www.cdxmgl.com/）。

项目提示

1. 确定网站栏目。网站的栏目可以根据素材和参考网站来设定。

2. 整理网站素材。根据你设定的网站栏目，搜索、下载和整理好素材。素材可以包括文字和图片等。

3. 确定网页排版布局方式。分别确定首页，子栏目页和详细页的布局方式。

4. 设计美工草图。可以通过计算机软件或者白纸等方式，简单绘制草图，有利于整体掌握。

5. 进行美工图设计。如果需要用到特殊的字体、ICON 图标等资料，请上网搜索并下载。

6. 对美工图进行切图，输出 HTML 网页。

项目实训评价表

	内　容		评　价		
	学习目标	评价项目	3	2	1
职业能力	领会“艺术来源于生活而又高于生活”的设计理念	能搜集素材			
		能创作素材			
		能保存素材			
	各种素材处理得当、有创意	能合理处理素材			
	根据需要设置的场景内容，合理规划设计布局	能设置整体布局			
		能设置各种物品样式			
	色调整体协调统一，主题鲜明	能设置整体色调			
		能设置主题			
	项目制作完整，有自己的风格和一定的艺术性、观赏性	内容符合主题			
		内容有新意			
	整体构图、色彩、创意完整	内容具体整体感			
		内容具有自己的风格			

续表

	内　容		评　价		
	学习目标	评价项目	3	2	1
通用能力	交流表达能力	能准确说明设计意图			
	与人合作能力	能具有团队精神			
	设计能力	能具有独特的设计视角			
	色调协调能力	能协调整体色调			
	构图能力	能布局设计完整构图			
	解决问题的能力	能协调解决困难			
	自我提高的能力	能提升自我综合能力			
	革新、创新的能力	能在设计中学会创新思维			
综合评价					

项目十九　手机天气APP界面——APP界面设计

项目描述

APP 应用(外语全称:Application),由于 iPhone 等智能手机的流行,应用指智能手机的第三方应用程序。比较著名的应用商店有 Apple 的 iTunes 商店,Android 的 Android Market,诺基亚的 Ovi store,还有 Blackberry 用户的 BlackBerry App World,以及微软的应用商城。

能力目标

通过手机天气 APP 界面项目的学习,可以掌握几种工具在 Photoshop 中的综合应用:1. 在制作过程中应用到 Photoshop 中的移动工具、放大工具、吸色工具、油漆桶工具;2. 钢笔工具、矩形工具、圆角矩形工具、自由变换工具、图层样式等。

任务　手机天气 APP 界面设计

任务描述

本任务要制作简洁时尚风格的手机天气 APP 界面,让大家对手机天气 APP 界面有一个初步的接触。在此手机天气 APP 界面设计中,要注意整体色调的把握,手机天气 APP 界面以鲜明的蓝色为主调、灰色为辅助色,用以突出主题,给人的感觉简洁明快。

任务分析

手机天气 APP 界面效果如图 19 - 1 所示,体现了手机天气 APP 界面的简洁和时尚。

图 19 - 1　CD 手机天气 APP 界面效果图

方法与步骤

1. 启动 Photoshop CS5，执行“文件”→“新建”命令，或者按快捷键【Ctrl + N】新建一个大小为 640 ×1136 像素的图像文件，分辨率 300 像素/英寸，颜色模式为 RGB，背景为白色，图像文件名称“手机天气 APP 界面”。如图 19 – 2 所示。

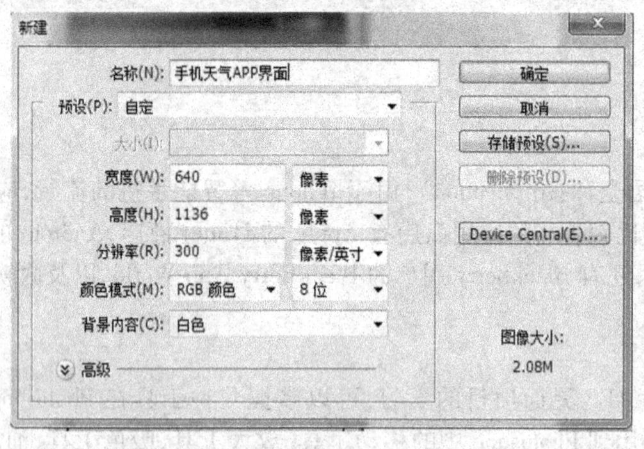

图 19 –2　新建文件

2. 新建一个图层，重命名为“背景”，按住【Alt + Delete】键，填充为灰色#b7b7b7，如图 19 –3所示用矩形工具和圆角矩形工具画出三个矩形与一个圆角矩形，选择填充工具，填充蓝色# 286eb7 与黑色和白色#d9e2e5，并给位于最上方的矩形加上投影，用相同方法画出小正方形并旋转 45°，按住【Alt】键复制并叠放在一起并与第一个矩形合并图层，调整图层样式中的投影效果，如图 19 –4 所示并得到图 19 –5 的效果。

图 19 –3　绘制矩形

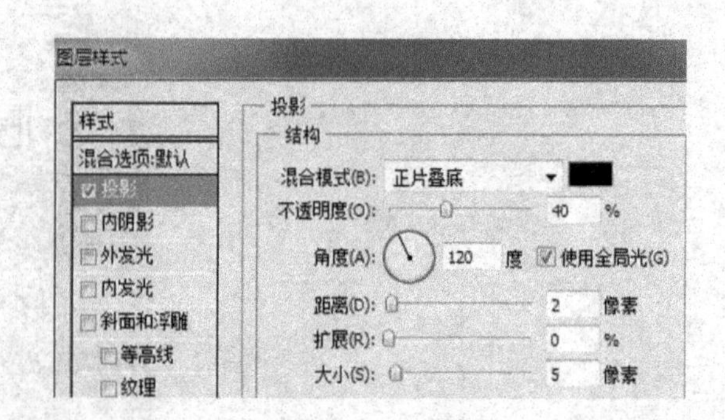

图 19 –4　图层样式

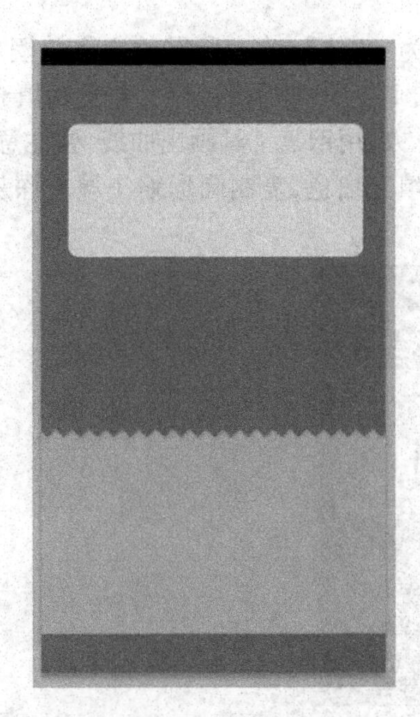

图 19－5　层次

3. 新建一个图层,重命名为“状态栏”, 用椭圆工具绘制出一个圆填充为白色,用钢笔工具绘制出半圆路径,并用画笔对路径进行描边,复制放大得到如图 19－6 所示的 Wi－Fi 图标,并用矩形工具做出图 19－7 所示的电量与信号图标,并放在黑色矩形上再加上时间得到图 19－8 所示的效果。

图 19－6　Wi－Fi

图 19－7　信号与电量

图 19－8　状态栏

4. 新建一个图层，重命名为“主体”，输入所需的文字并摆放好得到效果如图 19－9，用椭圆工具和矩形工具画出如图 19－10 所示的云朵，并复制填充颜色放置于文字的左边，再画三个圆放置于小矩形的中下方，用钢笔工具画出曲线，要注意的是曲线的转折点要与下面文字对齐，在转折点上画圆形填充白色，复制圆形缩小填充深灰色，并在圆的上方标出温度得到效果如图 19－12 所示。

图 19－9　文字

图 19－10　云朵

图 19－11　曲线

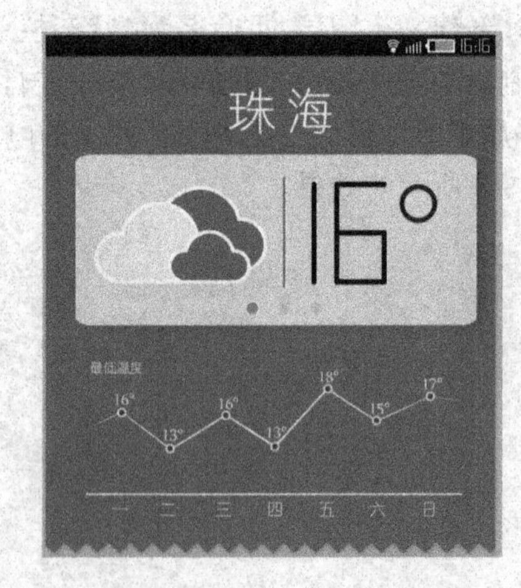

图 19－12　主体

5. 选择文字工具，输入所需文字“空气质量、风向、风力等”并进行排版得到效果图 19－13所示。

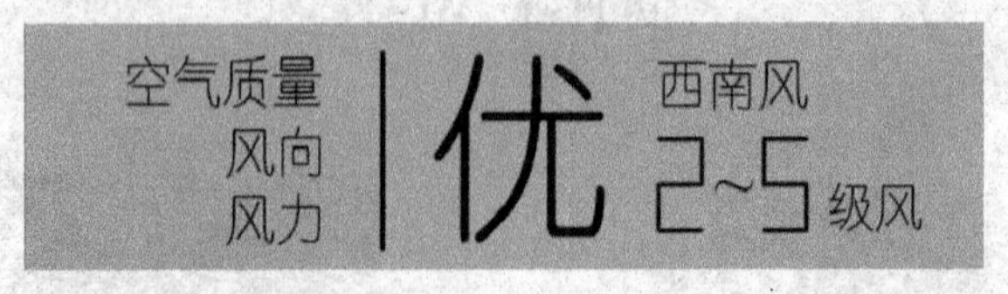

图 19－13　文字排版

6. 新建一个图层，重命名为“开关”，用圆角矩形工具画出两个矩形，大的矩形加投影效果，小的矩形加内投影效果，再用椭圆工具画出一个圆形加投影效果，并加上文字“天天播报”投影与内投影的参数，如图 19－14 所示。具体效果与分解如图 19－15 所示。

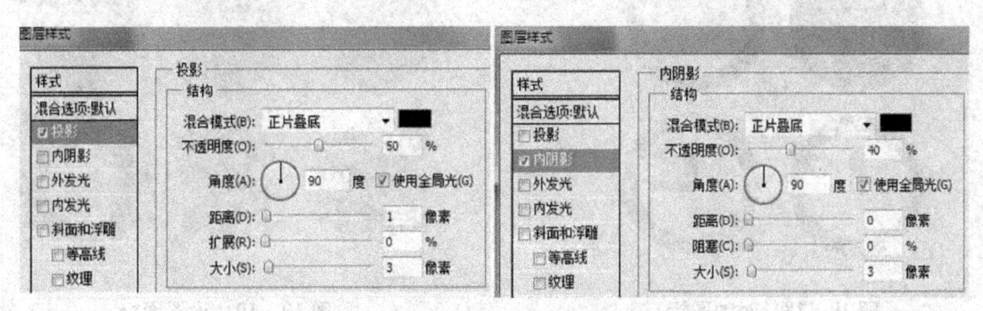

图 19－14　投影与内投影

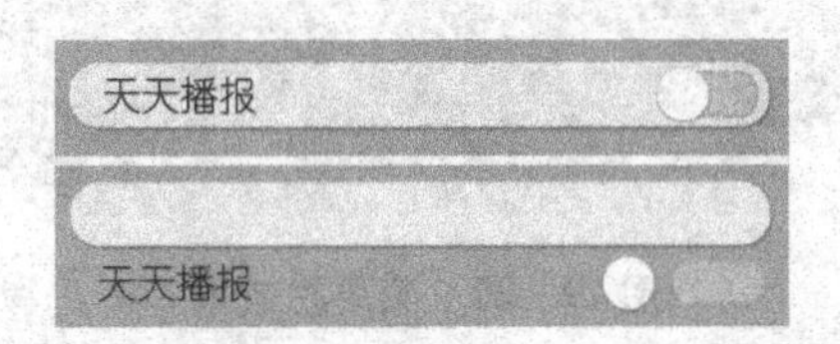

图 19－15　开关效果与分解图

7. 新建一个组重命名为“菜单栏”，选择直线工具，画出三条直线填充白色，三条直线将菜单栏分为四块，新建一个图层用椭圆工具画出一个圆填充白色，并用圆角矩形工具画出两个圆角矩形，填充白色，使用水平居中分布，复制旋转圆角矩形，如图 19－16 所示得到图标太阳。新建一个图层，用钢笔工具画出倒水滴形，并用椭圆工具画出一个圆复制并缩小，用矩形工具画出正方形并旋转 90°，用自由变换拉伸成棱形置于倒水滴上，按【Alt】键，得到效果如图 19－17 所示。用椭圆工具画出两个圆并叠放在一起并用圆角矩形工具画出指针，得到效果如图 19－18 所示。

用椭圆工具画出一个圆，再用矩形工具画出一个长方形，与圆叠放在一起，复制旋转，如图 19－19 所示。将做好的四个图标水平居中分布在菜单栏上得到图 19－20 所示的效果。

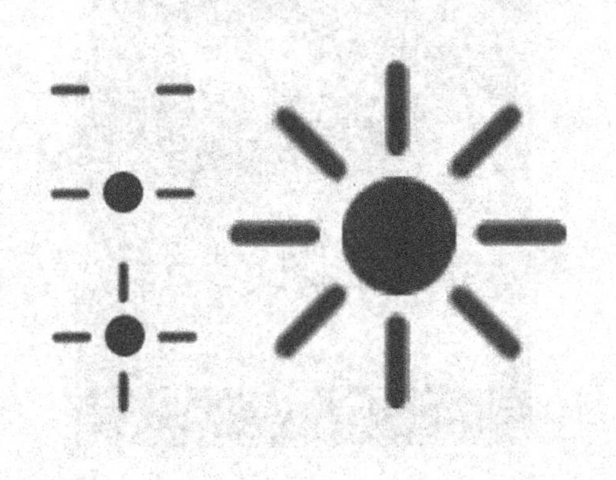

图 19－16　太阳图标

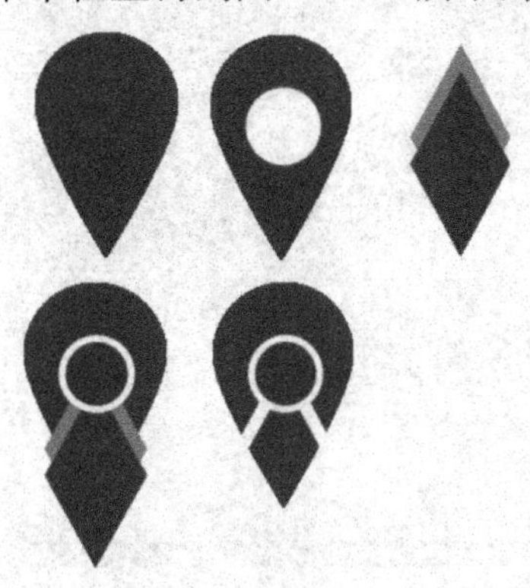

图 19－17　地点图标

图 19－18　时钟图标

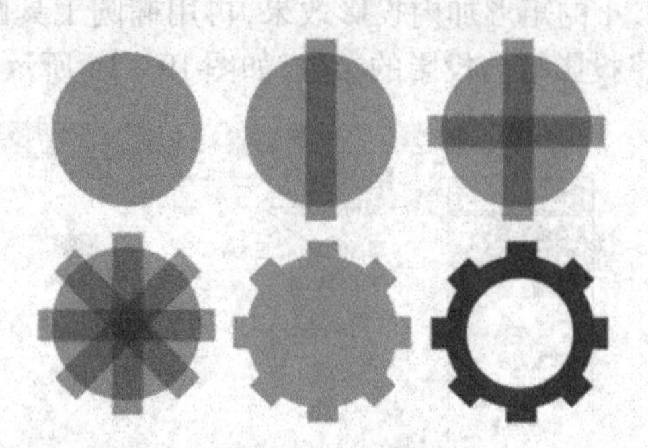

图 19－19　设置图标

图 19－20　菜单栏效果

8. 新建一个图层，填充为白色，使用钢笔工具随意的切割图层，建立选区，填充不同的灰色，如图 19－21 所示，调整图层属性为叠加，不透明度调整为 50%，将其置于背景图层的上方得到图 19－22 的效果。

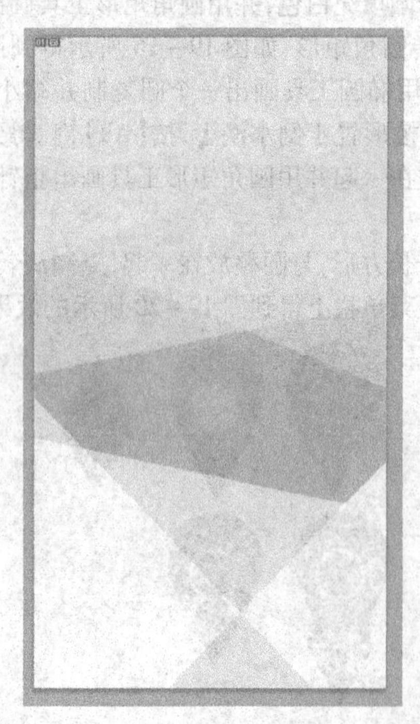

图 19－21　底纹

图 19－22　底纹效果

9. 打开素材 iphone 手机，如图 19－23 所示，将做好的手机天气 APP 界面置入，放于手机屏幕，得到如图 19－24 所示的效果。

图 19－23　素材

图 19－24　手机天气 APP 界面

就这样，手机天气 APP 的界面就完成了，还有各式各样的 APP 界面，为你的手机也做一个属于它的手机 APP 界面吧！

相关知识与技能

1. 一般比较简洁时尚的色调是天蓝色为主、灰色调为辅，当然，衍生的还有绿色、红色、橙色等，同学们可以试试用蓝色和粉红色。

2. 使用移动工具的时候，按着【Alt】键可以方便的复制。

思考与练习

- 还有哪些 APP 界面是最常见的？
- 选择一个你喜欢的 APP 类型，为它制作一个 APP 界面试试。

责任编辑：刘彦会

图书在版编目(CIP)数据

Photoshop 实战项目教程/周导元主编. --北京：旅游教育出版社,2014.8

中等职业学校信息技术类系列教材

ISBN 978-7-5637-2975-3

Ⅰ.①P… Ⅱ.①周… Ⅲ.①图象处理软件—中等专业学校—教材 Ⅳ.①TP391.41

中国版本图书馆 CIP 数据核字(2014)第 151472 号

中等职业学校信息技术类系列教材

Photoshop 实战项目教程

周导元 主编

罗志华 吴丽艳 副主编

出版单位	旅游教育出版社
地　　址	北京市朝阳区定福庄南里 1 号
邮　　编	100024
发行电话	(010)65778403 65728372 65767462(传真)
本社网址	www.tepcb.com
E-mail	tepfx@163.com
印刷单位	北京京华虎彩印刷有限公司
经销单位	新华书店
开　　本	787 毫米×1092 毫米 1/16
印　　张	19
字　　数	326 千字
版　　次	2014 年 8 月第 1 版
印　　次	2014 年 8 月第 1 次印刷
印　　次	1-3000 册
定　　价	35.00 元

(图书如有装订差错请与发行部联系)